本研究得到国家社会科学基金资助（资助号：18BGL211）

清华大学应急管理研究基地（北京市哲学社会科学规划办、北京市教委资助）

风险与危机治理丛书

主编：薛　澜

Resolution of NIMBY

Risk, Benefit and Trust

邻避抉择

风险、利益和信任

刘　冰／著

社会科学文献出版社
SOCIAL SCIENCES ACADEMIC PRESS (CHINA)

风险与危机治理丛书
编　委　会

摘 要

邻避问题在不同经济结构、不同社会背景和不同政治体制的国家中普遍存在。处在经济转轨、社会转型期的中国面临的邻避问题尤为严峻。邻避问题的不确定性和利益多元化，对邻避设施选址决策模式提出了挑战。本书试图探讨邻避决策的关键维度，以及与之相关的决策模式创新，为防范和化解邻避冲突提供精炼实用的理论框架，并在这一框架下进一步探讨改善邻避决策模式的路径。

本书运用现代风险治理理论，全面梳理了国内外有关邻避决策模式的研究文献，综合分析了我国典型邻避事件，在理论和现实研究基础之上构建了“风险－利益－信任”的理论分析框架，通过案例分析和数据分析对框架中的理论命题展开了实证研究。研究内容包括：（1）对邻避设施选址的政策困境及现有决策模式的梳理和评价；（2）构建邻避设施选址问题的理论分析框架；（3）对邻避设施选址的社会风险根源的实证分析；（4）对选址决策模式与社会风险因素之间关系的研究；（5）基于治理理论改进选址决策模式的政策建议。

研究结果显示，对公众态度产生显著影响的因素是“风险感知”、“程序公正”以及公众所“感知到的个人收益”，其中“风险感知”的影响最为强烈。“程序公正”虽然对公众态度的直接影响较小，但是其同时影响“风险感知”和“公众信任”两个中介变量，从而对公众态度产生间接影响。当前实现程序公正的迫切要求是征求公众意见和加强信息公开。最后本书基于风险治理理论构建了利益相关者共同参与的协商合作式选址决策模型。

关键词： 邻避设施选址　社会风险　公共决策模式　风险治理

目 录
CONTENTS

总　序 / 1

引　言 / 1

第一章　邻避问题的产生及对公共决策的挑战 / 4
第一节　问题的提出：不要建在我家后院 / 4
第二节　基本概念的界定 / 7
第三节　邻避问题的基本特征：不确定性与利益多元化 / 13
第四节　邻避决策模式面临的挑战 / 15
第五节　研究问题、方法和创新点 / 16

第二章　邻避问题的研究基础和创新空间 / 20
第一节　邻避风险的理论解释 / 20
第二节　选址冲突的解决方案 / 32
第三节　创新空间：决策模式成为关注焦点 / 36

第三章　“中国式”邻避运动的兴起和发展 / 38
第一节　中国邻避运动发生的社会背景 / 38
第二节　中国邻避运动的标志性事件：PX 事件 / 43
第三节　“中国式”邻避运动的基本特征 / 68

第四章　邻避决策模式及其理论分析框架 / 76
第一节　风险决策的基本模型 / 76
第二节　邻避设施选址决策的典型模式 / 82
第三节　中国邻避设施选址的决策模式 / 90
第四节　邻避决策模式的理论分析框架：风险、利益和信任 / 98

第五章　中国式邻避决策的多案例分析 / 108
第一节　漳州 PX 项目成功选址的案例 / 108
第二节　阿苏卫垃圾焚烧厂选址：公众参与和公民精神培育 / 124
第三节　J 省 Q 市排海工程：环境抗议与制度建设 / 134
第四节　杭州九峰垃圾焚烧发电工程：政策组合的有效性 / 139
第五节　案例讨论：公众行为与决策模式的互构 / 150

第六章　公众视角下的邻避决策模式 / 156
第一节　公众对邻避设施的接受度 / 156
第二节　公众态度及行为实证研究的思路和方法 / 166
第三节　公众接受度的总体表现及差异 / 183
第四节　影响公众接受度的主要因素及路径 / 191
第五节　公众行为及其影响因素 / 198
第六节　政策工具的有效性 / 204
第七节　主要结论及政策含义 / 216

第七章　改进邻避决策模式的国际经验 / 222
第一节　西方国家中邻避问题的产生和演变 / 222
第二节　著名的“选址法则”：程序公正和结果公正 / 224
第三节　美国邻避设施选址实践 / 227

第四节 瑞典核废料存储库成功选址的经验 / 232
第五节 东亚国家邻避设施选址实践 / 233
第六节 西方国家选址经验对我国的启示 / 234

第八章 基于协商合作的邻避决策模式优化路径 / 239
第一节 邻避决策的基本维度和特征 / 239
第二节 邻避决策的主体及其角色定位 / 252
第三节 邻避决策的过程 / 260
第四节 邻避决策过程中的能力建设 / 266

结 语 迈向多元合作的风险治理 / 275

参考文献 / 282

附 录 / 308
附录一 邻避设施选址公众意见调查问卷 / 308
附录二 不同样本中公众态度影响因素的回归结果 / 315

后 记 / 321

图表目录

表 1－1　邻避设施中收益的非均衡分布 / 8
表 2－1　影响公众信任的主要因素 / 26
表 2－2　公众参与方式及参与程度的衡量标准 / 33
表 2－3　邻避设施选址中经济补偿的主要类型 / 34
表 3－1　我国主要 PX 项目产能及简况（截至 2012 年底）/ 50
表 3－2　专家与公众对 PX 风险感知的差异 / 53
表 3－3　大连 PX 项目建设大事记 / 56
表 3－4　四川石化基地的发展规划及 PX 项目的发展 / 62
表 3－5　四川 PX 项目选址决策的重要时间节点 / 63
表 3－6　四川 PX 项目选址过程中的观点对立 / 64
表 3－7　历次 PX 事件的对比分析 / 67
表 4－1　风险类型的划分 / 80
表 4－2　《国家发展改革委重大固定资产投资项目社会稳定风险评估暂行办法》主要内容 / 95
表 4－3　完善行政决策风险评估机制的主要内容 / 97
表 5－1　福建省“十二五”期间重点建设的四大石化产业基地 / 115
表 5－2　漳州古雷 PX 项目选址大事记 / 116
表 5－3　案例研究涉及城市的主要经济社会发展指标对比（2008 年和 2013 年）/ 121

表 5 - 4　阿苏卫案例中的邻避决策对比 / 133
表 5 - 5　Q 事件后公众参与制度的地方性创新 / 135
表 5 - 6　杭州九峰事件前后的决策进程对比分析 / 141
表 5 - 7　九峰项目邻避事件后的政策组合方案 / 145
表 6 - 1　公众邻避态度问卷调查的实施情况 / 169
表 6 - 2　D 市市民问卷调查抽样方案 / 172
表 6 - 3　调查样本中年龄的描述性统计 / 173
表 6 - 4　调查样本受教育程度描述统计 / 174
表 6 - 5　调查样本主要变量的描述性统计 / 177
表 6 - 6　风险感知分项测度统计 / 179
表 6 - 7　程序公正的测量 / 182
表 6 - 8　收益感知的测量 / 183
表 6 - 9　主要变量的相关性 / 183
表 6 - 10　邻避设施公众接受度的总体分析 / 185
表 6 - 11　邻避设施公众接受度的性别差异分析 / 187
表 6 - 12　邻避设施公众接受度的年龄差异 / 188
表 6 - 13　邻避设施公众接受度的受教育程度差异 / 189
表 6 - 14　普通网民邻避设施接受度的差异 / 191
表 6 - 15　总样本线性回归模型的基本参数 / 191
表 6 - 16　总样本的线性回归模型 / 192
表 6 - 17　不同群体中公众态度影响因素的差异 / 193
表 6 - 18　结构方程模型中的潜变量和测量变量 / 195
表 6 - 19　主要潜变量测量的信度系数 / 196
表 6 - 20　SEM 整体适配度的评价指标体系及拟合结果 / 197
表 6 - 21　邻避设施选址中的行为表现 / 199
表 6 - 22　公众行为解释变量的描述性统计 / 203
表 6 - 23　邻避冲突中影响公众行为的因素分析：二项 logistic 回归模型 / 203

表 6 - 24　风险管理政策工具的有效性 / 206
表 6 - 25　风险管理政策工具有效性的差异分析 / 207
表 6 - 26　经济补偿政策在不同子样本中的效果分析 / 209
表 6 - 27　经济补偿政策工具有效性的统计检验 / 210
表 6 - 28　不同收入组的受访者对邻避设施接受度的初始水平 / 211
表 6 - 29　经济补偿政策在不同收入组中的效果分析 / 212
表 6 - 30　程序公正条件下公众接受度与初始水平的均值比较 / 214
表 7 - 1　美国研究者构建的"设施选址法则" / 224
表 7 - 2　程序公正法则的具体内容 / 225
表 7 - 3　结果公正法则的具体内容 / 226

图 2 - 1　信任问题在风险研究中的提出 / 26
图 3 - 1　PX 项目在石化产业链中的关系 / 44
图 3 - 2　2003 ~ 2018 年 PX 产量和表观消费量统计 / 47
图 3 - 3　2003 ~ 2017 年我国 PX 产能增长 / 48
图 3 - 4　2010 ~ 2018 年我国 PX 进口依存度 / 49
图 3 - 5　宁波 PX 项目选址规划 / 58
图 3 - 6　宁波 PX 事件发展演化阶段 / 60
图 4 - 1　风险决策中垂直层次和水平层次的参与主体 / 77
图 4 - 2　技术性决策模型 / 78
图 4 - 3　决定性决策模型 / 79
图 4 - 4　透明性决策模型 / 80
图 4 - 5　基于风险性质划分的决策模式 / 82
图 4 - 6　PX 项目选址的决策主体和决策过程 / 91
图 4 - 7　四川遂宁重大事项社会稳定风险评估的"五步工作法" / 96

图 4 – 8　邻避决策中公众信任的研究路径 / 104
图 4 – 9　邻避决策的“风险 – 利益 – 信任”理论分析框架 / 106
图 5 – 1　重大石化项目选址中的双层地方政府竞争模型 / 110
图 6 – 1　公众态度及行为实证研究的分析框架 / 167
图 6 – 2　实证研究中的变量体系 / 168
图 6 – 3　受访对象年龄分布 / 174
图 6 – 4　受访对象个人月收入水平分布 / 175
图 6 – 5　受访对象不同群体中个人月收入水平分布 / 176
图 6 – 6　邻避设施选址中公众对关键行动主体和信息来源的信任程度 / 180
图 6 – 7　结构方程模型的变量关系 / 196
图 6 – 8　结构方程模型的分析结果 / 197
图 6 – 9　反对邻避设施选址的代表性行为占比 / 201
图 6 – 10　风险管理政策有效性的结构差异 / 207
图 6 – 11　程序公正对邻避设施接受度的影响 / 215
图 8 – 1　协商式邻避决策模式的基本维度 / 240

总 序

随着信息化、城镇化及全球化的发展，整个世界越来越呈现德国社会学家乌尔里希·贝克（Ulrich Beck）所论述的风险社会特征。自然风险、环境风险、经济风险、社会风险、政治风险等各种风险已经成为人类生活的自然伴侣。现代风险已不再局限于对单一个体、组织产生负面影响，它的负外部性在广泛地、急剧地扩散。生态破坏、核泄漏、化学污染、食品安全、新型传染病等各类风险一旦发生，每一个社会成员都难以独善其身。伴随着人类社会系统复杂程度的提高，大多数风险日益成为公共风险，其损害后果的公共性日益增强。公共风险需要公共组织全面实施预警、防范、控制、处置等治理措施。

由政府和其他公共机构所提供的风险治理，具有受益的普遍性、外部性、不可分割性、非排他性，已成为一种新型的公共产品。传统公共风险治理主体单一，主要是政府一家独揽。政府组织形式以科层制为代表，通过政府不同专业部门分工、不同层级间职能划分以组织动员资源。政府风险处置模式以行政手段为主，辅之以市场化、社会化等措施。

但是，现代风险涉及专业的综合性、主体的广泛性、损害后果的严重性、处置手段的多样性等特征，并迫切需要引进第三方风险评估、绩效考核机制。这就需要政府、企业、社会组织、社区、个人等各类主体之间形成新型的合作治理结构，共同应对公共风险。因此，应对现代风险需要改革政府治理方式，形成一种全面性的风险治理结构。

应对现代风险也需要对传统治理思想进行重构，形成全面风险治理文化。中华文明产生于东亚季风区，这一区域风雨不调、丰歉间杂、灾荒接踵，中华文明史也是一部与自然灾害不断斗争的历史。长期以来，东方农耕文明形成了独特的风险文化，尤以知识精英阶层强烈的“居安思危”“忧患意识”为代表。历经多次文明碰撞与交流、民族荣耀与失落、社会动荡与变迁，甚至数次亡国灭种的危机，中华民族都表现出绵延不绝的顽强生命力。埃及、希腊、巴比伦、印度等古老文明，相继湮没于历史尘烟中，文明创造者不知所终，唯有中华文化始终薪火相传。这种顽强的生命力就是源于强烈的风险危机意识。但是，传统风险治理维护的是“家天下”的统治秩序，现代风险治理既关注社会和谐、政局稳定等宏观层面的传统风险，更着重以普通公民的生命、健康、财产等权利不遭受风险、危机、突发事件的威胁为宗旨。

本套丛书强调国家公共安全战略应该注重应急管理与综合风险治理的融合，凸显建立综合性风险治理综合体系的重要性。当前，我国处于信息化、城镇化、市场化、全球化的特殊时期，各种自然灾害、技术不确定性、经济危机和社会冲突等现代风险对政府转型、社会管理提出了严峻挑战。各级政府必须高度重视风险防范，政府公共安全战略从应急管理为主转向综合风险治理与应急管理并重，从事后应对转向事前预防，实现风险治理的制度化，从而在更基础的层面提高应急管理绩效。本套丛书借鉴国内外既有的风险治理经验，选择转型期中国若干重大风险治理案例及其风险应对实践，对中国风险治理的现状特点、治理方式、框架构建进行了理论和实证研究，形成了全面风险治理的模型、框架和方法。

本套丛书是国家社会科学重大课题项目的系列研究成果，也是清华大学应急管理研究基地（北京市哲学社会科学规划办公室、北京市教委资助）近年来研究成果的一个总结。有关研究工作也曾得到国家自然科学基金委员会、清华大学应急管理研究基地、教育部等机构的资助，在此我们深表谢意！除了近期出版发行的这些著作之外，我们还将陆续推出若干具体风险领域的应急管理研究成果，比如食品药品安全监管研究、社会风险治理研究、应急管理顶层设计研究等。希望大家能够更多关注我们的丛书，并及时给予指导与支持！

清华大学文科资深教授

清华大学苏世民书院院长

2020 年 2 月

于清华园

引　言

在科技飞速发展、经济迅猛增长的工业社会中，邻避设施选址引发的社会问题在不同经济结构、不同社会背景和不同政治体制的国家中普遍存在，公众的深度忧虑和强烈抵制造成了公共决策的困局（Kasperson，2005），且隐藏着巨大的社会风险。在我国快速工业化的过程中，经济发展和环境安全之间的矛盾日趋激化，2007 年以来由邻避设施选址问题引发的群体性事件呈增长态势。2007 年，轰动全国的厦门 PX 事件揭开了中国式邻避运动的序幕。2012 年 7 月至 2013 年 7 月的短短 13 个月中，四川什邡、浙江宁波、四川彭州、云南昆明、广东江门等地先后爆发了 5 起由邻避设施选址引发的较大规模的群体性事件，涉及石油炼化、有色金属加工以及核燃料生产等项目。在汹汹民意的强大压力下，这 5 起事件无一例外地以项目停建或延缓投产落下帷幕，政府及时回应了公众关切并保持了社会稳定。2013 年以后，我国对邻避设施选址决策模式的探索取得显著进展，杭州、广州等地通过地方立法、协商决策等多种方式取得了地方性成功经验。但邻避设施选址问题的决策模式仍在探索过程中，对经济发展和环境安全的权衡将成为今后较长时期内不可回避的公共政策问题。

新的建设项目无法落地，老的邻避设施隐患深重。2013 年 11 月 22 日，山东省青岛市中石化东黄输油管道泄漏爆炸特别重大事故造成62人遇难、136人受伤，直接经济损失7.5亿元[1]。在这起重大事故的背后是遍布全国的“石化围城”现象。2006年，环保总局组织了全国石化项目环境风险大排查，排查了2003年9月1日《中华人民共和国环境影响评价法》实施以来已批复的拟建、在建和建成投产的7555个石化类项目，其中81%布设在江河水城、人口密集区等环境敏感区域，45%为重大风险源[2]。石化城具有很强的人口集聚功能，由于缺乏严格的选址安全标准和审慎的社区规划，居民区与石化企业交错，不少居民区坐落在密集的输油管道上，日复一日地在“炸药包”上生活。黄岛事故以极其惨痛的教训提示邻避设施选址是人命关天的重大公共决策。

走过集体至上的时代，中国已进入一个利益多元化的时代。现代性要求以某种形式的集体社会行动来解决它本身所产生的问题（Beck，1992）。我国的邻避设施涉及PX项目（石化项目）、垃圾焚烧站、移动通信基站、高压变电站、核电站乃至高速公路、磁悬浮铁路等项目，涵盖了公共设施、产业设施等多种类型的邻避设施，广泛涉及公共利益与个体利益、国家利益与地方利益、长远利益与短期利益的纠葛。如果找不到各种利益诉求的平衡点，邻避设施选址就可能遭遇民意的阻击。“街头散步”绝非解决问题的最佳途径，“大闹大解决、小闹小解决、不闹不解决”更非治理常态，要么将邻避设施强加给公众，要么在社会压力下快速妥协。这种决策模式不仅降低了决策质量和效率，甚至还会造成社会信任的流失。因此，学术领域和实践领域应当加强互动，致力于研究解决邻避问题的创造性方案，进一步拓宽当前解决邻避设施选

① 《山东省青岛市“11·22”中石化东黄输油管道泄漏爆炸特别重大事故调查报告》，http：//www.chinasafety.gov.cn/newpage/Contents/Channel_21140/2014/0110/229141/content_229141.htm，访问日期，2014年1月13日。

② 潘岳：《中国化工石化行业存在严重布局性环境风险》，中国新闻网，2006年7月11日，http：//www.chinanews.com/others/news/2006/07-11/756301.shtml，访问日期：2014年1月10日。

址问题的思路，从成功经验或失败教训中总结规律，用科学理论指导邻避设施选址实践。

为此，公共管理者首先需要避免邻避设施选址问题演化为社会风险，只有弄清了公众到底担心什么、公众的真实诉求到底是什么并给以解答，才有可能从源头化解社会风险，切实保证公共利益的实现，推动邻避设施选址决策走向成熟理性。本书运用现代风险治理理论，以邻避设施选址的决策模式为主要研究对象，通过第一手调查数据系统性地考量公众看待邻避设施风险、收益、公平性等问题的态度，同时，通过案例深描和文献研究勾勒当前邻避设施选址决策模式的主要特征和不足之处，重点关注现有决策模式在形塑公众态度和行为方面的影响，从而有针对性地改进选址决策模式。本书建立的理论框架适用于分析垃圾填埋场、固废处理设施、重化工项目、放射性物质存储库、核设施等不同类型的邻避设施选址问题，可以按照本书建立的基本原则和方法对邻避设施选址的社会风险进行评估，为邻避设施选址的决策方式和风险沟通方式提供指导性建议。

第一章
邻避问题的产生及对公共决策的挑战

第一节　问题的提出：不要建在我家后院

长期以来，危险设施选址（Hazardous Facility Siting）问题被视为一个纯粹的技术问题，由技术专家和政府官员根据地理条件、土地规划和成本－收益分析等技术原则进行决策，并没有进入公众视野。从20世纪70年代中期开始，一些垃圾处理设施选址方案在美国引发了一系列激烈的地方抗议活动，从此掀开了邻避运动的序幕。由于担心居住环境、生活品质、公共安全甚至是房屋价值受到影响，居民们反对政府或者发展商在自家附近兴建邻避设施，如垃圾填埋场、焚化炉、机场、监狱、收容所、精神康复中心、戒毒服务中心等。尽管公众都认为这些邻避设施对社会发展来说必不可少，却希望它们能够远离自己，落址他处，而“不要建在我家后院”（Not-in-my-backyard，缩写为“NIMBY”，中文音译为“邻避”）。在邻避运动的压力下，邻避设施选址频频受阻，1980～1987年间，美国试图选址的81个垃圾处理设施中仅有6个正式投入运行，其余的均因地方抗议而被迫终止或缓建（New York Legislative Commision on Toxic Substances and Hazardous Wastes，1987）。《纽约时报》将整个20世纪80年代称作不折不扣的“邻避时代”（Glaberson，1988）。同时期，有关核废料储存库的选址问题在英国、瑞典、荷兰等欧洲国家逐渐成为公众议题，并不同程度地受到地方的邻避抗议和更广义的环境运动的挑战。进入90年代，邻避运动开始在日本、韩国及中国台湾等亚洲国家或地区出现，邻避运动俨然扩散到全球不同体制、不同发展水平的国家和地区。基于“命令－控制”、工程分析、共识机制等不同方法的选址程序在遭遇本地抵抗时都不幸搁浅，哪怕发展这些设施的全国范围的政治意愿很强烈的时候也是如此。

我国的工业化和城市化进程在相对较短的时间内展开，经济发展和环境保护的张力表现突出。在经济体制深刻变革、社会结构深刻变动、思想观念深刻变化的大背景下，我国的邻避设施选址问题也浮出水面。2003年，我国的一部分环保人士、记者以及非政府组织通过新闻报道、政协提案、联名上书等形式成功阻止了在云南怒江建设水电站，也引发了持续将近10年的怒江开发之争。这可以被视为我国邻避设施选址冲突的早期案例。但是以大规模公众参与为特征的邻避运动的发端是以2007年厦门PX事件为标志的。2007年6月，厦门市民为反对具有潜在危险的石油炼化PX项目落址厦门而走上街头“和平散步”。事发之后，政府与公众进行了充分沟通和良性互动，最终决定倾听民意取消该项目的建设计划，并由政府对开发商提供部分赔偿。但是PX项目的选址难题并未结束，随后大连、成都、宁波、昆明、茂名等地爆发了类似的群体性事件，并通过网络舆论在全国引起了广泛关注。PX项目成为一个人所共知的敏感词，无论在何处动议PX项目的选址计划都会引起当地居民的高度紧张。除此之外，四川什邡的钼铜项目、广东鹤山的核燃料生产项目等都是近年来由邻避设施选址引发公众抗议的代表性案例。其他如北京市民抗议京沈铁路临近居民区、广东番禺市民反对垃圾处理设施的建设等具有地方性影响的邻避运动在近些年中更是不胜枚举。

可见，随着中国经济社会的高速发展，公众的环保意识和权利意识也大幅提高。诸多工业投资项目被当地民众否决的事件表明，中国已经进入了邻避运动高发期。邻避现象的出现可以被看成一种社会进步，公众抗议爆发之后，各地对新项目的审批、环境影响评估越发严格，有利于环境保护和产业健康发展。从各国的发展来看，邻避现象似乎已经是一个国家工业化、现代化过程中必须面对的困境。一方面，当公众生活水平达到一定高度后，价值观念开始发生变化，人们对生存权的追求已从物质层面提升到更高的环境层面；另一方面，这也是对高速工业化的集体反思。改革开放以来在我国的高速经济发展中，不知道有多少工业项目肆意向天空、河流和地下排放各种污染物，给生态环境和公众身体健康造成无法弥补的影响（薛澜，2013）。

在我国维护社会稳定的总体要求下，频繁爆发的邻避事件大多以官方向民意妥协而告终。这样的结局看起来似乎是民意取得了一个又一个胜利，但严格说来没有赢家，给经济社会的长远发展埋下隐患。首先，对大部分已经筹建或开工的项目来说，项目停建必然造成巨大的经济损失。这些损失的很大部分是由政府来埋单的，换句话说，没有得到公众支持的选址方案导致了高昂的决策成本。其次，从长远来看，我国经济发展中迫切需求的产业项目、公共设施得不到有效满足，一些紧缺的工业原料大量依赖进口。最后，更为严重的是，邻避项目的最终放弃一次次印证了“大闹大解决、小闹小解决、不闹不解决”的公众预期，哪怕是最温和的抗议行为也会腐蚀公众信任，不仅不能化解社会矛盾，还会进一步加深中国社会阶层之间的裂痕和对抗。随着社交媒体的广泛普及，地方性的邻避冲突极有可能借助互联网技术引发全国性的公共舆情和抗议，对我国的社会秩序造成不良影响。可见，邻避设施选址问题的政策困境远未破解，其对经济发展和环境安全的权衡将成为今后较长时期内不可回避的重要政策问题。相关部门必须找到一种有效的决策模式，让决策能够最大限度实现科学化和民主化，让利益相关方的博弈不再以社会剧烈震动的方式进行，让妥协和理解不是在社会撕裂了之后再浮现。

第二节　基本概念的界定

一　危险设施、邻避设施

危险设施（hazardous facility）是指在建设或运行过程中对周边环境、人类健康可能造成负面影响的各种设施，既包括私人投资的工业项目，如化工厂、核电站等，也包括公共部门投资的社会公共项目，如垃圾处理设施、大型基础设施等。在工业化和城镇化的过程中，各国几乎所有邻避设施选址的邻近社区都会爆发抗议活动，公众抗议的口号是“不要建在我家后院”（Not－in－My－Backyard，缩写为 NIMBY），中文音译为邻避运动。

因此，危险设施常常被贴上“邻避”的标签。邻避设施是指那些对全社会有益，但是对所在社区可能带来负面影响的工业或公共设施。在设施的提供者、政府和当地社区之间常常会发生严重的冲突。如果这些冲突没有得到快速有效的解决，这些设施的建设将被搁置或终止，并带来巨大的社会成本。从理论上看，产生邻避问题的根源是风险和收益的非均衡分布（见表1－1），相对较少的社区居民阻碍那些看起来对他们有害或者存在风险的设施，即使这些设施对整个社会而言是具有净收益的（O'Hare，Sanderson，1993）。

表 1－1 通过对社区内外居民所获得的收益进行对比，用简略的数字描述了邻避设施的特点。在第（1）类项目中，设施的建设

对社区内外的居民都产生负面影响，社会净收益也表现为负数，此类项目应该避免投资兴建。而第（2）～（4）类项目社会净收益虽然都表现为50，但是在社区内外居民中的分布存在很大差异。第（2）类项目由选址社区承担的成本和风险都很大，因此可能引起公平正义的广泛争议，并且这种争议可能会上升到政治的高度。第（4）类项目社区内外的居民都获得了好处，只是收益大小不同，最终可以得到一个双赢的结果或者至少不会产生激烈的本地抗议。第（3）类项目常常被判定为典型的邻避设施，选址社区承担一定的负面影响，会引起比较典型的邻避冲突。

表1-1　邻避设施中收益的非均衡分布

项目类型	为100万非本社区居民带来的收益	为100位本社区居民带来的收益	社会净收益	结果
(1)负效应项目	-100	-10	-110	不建设
(2)不公平项目	100	-50	50	引起公平正义的广泛争议
(3)典型的邻避项目	60	-10	50	引发邻避冲突
(4)共同受益项目	40	10	50	双赢的结果或者至少没有本地抗议

资料来源：根据O'Hare and Sanderson（1993）改写。

二　社会风险和风险治理

“风险”的概念在安全管理基础理论的形成中处于核心地位。从历史上看，“风险”是一个古老的概念，在中世纪就出现萌芽，指早期商业世界中探险、贸易、殖民扩张活动结果的不确定性。18～19世纪，数学发展促进了概率推理在风险问题中的应用，风险被定义为“事件的损害乘以事件发生的概率”（Adams，1995）。

现代风险管理理论借鉴了这种定义，认为“风险”是由于自然事件或人类活动而造成不利影响的可能性（Kates，Hohenemser，Kasperson，1985）。这一定义包含了构成风险的两个要素：不利影响（impact）和可能性（possibility），同时指出引发风险的因素既包括自然事件，又包括人类活动。基于该定义，西方公共安全管理将突发事件分为自然灾害（natural disaster）和人为事故（man-made disaster）。但是该定义没有明确指出风险对哪些对象造成不利影响。

随着人类社会的发展，风险表现出越来越强烈的社会属性，在人们认识和治理现代社会的实践中发挥着越来越重要的作用。20 世纪 90 年代，德国社会学家乌尔里希·贝克（Ulrich Beck）提出“风险社会”（risk society）的概念，他认为“风险社会”指的是一组特定的社会、经济、政治和文化的情景，其特点是不断增长的、人为制造的、不确定性的普遍逻辑。风险社会中的社会结构、制度及社会主体间的联系向一种包含更多复杂性、偶然性和断裂性的形态转变（Beck，1992）。在这一全新的概念中，风险成为现代社会的根本特征，导致了社会理念和人们行为方式的改变，从制度上和文化上改变了传统社会的运行逻辑。风险已经开始主导 21 世纪个人和集体的意识及行动。人类健康、社会安全、生态平衡、经济发展等均被各国风险学家们纳入风险研究的领域。

社会风险的定义有广义和狭义两种。广义社会风险是指“由于经济、政治、文化等子系统对社会大系统的依赖，任何一个领域内的风险都会影响和波及整个社会，造成社会动荡和社会不安，成为社会风险”（童星、张海波，2007）。狭义社会风险是与政治风险和经济风险相对应的一种风险，是指“所得分配不均、发生天灾、政府施政对抗、结社群斗、失业人口增加造成社会不安、宗教纠纷、社会各阶级对立、社会发生内争等因素引发的风险”

（宋林飞，1999）。该定义是从风险因素出发的。这样，社会风险被定义为一种导致社会冲突、危及社会稳定和社会秩序的可能性。还有的定义将风险的可能性与现实性结合起来，认为“任何社会都存在一定的社会风险，具体表现为各种社会矛盾、问题、冲突和社会危机等”（黄莉，2011）。

社会稳定风险是我国在维护社会稳定的实际工作中使用的概念，其内涵比社会风险狭窄，比较接近狭义社会风险。社会稳定风险是指社会发展中出现社会失序、社会动荡或发生社会危机的可能性。一旦这种可能性变成现实，社会稳定风险就会转变成社会危机，并对社会稳定和社会秩序造成负面影响。

“风险治理”是治理理念在风险领域的运用。Nye and Donahue（2000）指出“治理”描述了包括政府和非政府主体在内的集体决策的结构和过程。和以往的政府“管理”“管制”等概念相比较，“治理”代表着由以前的公共所有和中心控制向私人机构和市场决策的转变，表现出“去中心化”的方向（Hutter，2006），与决策有关的所有利益相关者都参与决策过程。“风险治理”将治理的实质和核心原则运用到风险和与风险相关的决策环境中（Gunningham，Grabosky，Sinclair，1998）。风险治理不仅包含风险分析的三个传统要素：风险评估、风险管理和风险沟通，还需要考虑法律、制度、社会和经济背景。正是在这样的背景下，代表风险的主体和利益相关者被卷入进来。风险治理形成了包含行动主体、规则、习俗、过程和机制的复杂网络，这个网络与风险信息的收集、分析、沟通，以及管理决策密切相关。由于在风险治理中，政府主体和私人主体会共同进行风险相关决策和行动，所以没有单个的权威会做出有约束力的风险管理决策。风险的本质要求不同利益相关者合作与协商。

三　公共决策模式

公共政策学科中研究的“公共决策”，严格地说是“公共政策决策”（public policy-making）。公共决策模式是指制定公共政策的组织和人员通过某种方式去应对或解决面临的公共问题。公共决策模式的要素包括决策的制度环境、决策主体、决策原则和决策程序。具体而言，公共决策模式是要解决由谁决策、如何决策的问题。基于决策要素的不同特征，决策模式也常常表现出不同的特征。公共决策模式考察的是多主体之间的博弈，包括制度安排、决策机制与程序等，而不是决策的技术方法。

理论界对于公共决策的定义不少，可以从决策主体、决策目的、决策内容与决策结果的角度进行分类和阐述。从决策主体看，有一元主体论、二元主体论、三元主体论与模糊主体论四种。

第一，一元主体论。即认为公共决策的主体是第一部门（政府）。如申永丰（2011）认为，公共决策是政府为确保社会朝着政治系统承诺的方向发展，利用公共资源制定公共政策，解决社会公共问题、协调社会利益关系、促进社会全面发展的活动，是对不同利益诉求进行界定、确认、协调和实现的过程。他认为，尽管公共决策的主体是多元的，但政府是公共权力最重要的载体，在公共决策中具有特殊地位，对其他主体发挥着示范、指导、规约等作用，因此，一元主体论一般把公共决策视为政府决策。

第二，二元主体论。即认为公共决策的主体是第一部门（政府）和第三部门（社会组织），统称“公共组织”。公共决策是指公共组织，特别是政府针对有关公共问题，为了实现和维护公共利益而做出的行动或不行动的决策（许重光、陈贞，2004；石路，

2009）。

第三，三元主体论。持有该观点的学者以政策是否带来公共性后果为标准，认为第一、第二、第三部门都是公共决策的主体（童星，2010）。这是因为，所有的政策都有可能带来公共性后果。由于社会系统各领域之间的交互性日益增强，私人领域的政策也应强调公共责任，如果我们仅将目光集中于传统公共部门即政府和第三部门的政策输出，可能无法缓解突发事件的严峻态势。将私人领域的风险决策纳入公共政策的框架，有助于全面、有效地应对风险，提高风险管理的效率。

第四，模糊主体论。公共决策是在既定的政策环境下，公共决策主体通过制定并执行一定的公共政策，解决社会问题、治理公共事务，影响并制约着公共政策目标群体的价值、利益与行为（陈庆云，2011）。该定义没有具体指明公共决策的主体。

一般认为，公共决策的目的包括管理公共事务、提供公共产品、解决公共问题、协调利益关系、维护公共利益、促进社会全面发展等（许重光、陈贞，2004；陈庆云，2011；申永丰，2011）。公共决策作为政府行使公共权力管理社会公共事务、提供公共产品、解决公共问题的活动，与公共利益密切相关。

理论界在阐述公共决策的内容时使用了枚举法。如石路（2009）指出，公共决策的内容包括国家安全、国际关系、社会就业、公共福利等。决策结果一般包括行动和不行动。例如，公共决策是指公共组织针对有关公共问题，为了实现和维护公共利益而做出的行动或不行动的决策。

在论述风险社会的产生时，贝克指出：如果我们原来关心的是外因导致的危险（源自神和自然），那么今天风险的新的历史本性则来自内在的决策，它们同时依赖科学和社会的建构（贝克，2004）。基于我国邻避案例的实证研究也发现，政府自身的决策不佳及监管不力是使公共项目陷入“邻避”困境的重要原因（陈玲、李利利，2016）。这些研究文献提示关于邻避问题的研究应该将相关决策模式置于中心位置。

第三节　邻避问题的基本特征：不确定性与利益多元化

典型的邻避设施选址案例常常包括这样的情景：基于国家或区域的利益推动而拟建的一项具有潜在风险的设施，对未来可能产生各种影响，有些是积极的，有些是负面的，有些是比较确定的，有些是很不确定的。这样，邻避设施选址就将一个包含个体和社区利益的问题推上议程，包括潜在风险或负面结果、规划主体和决策主体的合法性、对受到负面影响的利益相关者的最终补偿。同时，它还带来一系列更深层次的问题，包括决策的制度框架、沟通和协商、观点争论和价值观的交流等（Boholm，2004）。邻避设施选址争议使具有不同观点的行动者互动。邻避设施选址争议中常常伴有广泛的动员，包括政府官员、技术专家、律师、来自各个学科的咨询专家、利益组织的代表、媒体报道者和大量的当地公众。

在当今社会，大规模工业或基础设施项目的收益和风险会对当地社区及其环境产生相当大的影响，比如公路、铁路、机场、大型工业项目、新能源设施等，这些项目的选址易陷入困境。这种困境由一系列因素造成，其中最主要的因素是不确定性和利益的多元化。

一　不确定性

邻避设施选址的阻力来自项目本身所具有的潜在风险，风险本身就是负面结果发生的概率和实际影响的乘积。尽管有一些科学方法能尝试着对发生概率和影响进行估计，但是这种分析的可靠性存在争议。从决策的角度讲，决策者在选址规划的过程中很难对负面结果产生的影响获得准确、可靠和基本一致的信息。不确定性是所有风险决策的本质特征。

个体在不确定性条件下的决策常常采用两种主要模式：直觉决策（heuristic）和委托决策。直觉决策是指决策个体并未对所有备选方案的收益和成本进行精确核算和对比，而是根据大致的估算，通过直觉快速决策，这种决策方式在面对“不确定性”和“有限理性”（西蒙，2002）的情境时十分常用。另一种决策方式就是将决策委托给别人，比如可信赖的专家、专业机构等。委托决策的前提是对受托的决策者具有高度的信任。公共机构面对不确定性决策的时候常常也沿用个体决策的策略，要么对备选方案进行简单估算，要么委托给专业组织和专业机构进行决策。粗放式的决策模式难以有效应对不确定性的挑战，“那些忽视技术和物质世界中的不确定性的政策，常常会导致令人失望的技术、社会和政治后果”（Morgan，Henrion，Small，1990）。频繁的社会抗议、拟建设施的长期搁置就是这种很有代表性的“令人失望的后果”。

二　利益多元化

社会生活嵌入时间和空间之中，由不同行动者、团体、组织和机构之间的互动所组成，他们代表各自的视角和不同的观点。风险施加方和风险接受方之间存在日益增多的利益和价值观之间的分歧：风险施加方从社会利益最大化的角度出发考虑，而风险接受方更关注他们自身受到了不公平待遇。顾全了社会利益的决策可能没有（或者很少）考虑到当地社区的利益。多元化的利益取向导致利益相关者采取各自的立场看待本来就具有高度不确定性的邻避设施选址问题，分别收集和采信对自身有利的证据，从而形成不同的利益代表团体。利益冲突的外化常常引发剧烈的社会冲突。邻避设施选址冲突的根源在于选址项目所带来的收益和风险在不同的利益相关者中呈非均匀分布。

利益相关者不同意拟建设施的选址要求常常是因为他们有不同的价值观。在对关于风险技术争议的研究中，Winterfeldt and Edwards（1984）指出利益相关方之间的争论总是围绕价值观和道德问题而展开，在这些问题中存在合法性的差异。社会应该发展那些我们不能完全控制的技术吗？一般公众对这个问题很关注，但发展商并不关注。

每一个利益相关方对所提议的邻避设施选址有其自身的关注点。居住在拟建垃圾填埋场或垃圾焚化炉周边的居民可能关注设施对他们未来房屋价值的影响，政府管制机构可能强调设施是否满足安全标准，发展商关心的是项目是否能产生利润。

邻避设施潜在影响的范围十分广泛，因此在预测实际结果方面具有极大不确定性。针对与邻避设施相关的风险，常常只有有限的数据可以用来对其展开准确评估。每一个利益相关方收集对自己有利的数据，支持自己的立场，实现自己的目标。

邻避设施选址问题所产生的各种争议和冲突都可以归结为"不确定性"和"多元化利益"这两个因素的相互交织影响。

第四节　邻避决策模式面临的挑战

高风险社会对传统的公共政策体系构成挑战，扩展了公共政策的传统边界，转换了公共政策的议程设置模式，改变了公共政策的评价标准。邻避设施选址是对经济发展和环境安全的权衡，反映了国家在发展中实现经济目标、政治目标、社会目标的次序安排和统筹权衡。对邻避设施选址决策模式的根本挑战，是在合理的制度安排下如何对多元化价值和利益进行综合权衡决策。

邻避运动的反复爆发折射出现有邻避设施选址决策模式的失效。对一系列邻避事件的反思使研究者和实践者认识到，邻避设施选址不仅是一个针对土地规划和成本收益进行分析的纯粹技术问题，更是一个公共政策和治理问题（Lesbirel，Shaw，2005）。邻避设施选址问题对公共决策模式提出的一个根本性挑战是对多元化价值的权衡。

这种挑战由于社会信任的缺失和公众参与决策能力的提升而变得更加严峻。一方面，在全球范围内，普通公众对政府的风险决策和监管部门、技术专家、生产企业的信任程度都呈现稳步下降的趋势。Kasperson，Golding，Tuler（1992）认为邻避问题归因于公众对专家准确诊断相关风险的能力缺乏信心。事实上，越来越多的公众认为那些与新技术相关的风险尚未得到科学的确证，所以就没有什么理由可以信任专家。邻避设施选址冲突中的每一个利益相关方拥有不同立场，这进一步强化了各方的不信任态度。另一方面，随着网络和通信技术的发展以及媒体环境的根本性变化，公众获得了重要力量来阻止他们所不想要的邻避设施。这些决策环境的变化使得在决策模式中采取公开、透明的原则综合权衡多元化利益比以往任何时候都要迫切。

第五节　研究问题、方法和创新点

本书的主题是“邻避设施选址的社会风险根源及有效决策模式研究”。本书试图在已有的风险研究的基础上，向上追溯到选址决策环节寻找社会风险的根源，建立扩展了决策维度的理论框架，通过对第一手数据的实证分析，为改进邻避设施选址决策程序和机制提供政策建议。

我国多次发生的邻避设施选址抗议活动显示，邻避设施选址产生的社会风险，是由于选址的决策模式出了问题。寻找邻避设施选址的社会风险根源必须回溯到选址的公共决策模式中去。传统的以“封闭决策”为起点、以“一闹就停”为终点的负反馈循环模式已难以应对复杂的邻避设施选址问题。公共管理者急需打开邻避问题演化为社会风险的“黑箱”，弄清公众到底担心什么、公众的真实诉求到底是什么，积极改善决策模式，有效防范社会风险。本书的核心问题是：公众对邻避设施选址的基本态度是由哪些因素决定的？特别重要的是，这些影响因素中有哪些是和决策模式相关的？通过实证分析明确这些关联性的影响，可为改进邻避设施选址模式提供政策参考。

本书运用现代风险治理理论，以公众为主要研究对象，系统性地考量公众看待邻避设施选址风险、收益、公平性等问题的态度，通过第一手调查数据对影响公众态度的因素进行了实证分析，重点关注现有决策模式对公众态度和行为形成的影响，从而有针对性地改进邻避设施选址决策模式。研究内容包括：（1）对邻避设施选址的政策困境及现有决策模式的梳理和评价；（2）构建邻避设施选址问题的理论分析框架；（3）对邻避设施选址的社会风险根源的实证分析；（4）对选址决策模式与社会风险因素之间关系的研究；（5）基于治理理论改进邻避设施选址决策模式的政策建议。本书将揭示公众态度背后的影响因素，为邻避设施选址实践中的公众参与、民主决策等决策模式的完善提供具体化的政策建议。

本书的创新努力在于尝试了解决策模式与公众态度之间的关系。抗议游行只是邻避风险累积爆发的最末端。选址是一条很长的风险链，从风险决策到风险沟通，最终传导到风险感知，其中的任何一个环节都有可能埋下不同利益群体之间产生对抗的隐患；相反，对每一个环节的改进都有可能控制和化解社会风险的爆发。同时，普通公众也只是风险治理中的主体之一，风险决策者、风险沟通者、风险管理者中的任何一个主体的行为都有可能改变选址造成的社会风险水平。同洋洋大观的“风险感知”文献相比，在邻避设施选址领域，针对决策和沟通的研究，特别是决策程序和机制的研究，显得十分薄弱。这正是本书力图有所创新的突破口。

任何一种选址决策机制都带有不同国家中基本民主原则、行政管理体制和社会文化背景的烙印。中国正处在经济体制深刻变革、社会结构深刻变动、思想观念深刻变化的历史转折期，邻避设施选址引发的群体性事件多次上演，中国特色的风险决策模式在应对风险问题时既有西方国家共同具有的缺陷和不足，也具有独特的体制优势。我国政府正在努力改变风险决策模式，将社会稳定风险评估列为重大公共决策的必需环节。我国必须在借鉴他国经验教训的基础上，结合自身的体制特点，探索出一条中国特色的社会风险防范之道；反过来，中国在邻避设施选址决策问题上的探索也必将为不同国家解决类似的风险问题提供启发。

本书共由八章组成。第一章提出了邻避设施选址的问题及其带来的政策挑战，明确提出了本书需要解决的主要问题；第二章对 20 世纪 70 年代以来的邻避设施选址文献进行了综述，全面梳理了解释公众态度的理论视角以及应对邻避设施选址冲突的主要对策，重点突出了风险感知、公众信任和程序公正等与决策模式密切相关的维度；第三章论述了“中国式”邻避问题兴起和发展的社会背景，以一系列典型的 PX 事件为例梳理了我国邻避运动的基本特征；第四章剖析了邻避决策的典型模式及其差异，在理论和现实研究基础之上构建了“风险 - 利益 - 信任”的理论框架；第五章在“风险 - 利益 - 信任”的框架下对我国的多类型邻避设施选址决策展开了跨案例的定性研究；第六章基于全国普通网民和特定城市的第一手调查数据分析了影响公众态度的主要因素；第七章总结了西方国家应对邻避冲突的经验教训；第八章综合理论、案例和定量研究的主要结论，初步探讨了在“风险－利益－信任”框架下改进邻避决策模式的实现路径。

第二章
邻避问题的研究基础和创新空间

20世纪六七十年代以来，美国等西方国家中由于核废料存储库、垃圾处理设施等邻避设施选址而引发的公众抗议游行此起彼伏。面对这种具有一定激烈程度的对抗性矛盾，“人们为什么反对和抗议邻避设施选址”这一问题就理所当然地跃入研究者的视野，并引发了研究者的持续兴趣。学界不仅从心理学、经济学、政治学、社会学等多个学科进行了解释，而且从程序公正和结果公正的角度提出了可能的解决方案。本章梳理了20世纪70年代以来的邻避设施选址文献，识别了本书的创新空间，并为构建邻避决策分析的基本框架奠定基础。

第一节　邻避风险的理论解释

对邻避设施选址冲突的理论探索是从公众态度开始的，任何改进方案都无法回避“公众反对邻避设施选址的根本原因是什么”这一基础性问题，因此对公众态度的研究始终处于邻避设施选址文献的核心，其试图通过梳理公众态度的形成因素来解释选址冲突的根源。到底哪些因素形塑了公众的风险态度？这一问题吸引了来自不同学科的学者聚集在“风险感知”的旗下各自发表意见：心理学家贡献了“心理测量范式”（psychometric paradigm）、社会学家贡献了“风险的社会放大”框架（social amplification of risk）、历史和文化学者贡献了“风险文化理论”（culture theory of risk）。风险感知领域的研究为理解公众行为提供了丰富多元的解释。

现有文献集中研究了放射性物质存储库（Slovic，Layman，Flynn，1991；Easterling，1992；Flynn，Burns，Mertz，Slovic，1992）、有毒有害工业项目（Kunreuther，Fitzgerald，Aarts，1993）、固废处理设施（Mitchell，Carson，1986）等邻避设施选址难题。早期的研究关注了美国（Rabe，1994）、欧洲（Kunreuther，Slovic，MacGregor，1996）、日本（Ohkawara，1996；Lesbirel，1998）等发达国家的实践，近期研究扩展到泰国（Khammaneechan，Okanurak et al.，2011）等发展中国家及中国台湾（Hsu，2006）等新兴工业化地区，这些文献为进行邻避设施选址的决策模式构建、公众参与、风险感知等领域研究提供了一定的知识储备。

本章接下来的部分试图从不同的学科视角梳理以往文献对邻避设施选址冲突中公众态度的分析。但值得指出的是，这种按照学科划分的文献梳理只是为了总结的方便，实际上各个学科之间并不存在明确的界线，不同学科提出的各种解释因素之间可能存在相互影响，比如对风险监管机构和设施发展商的信任程度就会显著地影响公众的风险感知，公众参与等程序也会对风险感知产生重要影响，邻避设施选址的理论研究越来越表现出学科交叉的特点。

一　邻避主义

邻避主义将公众抗议解释为自私自利和缺乏大局的非理性观念。这种解释代表了邻避设施提议者和公共决策者的观点，并没有对公众的利益和反对动机展开细致深入的分析，由此引出的对策建议也是无效的甚至是有反作用的。按照邻避主义的思路，地方公众没有从全局的角度考虑核电站、垃圾处理设施等邻避项目所具有的社会意义，这种狭隘的地方主义阻碍了更广泛的公共利益的实现，因此，邻避主义提出应当限制社区和公众在决策过程中的作用。比如，20世纪80年代中期，荷兰在遭受了公众对公路、铁路、化肥厂、垃圾焚烧炉等邻避设施的强烈抗议后，将公众抗议归结为“自私”“非理性”的狭隘主义，采取的对策是通过制定法案限制公众、环保组织以及其他地方利益相关者在邻避设施设计、选址和建设中的参与。这种以隔离和排除公众意见为导向的邻避政策工具不仅对解决邻避冲突毫无益处，而且可能激怒公众，成为引发邻避抗议的导火索（Wolsink，1994）。

相对于其他几种理论，邻避主义对邻避效应的解释缺乏成熟的理论体系，更像是一种具有代表性的观点形成了数量丰富的一组文献。“邻避运动”被广泛地用来描述“对有争议的土地使用和设施选址的有组织的社区抵抗”（Takahashi，1997）。“邻避主义”的核心观点是：公众由于自私自利的动机而反对邻避设施建在自己所在的社区，他们不愿意承担社会责任，尽管认识到拟建的设施对整个社会有益，但是最好建在别人的社区，而不是“自家后院”。受“邻避主义”观点的影响，一些国家采取的对策是通过强制性的选址决策要求特定社区承担社会责任，因此，在选址中强化了中心化决策的权力，比如荷兰新的规划系统中提出了“流线型”的组织架构，加强了集中决策的权威（Wolsink，2003），而英国也提出要加强科层权力（Cowell，Owens，2006）。这些基于“邻避主义”观点的政策路径并不能有效解决邻避设施选址问题，相反可能进一步加剧邻避设施选址冲突。

邻避主义的提出（Armour，1984；Gervers，1987；Edelstein，1988）引起了很大的争议。大量实证证据显示，邻避动机与公众反对态度之间并没有直接的联系，从而否定了以自私自利作为“邻避主义”的一种理论解释的尝试。Wolsink and Devilee（2009）研究了邻避主义对公众接受或拒绝垃圾处理设施的影响。他们制定了一套量表测度公众的邻避动机，实证研究结果显示，邻避动机在决策的规划阶段的确起到了主导作用，但是最终结果是公众的反对意见并不能被自私动机所解释。他们的研究明确指出，关键因素很明显不是居民有很强的意愿把自己的负担转嫁给别人，而是居民认为其他人或决策者把负担强加给他们是不公正的。所以，解决邻避设施选址的关键因素不是批判自私，而是公正决策，将伦理原则运用到风险的分配中去（Hermansson，2007）。公众对环境风险的担心不能以邻避主义来描述，而是与更广泛的心理和社会因素有着更基本的联系（Snary，2004；Pol，Di Masso et al.，2006）。这种观察与“风险社会”的概念一致。“邻避主义”的解释对从政治上改进选址模式、缓解选址冲突毫无帮助，最多只可以用来为在设施选址的风险分配过程中回避协商的行为做辩解。

二　心理学解释：风险感知模型

风险感知是形成公众态度的基础性因素。邻避设施选址冲突发生常常是由于居住在选址社区或者附近的公众认为潜在收益低于观察到的成本和风险。心理学的研究显示：人们并不是全面地搜索与特定风险相关的所有信息之后做出综合判断，而是对风险信息有所选择地接受，至于哪些信息被接受，哪些信息被排除，存在一定的心理准则。在推断风险和做出决策的过程中，人们运用隐含性知识、决策规则和直觉标准，同时也关注社会背景、社会正当性、观念和行动的保障性等。承担风险是自愿的还是被迫的，该风险是已经熟知的还是未知的，是可控的还是超越了个人力量的，是影响个人的还是影响所有人的——人们正是通过判断这些风险的属性特征来评估风险的严重程度，以及哪种风险会比其他风险“感觉到”更严重（Slovic，1987）。

在风险感知的研究中，Kunreuther et al.（1990）是比较早地对公众态度进行大样本实证研究的文献，其分析的数据包括1001个美国内华达州居民样本和1201个全国居民样本。该文献运用了两种不同的模型对公众态度展开研究，即“成本－收益模型”和“风险感知模型”，模型的构建分别基于经济学和心理学的理论分析。数据分析说明，内华达州居民愿意接受在尤卡山建立核废料存储库的态度取决于主观风险感知因素，特别是可感知到的对子孙后代产生的严重后果。感知到的风险程度取决于公众对能源部安全管理存储库的信任程度。以按年补贴的形式对当地居民进行补偿，并不会显著改变当地公众的反对态度。在考虑实施补偿以前，邻避决策应该充分论证公共设施的必需性，也就是说，邻避决策要保证存储库对公众本身及其后代只会产生最小的风险，而且当前选定的位置是最合适的。实现这一点的方法之一是采取减缓和控制措施，比如对存储库的运行实施严格的监管。

三　经济学解释：成本－收益分析

经济学侧重于从个体决策的角度分析个体态度行为。经济学的理论基础是理性选择理论，强调决策是有理性的、考虑自身利益的个体做出的政治选择，并试图发现这些选择的普遍规律。经济学分析个体决策所采用的工具是“成本－收益分析”。Frey and Oberholzer-Gee（1996）研究了公众对核废料选址的态度，其基于数据的简化模型认为公众是否接受邻避设施主要取决于经济标准，主要表现为周边居民预期的经济收益（如当地经济发展、收入增长等）和风险估计。

经济学提出的邻避问题解决方案是对选址的社区进行补偿，

使之不仅能补偿邻避设施带来的所有负面影响，而且留有一定的利润，那么这个社区可能就会接受这个选址的决定。经济学家基于这种方法提出了大量经济方面的机制，在实践中，这种补偿措施也的确是许多选址程序的一部分（O'Hare, Bacow and Sanderson, 1983）。

尽管如此，经济补偿方案对成功选址的作用仍然存在巨大争议。Frey and Oberholzer-Gee（1996）通过问卷调查发现经济补偿和风险感知的确会影响公众对邻避设施的接受度，但是这种影响必须在特定的程序规则下才会产生。如果与补偿计划相伴随的是有缺陷的选址过程，那么补偿可能会被认为是贿赂，反而加剧当地居民的反抗。Hamilton（1993）认为邻避设施周边居民通过集体行动提出经济补偿诉求，这种诉求会增加设施建设方选址和运行的成本，因而设施建设方最终会选择集体行动能力最弱、补偿诉求最低的社区建设邻避设施。在西方国家中，这些社区往往是少数族裔聚居的社区。因此，经济补偿并没有成功解决邻避设施的负外部性问题，反而造成了环境不公平。本章第二节对经济补偿的局限性展开了更加深入的探讨。

四 社会学解释：社会信任

邻避冲突的一个常见现象是公众感知到的风险与专家评估和政府部门理解的风险存在巨大偏差，这说明了风险沟通的失效。信任问题与风险沟通（risk communication）的研究相伴而生。

现代意义上的风险沟通研究始于20世纪80年代中期，产生的背景是技术专家与广大公众对风险问题认知存在巨大差异。风险沟通正是为了消除这种差异而在专家和公众之间搭建了一座桥梁。早期的风险沟通几乎是“风险教育”“传递信息”的同义词，风险沟通关注如何通过广泛有效的渠道和通俗易懂的方式将风险知识传递给公众。但是，研究者很快就发现，专家和公众难以取得共识的真正原因是信任的缺失（见图2－1）。这在很大程度上是由风险问题的特殊性造成的。潜在的风险给公众的健康、生命、财产带来的危害具有不确定性，因此，公众在表达信任之前往往持谨慎的态度。从此，信任问题进入风险沟通的研究视野。

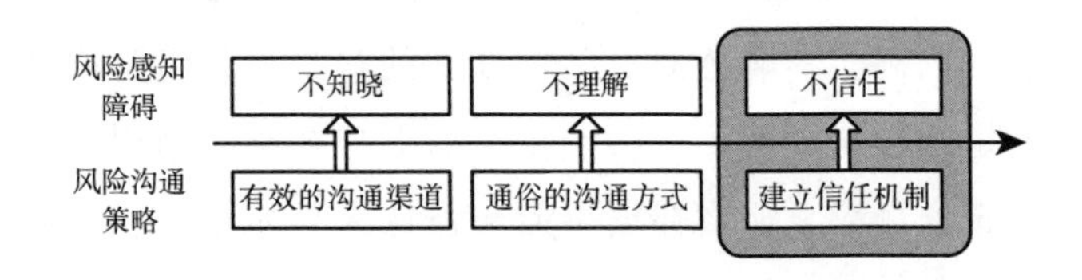

图2－1 信任问题在风险研究中的提出

在此后将近30年的研究中，研究者从心理学、社会学、政治学等不同领域研究了三个层次的信任：对风险信息本身的信任（trust in information）、对风险信息来源的信任（trust in information source）、最终上升为对风险监管的信任（trust in regulation）。研究的主要问题包括：风险管理中如何建立和巩固信任（见表2－1）；信任是否影响人们对风险的认知程度；信任是否影响人们对风险的接受程度；以及影响信任的各种要素是通过何种机理发生作用的。

表2－1 影响公众信任的主要因素

代表性文献	信任的决定因素
Renn and Levine(1991)	可观察的能力(perceived competence)
	客观性(objectivity)
	公正性(fairness)
	一致性(consistency)
	忠诚(faith)

续表

代表性文献	信任的决定因素
Kasperson, Golding and Tuler(1992)	承诺(commitment)
	能力(competence)
	关心程度(caring)
	可预见性(predictability)
Covello(1983)	关心和同情(caring and empathy)
	投入和承诺(dedication and commitment
	能力和专业(competence and expertise)
	诚实度和开放性(honesty and openness)
Frewer et al. (1996)	能力(competence)
	关心程度(caring)
Peters, Covello and McCallum(1997)	知识和专业能力(knowledge and expertise)
	开放性和诚实度(openness and honesty)
	关注和关怀程度(concern and care)

在邻避设施选址的问题中，研究者同样认为社会信任是影响选址结果的重要因素。为了解决选址问题，美国的学者和实践者在 1990 年举行了一次有关邻避设施选址的研讨会，来自多个领域的政府官员和专家学者共同制定了一套“设施选址法则”（facility siting credo)[①]。Kunreuther et al. （1993） 最早对整套“设施选址法则”的实际效果进行了实证研究。他们研究了美国和加拿大的 29 个固废处理设施选址案例，结果显示，“社会信任”、“设计合理”和“公众参与”是影响选址结果的三个重要因素。第一，推动选址过程的一个重要因素是在设施开发商与选址社区民众之间建立信任；第二，当社区民众认为选址设计合理、能满足社区需要的时候，选址过程最有可能取得成功；第三，民众参与也是一个重要的过程变量，特别是如果民众能够通过参与选址决策认识到设施建设确实能满足社区的需要。Kunreuther 等人认为，“自愿

① 详见第七章第二节。

选址”模式能发挥落址社区民众的自愿性，减少实施过程中的抵抗行为，这可以作为一种有效模式在选址过程中应用。

Groothuis and Miller（1997）研究了社会信任对公众是否接受一项危险固废处理设施可能产生的影响。他们将信任具体化为对信息来源渠道的信任。他们的研究将公众对信息来源的信任程度视为在“风险－收益权衡”中对个体决策可能产生影响的因素。研究发现受访者既不信任政府官员，也不信任固废处理企业。社会不信任加剧了民众感知到的邻避设施的风险，降低了采用全民公投以接受危险固废处理设施的可能性。

Kasperson，Golding and Tuler（1992）提出了一个关于信任的多维度的概念，包括认知、情感和行为三个维度，具体表现为对其他人行为的预期（认知维度）、对事态的主观感知（情感维度），以及承担风险的意识（行为维度）。不信任破坏了人们在社会关系中所拥有的预期。研究表明，20 世纪 60 年代以来，美国公众对健康、安全和环境保护的意识越来越强，对领导者、对主要社会机构的信任也普遍下降。这些趋势结合起来使得邻避设施选址问题具有高度的争议性。

社会信任既取决于历史经验（时间因素），又依赖于区域治理能力（空间因素）。在社会信任缺失的大环境下，无论何种邻避决策模式都可能面临公众抗议。从长远来看，在社会信任缺失的情境下，通过赋权、主动告知风险和进行谈判等手段获取的主动性可能对社会信任的恢复更为有效（Kasperson，Golding and Tuler，1992）。

信任的建立常常是通过改进决策程序方面的努力而实现的。Bord and O’Connor（1992）通过准实验研究得出结论，认为选址成功最重要的是建立信任、保持良好的安全记录、联邦政府对重特大事故的处置、补偿承诺以及广泛的公众参与。

五 政治学解释：程序公正

邻避设施选址存在困难的一个主要原因是，做出决策的程序常常被认为是不公正的（Kunreuther，Fitzgerald and Aarts，1993）。在许多案例中，潜在的选址冲突由于不合时宜的规划程序变得更加糟糕。这些程序，实施了一种自上而下的风险沟通，很少有与当地社区妥协的空间。程序公正被广泛地认为是影响决策公正的一个重要方面（Ottinger，2013）。

风险的本质决定了风险可接受水平应该在决策者与公众的讨论中被决定，而不是在与公众讨论之前就被决定。这挑战了程序化的文化，传统的决策文化倾向于决策当局主导，认为必须要有一致的决策方式。Frey and Oberholzer-Gee（1996）在传统的经济角度的基础解释上更进一步，不仅关注了选址的结果，还关注了选址的过程。他们的研究表明：引入选址程序方面的变量加强了模型对公众态度的预测能力；可接受的选址原则对当地居民接受一项有害的设施产生积极的贡献。这些可接受的原则主要都是有关公正的原则。Anderson（1986）指出了美国邻避设施选址程序缺乏公正性的具体表现：邻避设施的必要性未得到充分论证；邻避设施的风险评估不完全；选址过程缺乏早期的、实质的公众参与。

Ottinger（2013）提出知识在保证程序公正方面的重要性。由于与环境风险相关的知识是不断变化的，因此，公众仅在一次决策过程中参与并不能保证程序公正。随着知识的发展，公众应该有机会持续参与选址决策，从而交流最新的知识进展。

Petts（2004）分析了对有效决策过程有影响的技术、制度和文化障碍。这些障碍限制了公众对具体问题采取恰当的系统分析，并认为基本障碍在于碎片化的决策过程和薄弱的监管。碎片化的决策过程以及薄弱的监管环节使得公众无法对风险问题进行理性的系统分析。公众只能从各个分散的部门中得到零碎的信息，由于决策链条很长，公众无法全过程地参与风险决策。这是制度方面的障碍。更多的政治学视角的分析还讨论了政治体系的制度、规则、程序以及通过理论探索形成的知识对选址政治的影响，包括不同政府部门之间的组织结构和关系，以及政策网络对政策结果的影响。一个重要的视角是研究者不仅将政府视为一个组织单位，而且认为政府部门是有异质的权力和与自身不同的政治利益的机构。尽管政府是具有创造性和柔性的，但是政府也受到科层结构的限制，这最终会对国家管理选址冲突形成障碍。McAvoy（1999）分析了明尼苏达州危险固废处理设施选址中存在的问题，他指出利益相关方通过民主协商的程序制定选址决策有助于化解邻避冲突。

六 空间规划学解释：规划理论的社会维度

邻避设施的建设需要占用土地和空间，因此邻避问题也成为空间规划中必然面临的问题。城市和区域规划、土地利用、地理学、环境与可持续发展以及能源规划等领域的研究者积极参与邻避问题的研究。在空间规划的视角下，邻避设施通常被称为LULUs（Locally Unwanted Land Uses），即“地方上排斥的土地利用”，这一名称比较中性地刻画了邻避设施在规划中可能受到排斥的特性，而“邻避”（NIMBY）一词被广泛应用于媒体报道和社会科学研究，“邻避”这一概念本身带有对公众自私、狭隘态度的批评。

传统的空间规划关注邻避设施选址的技术问题，致力于从效率和公平的角度为邻避设施选择合适的区位。在研究问题上，规划学关注区位选择的合理性，注重考查拟建设施与其他空间设施的关联，以及对总体环境的影响。在研究方法上，规划学采用量化方法来测算邻避设施的影响，如研究者通过特征价格法测算邻避设施对周边住宅价格的影响（赵沁娜、肖娇、刘梦玲、范利军，2019）。在应对措施上，规划学提出一些工程方法改变视觉效果，从完善规划本身的角度对邻避决策提出建议（张飞、葛大永，2018），或是通过从城市总体规划的角度合理布局以预防邻避风险。

规划学十分重视邻避设施选址的经济维度。早期的研究采用了传统的成本－收益分析（cost-benefit analysis）方法，这种方法试图在邻避设施的本地成本与区域、国家的总体收益之间进行权衡。成本－收益分析方法必然导出邻避选址中的经济补偿政策。经济补偿的实际效果也成为规划领域实证研究的持续主题。实证研究发现，只有在已有邻避项目基础上的扩建规划中，经济补偿才会发挥积极作用，而经济补偿在新建项目中的作用十分有限（Ferreira，Gallagher，2010）。一项长达40年跨度的案例研究关注了权力结构变化对社区补偿的影响（Klein，Fischhendler，2015）。

然而，单纯的规划改进并不能阻止邻避冲突的发生。垃圾处理设施等公用设施的规划频繁遭遇社区抗议，这些抗议促使规划者关注规划与社区的关系，认为规划者需要了解社区抗议的缘由、决定社区民众态度的因素以及如何构建规划者与社区民众的伙伴关系（Dear，1992）。邻避设施选址的社会维度在规划领域逐步受到重视，规划学者指出邻避设施选址不仅是一个空间问题，也不仅是一个经济和效率的问题，而且是一个政策和治理的问题。

在化解邻避冲突的对策方面，规划学科对邻避设施的研究与其他领域的研究殊途同归。规划学科超越本学科的知识领域，从社区、政府、法院以及沟通策略等多个角度提出了综合性的解决方案（Dear，1992），指出邻避设施规划应从单纯的规划者角度转向环境正义、程序公正和承担社区责任的角度（Wolsink，

Devilee，2009）。规划者通过向社区居民开放规划过程，建立与社区居民相互信任，推动双方的合作关系（Armour，1991）。规划过程是邻避决策过程的核心组成部分，因此规划学中强调的规划参与也明确指向了邻避决策模式的改进。

第二节　选址冲突的解决方案

一　公众参与

公民在行政过程中的参与产生于20世纪60～70年代，是公共政策制定过程的重要环节。公众参与有助于科层机构更加有效地回应公众关切，推动冲突问题的解决，使行政决策合法化，提升政策成功执行的机会（Kraft，Clary，1991）。公众参与是选址获得成功的一个重要因素。如果公众参与是有效的，那么社区居民对邻避设施会产生更积极的态度（Kunreuther，Fitzgerald，Aarts，1993）。Herian et al.（2012）的研究发现，公众参与的确有助于提升公众对程序公正的认知。Swallow，Opaluch and Weaver（1992）尝试从技术、经济和政治等方面综合考虑邻避设施选址问题，主张在设计备选方案的过程中以集中决策的方式考虑技术可行性和经济效用最大化，而在确定选址的过程中采取去中心化的模式，通过公众参与和民主协商决定风险可接受度及经济补偿方案。

Hampton（1999）分析了推动社区居民全面有效参与的各种决策模式，强调公众能对决策发表意见，并有能力影响最终的决策，也就是说，只有受影响社区的居民通过他们对政策过程的参与，真正有机会改变选址决策的结果，程序公正的要求才得到了满足。研究者还提出了公众参与的方式及参与程度的衡量标准（Hampton，1999）（见表2－2）。

表2-2 公众参与方式及参与程度的衡量标准

公众参与方式	公众参与程度的衡量标准
	公众参与的普遍实践
市民委员会	发展公众参与的过程
公开听证会和论坛	公众全过程参与决策
调查方法	公共价值观的表达
焦点小组	信息提供
市民小组	参与过程的可靠度
	对决策的影响程度

资料来源：Hampton（1999）。

然而，一些研究者指出公众参与并不一定带来程序公正，公众参与并不是解决复杂风险决策问题的万能药。高质量的风险决策还需要风险知识在利益相关者中均衡分布。这是因为公众参与要求受影响的公众对特定的决策会带来的危险有深入的理解，而这种理解常常存在各种障碍，包括企业不愿意披露相关信息，以及技术专家描述问题的方式深奥难懂等。同时，决策所需的信息可能在决策时点上还不充分，这就削弱了人们准确判断风险的能力。另外，许多对理解危险后果的本地知识只有在决策发生之后才能发展起来。同时，科学知识不可避免地随着时间而改变。认知的局限性意味着公众参与也不一定能产生良好的决策。

二 自愿选址

鼓励社区或地方政府自愿参加拟建邻避设施的选址意味着选址并不是一个不可逆的承诺。如果寻找选址的过程是自愿的，那么补偿动机就不会被指责为“贿赂”。自愿选址的优势表现为：选择的地址会满足基本的技术和环境要求；邻避设施建设会对社区中的每一个人有益。自愿选址模式将最后的决定权提交给全民公投，会有助于获得决定的合法性。纽约州曾经通过自愿选址的方式在固废填埋场的选址中获得成功（Kunreuther，Fitzgerald and Aarts，1993）。

自愿选址意味着项目建设方与社区之间要建立一种可谈判的协议（Rabe，1994）。可谈判协议一般通过公民投票得以实现，它要求充分披露信息，特别是关于风险、补偿措施和监督机制等方面的信息。自愿选址获得成功需要四个关键条件：（1）存在愿意接受选址的社区；（2）能建立一个简单的、容易理解的风险评估系统；（3）对选址社区赋予监督设施安全运行的权力；（4）对选址社区提供补偿。

三　经济补偿

经济学为解决邻避问题提供的方案是十分直截了当的：既然这些邻避项目带来的净收益是正的，那么总体收益就应该被用于对选址社区的补偿。如果这种经济补偿足以抵消负的外部性，那么社区就会自愿接受邻避设施的建设。经济学家提出了能保障邻避设施建设的各种补偿类型。一般来说，经济补偿的类型可以分为以下六大类（见表2－3）：货币补偿、实物补偿、税收和费用减免、资产保值、个体福利保险以及提供公益基金（Gregory，Kunreuther，Easterling and Richards，1991）。

表2－3　邻避设施选址中经济补偿的主要类型

补偿类型	表现形式
货币补偿	为受影响的社区居民直接提供一定数量的货币补偿
实物补偿	为选址社区免费建设公共娱乐、休闲或教育方面的基础设施（如游泳池、公共绿地、图书馆、幼儿园、公路等）
税收和费用减免	符合法律条件的当地居民可以享受土地税、产权税、商业税、电费、公共设施使用费和通行费等方面的减免

续表

补偿类型	表现形式
资产保值	保障邻避设施周边居民的房产价值不受影响,通常采取为居民购买财产价值保险的方式
个体福利保险	为周边的老年人、失业者和退伍军人提供资助;为严重患病的人提供医疗资助
提供公益基金	为周边慈善组织、教堂庙宇提供经济支持

尽管经济补偿为解决邻避问题提供了新的备选方案，但是经济补偿的局限性是显而易见的，主要表现经济补偿的有效性和公正性都受到严重质疑。在对大量选址补偿的研究进行综述之后，Kunreuther and Easterling（1996）指出，经济补偿在为危险性较低的设施进行选址时可能是一个很有价值的工具，但是如果在公众看来某些设施具有极高的风险，那么经济补偿很难产生积极的效果。经济补偿的有效性只适用于特定的选址情形。如果邻避设施没有对选址社区产生十分严重的风险，那么补偿一般会有助于选址的成功。这种低风险设施的例子包括监狱和机场等。但是，如果是具有较高风险的项目，比如对垃圾焚烧厂或者核废料存储库等项目而言，补偿对于提升公众接受度没有什么效果。

对于风险极大的设施而言，经济补偿根本没有任何效果。公众对这些项目的接受度显示出完全缺乏价格弹性 Jenkins-Smith and Kunreuther，2001）。经济补偿在一些案例中还产生了反作用，补偿的增加反而降低了公众对设施的支持度（Frey，Oberholzer-Gee，1996）。这种反作用常常是由于补偿的公正性受到质疑。当邻避设施给个人健康和当地环境带来的风险十分显著时，经济补偿常常被解读为对当地人的“贿赂”，通过“买通”普通公众来争取公众对邻避设施的赞成票。Frey and Oberholzer-Gee（1996）认为，经济补偿表现为一种“贿赂”的时候，公众会认为该设施是不道德的、不合法的，因此需要用钱来解决问题，最终挤出了公众本该承担社会责任的道德义务。这种态度会导致更加剧烈的抗议行为，使得社会付出更高的代价。针对经济补偿失灵的现象，Oberholzer-Gee and Kunreuther（2005）在经济模型中引入个体行为分析，研究了行为主体之间的互动影响。研究结果显示，大部分人对邻避设施的反对将形成“社会压力”，这种社会压力使得一些支持者的个人偏好隐匿在“沉默之幕”的背后，这些潜在的支持者也不愿意接受经济补偿计划。这一研究对经济补偿失灵提供了一种行为学的解释。

补偿的局限性与风险概念的界定密切相关。Kunreuther and Easterling（1990）发现个体更加关注邻避设施的风险程度而不是补偿水平。补偿是处于第二位的充分条件，而风险沟通和控制是第一位的必要条件。Kasperson，Golding and Tuler（1992）认为，补偿不能替代安全方面的保障。他们进一步指出，对风险提供补偿增加了社会不信任，这样会使得补偿不被接受。Frey and Oberholzer-Gee（1996）推测，提供补偿可能被个体视为风险的信号，这样补偿越高，越会导致公众感知到的邻避设施风险更高。

第三节　创新空间：决策模式成为关注焦点

在过去30多年中，众多国家的邻避设施选址经验说明“决定－宣布－辩护”模式不大可能获得成功。邻避决策需要更加自愿和民主的选址程序，强调更高的透明度，要求决策者与潜在选址社区尽早地、持续地接触，分享权力并展开协商，还要求选址机构和专家承担披露不确定性和意外结果的责任（Kasperson，2005）。

现有的选址决策模式大多是介于权威模式与强调权力分享的新模式之间的过渡模式。从权威模式向分权模式的转变要求制度设计有所变革，它对信息收集和传播、冲突解决、价值问题评估以及社会影响分析的能力都提出了新要求。这一发展趋势促进了邻避问题的重新界定，并使改进选址决策模式成为化解邻避冲突的关键（Kasperson，2005）。尽管越来越多的文献认为不合时宜的选址决策模式是造成邻避冲突的重要原因，但是改进选址模式的努力尚未取得突破，需要进一步对选址决策模式影响公众态度的机制进行更加深入的分析。邻避决策模式是本书研究的重点。

第三章 “中国式”邻避运动的兴起和发展

中国邻避运动的兴起和发展是研究本土邻避决策模式的现实背景。本章以时间为线索，对我国近年来的代表性邻避事件展开系统梳理，试图勾勒出我国邻避运动发展的总体脉络。根据公众诉求、事件频率和影响以及冲突解决方式的不同，我国邻避运动的发生发展过程表现出鲜明的阶段性特征。从总体上看，我国的邻避运动推动了邻避决策模式的改进，我国的邻避决策模式正逐步朝向科学化、规范化和民主化的方向发展。

第一节 中国邻避运动发生的社会背景

邻避运动是环境保护领域一种特殊的内在社会矛盾的外化。我国著名学者张海波教授和童星教授在分析中国社会矛盾产生的宏观背景时指出，中国当下的经济社会发展水平和阶段性特征可以概括为“转型社会”、“风险社会”和“网络社会”的三重叠加（张海波、童星，2012）。这一观点为分析我国各类社会矛盾提供了思路，同样也适用于对邻避矛盾的研究。本节借鉴这一思路，进一步聚焦“风险社会”、“转型社会”和“网络社会”对邻避运动发生发展过程的影响。

一 风险社会：工业化发展的自反性

风险伴随人类社会发展的进程，但是到了工业社会后期，威胁人类生存的主要风险从数千年来的自然风险转变为人类自身制造的风险。一方面，随着人类应对自然风险能力的不断提升，包括饥荒、瘟疫、自然灾害等在内的各种人类生存威胁处于相对下降趋势；另一方面，工业化生产不断制造和衍生出更多的人类生存威胁。德国社会学家乌尔里希·贝克（Ulrick Beck）认为，人类社会从“工业社会”进入了“风险社会”（Beck，1992）。风险成为观察和理解现代世界的一个重要视角。

与传统的自然风险相比，现代风险在根源、责任和影响等方面都具有鲜明的特征。

首先，现代风险来源于工业化的自反性。现代工业技术是一把“双刃剑”：一方面工业化极大地提高了生产效率，促进了经济社会的快速发展和生活水平的极大提升；另一方面工业化也孕育出对人类生存的新的威胁，比如环境破坏、工业辐射、安全事故、资源耗竭、气候变化以及新兴技术产生的未知风险等。“工业现代化产生了出乎意料、有违初衷的副作用，随之产生了全新性质的风险”（彼得·泰勒-顾柏、詹斯·O. 金，2010）。“工业社会为绝大多数社会成员造就了舒适安逸的生存环境，同时也带来了核危机、生态危机等足以毁灭全人类的巨大风险”（贝克，2003）。可见，现代风险来源于工业化本身，是工业化发展所无法避免的。因而，风险管理的目标不可能是“零风险”，而只能是对风险容忍度的权衡。

工业化的自反性是现代技术发展的必然结果，工业化所产生的风险在世界不同体制、不同社会背景的工业化国家中都产生影响。正在经历工业化过程的中国也不例外。邻避设施是典型的工业化产物，由核设施、化工厂、垃圾处理设施等绝大部分邻避设施引发的冲突来源于现代工业技术对环境、健康和安全造成的潜在风险。我国近年来邻避运动的兴起和发展与工业化和城市化的快速推进密不可分；同时，可以预见我国的工业化和城市化还将在较长的时期内处于发展阶段。因此，我国的邻避风险将伴随着整个工业化进程而长期存在，并随着新兴技术的发展而衍化出新的表现形式。这就需要对我国邻避运动的长期性有充分认识，要承认邻避问题是工业化社会的一种常见现象，逐步形成制度化的解决途径，才能有效预防和减少邻避冲突的激化。

其次，现代风险的产生和分配与公共决策高度关联。正是由于现代风险来源于工业化发展本身，每一项与工业发展相关联的重大公共决策都可能改变风险的规模和分布。“风险肯定源于人们的重大决策，当然这些决策往往不是由无数个体草率做出的，而是由整个专家组织、经济集团或政治派别权衡利弊得失后所做出的”（贝克，2003）。与发展战略相关的决策通常由政治精英做出，而与技术选择相关的决策通常由权威专家做出。传统社会中的自然风险并非由决策而引起，因而这些风险通常没有明确的问责对象，而工业化社会中因决策而产生的风险成为风险归因和问责的一条重要逻辑。在传统社会中，风险问题是人与自然的对抗；而在风险社会中，工业化及相关决策引发的风险转化为人与人之间的对抗、群体与群体之间的对抗，具体而言是风险制造者与风险承担者之间的对抗。更严重的是，风险制造者总是试图以“有组织的不负责任”（杨雪冬，2006）来寻求利益却规避责任，往往激起风险承担者更加强烈的愤怒和反对（张海波、童星，2012）。

与风险相关的决策责任直接导致了归因的指向性。在邻避运动中，公众既反对风险的直接生产者，又反对与风险决策相关的责任人。在缺乏充分协商和沟通的条件下，邻避抗议直指决策程序和结果的弊病，比如决策程序上缺乏利益相关者参与、决策，结果造成了环境风险分配的不公平等。这些抗议诉求远远超出了防范邻避设施风险本身，而上升到对公平、正义等公共价值的追求。风险社会中的风险决策及其责任决定了包括邻避风险在内的所有风险问题不再是单纯的技术问题，而是具有强烈的政治敏锐性。

最后，现代风险的影响范围突破了传统的时间、空间和领域界限。从时间维度来看，各类风险不仅都可能有一个长期的潜伏期和孕育期（Adams，1995），而且将产生深远的代际影响。比如气候变化风险是典型的发展缓慢的“蠕变性”风险，但所产生的影响涉及全人类的子孙后代。从空间维度来看，环境污染、流行病、网络安全等方面的风险远远超出本地范围，跨越行政边界，形成全球蔓延的趋势。公众在邻避抗议中表现出来的环境安全诉求旨在为自身和后代维护一个健康的生存环境。邻避设施的空间关联性使得具有同类设施的地区可能出现邻避抗议多点爆发和多地响应。

工业化带来的风险问题本质上是对公共决策的挑战。“不仅科学技术专家可以鉴别、判断和解释某种巨大风险和灾难，每一位普通公民作为风险灾难之责任主体和受害者，也会颇为关切且饶有兴致地对某种巨大风险和灾难做出他自己的鉴别、判断和解释”（贝克，2003），然而专家和公众在风险感知方面出现巨大分歧。尽管社会公众对风险的判断未必准确，也无权威性可言，但是公众应对风险的态度和行为至关重要，特别是公众态度可借助互联网技术在更广泛的范围内传播，从整体上影响社会公众的风险感知。

二 转型社会：利益和观念的结构性变迁

改革开放以来，我国在经济领域经历了从计划经济向市场经济的转轨。经济体制转轨和现代化进程的推进促使中国社会阶层发生了结构性改变。特别是20世纪90年代中后期开始，我国社会阶层分化趋势显著，公共价值出现多元化特征。社会转型加快了社会结构、社会规范和价值观念的变迁，导致现实社会中各种矛盾的激化（向德平、陈琦，2003）。

具体到环境领域，社会结构转型、经济体制转轨和价值观念转变在很大程度上直接加剧了中国环境状况的恶化，导致当代中国环境问题具有特定的社会特征（洪大用，2000）。社会结构的转型主要体现在工业化和城市化加速发展，我国在较长时期内经历了一个城乡逐步分化成二元社会结构的过程。随着市场经济的推进，财富差距带来了社会分化，包括个体分化、群体分化和阶层分化（张海波、童星，2012），不同的阶层产生多元的价值诉求。从总体上看，我国居民的总体收入水平不断提高，人们的物质文化生活需求逐步得到满足，人们开始对环境、健康和安全提出更高要求。在社会转型时期，人们的行为方式、生活方式、价值体系都会发生明显的变化。

邻避冲突是社会转型中的必然现象，是普通公众对生活环境质量要求提升的表现。邻避冲突中的公众诉求主要表现在两个方面，一是维护环境和健康的安全，二是维护环境正义。这两个方面的诉求都是公众在社会转型中提出的新要求。前者是公众在物质生活水平提升之后对生活质量的要求，后者则是公众针对邻避问题造成的风险分配不平等提出的权利诉求，表达了公众对知情权、决策权和监督权的要求。

三　网络社会：信息技术突破时空边界

现代信息技术为网络社会的形成和发展奠定了基础，而网络社会突破了公共问题以及相应的个体行为的时空边界。首先，网络社会增强了普通民众的话语权力。网络社会为大众提供了“麦克风”，公众通过网络社交媒体低成本地发表个人观点，提出个人诉求，并在广泛的范围内传播。其次，网络社会增强了普通民众的信息获取能力，削弱了政府对信息的控制和垄断（张海波、童星，2012）。最后，网络社会提供了公众互动的平台，在社会活动中表现出社会动员功能。互联网具有认知动员、组织动员、情感动员以及示范动员的作用，对抗争信息的传播起到了社会动员的作用，营造出虚拟抗争的空间（高新宇，2017）。

我国的邻避运动正是在网络社会不断发展的背景下兴起的。网络社会对邻避运动中的公众行为产生了深远影响，有关邻避问题的风险信息在网络空间被广泛传播。网络中的风险信息参差不齐，给公众对信息质量的辨识造成了困难。作为一种信息载体，社交网络在邻避风险的社会放大中扮演了积极角色。这是由新媒体本身的特征所决定的，比如新媒体具有实时、互动和病毒式传播的特点，而官方的舆情引导机制相对滞后。邻避事件通过互联网造成的“涟漪效应”而引发的次生危机甚至波及与邻避设施不相关的其他空间区域，借助虚拟网络形成空间呼应的态势。

在邻避事件发生过程中，基于网络的即时沟通工具、社交论坛成为社会动员的便利工具。群体性事件中人们常常具有盲目性，而这种盲目性通过网络技术被进一步放大。在邻避事件发生后，网络中流传的错误信息一时难以纠正，还可能对某些邻避设施产生“污名化”效应。

第二节　中国邻避运动的标志性事件：PX事件

一　PX的基本属性及公众认知

在开始对典型PX事件展开分析之前，我们有必要对PX有所了解。2007年以前，普通公众对PX闻所未闻。PX只不过是化工专家、石化产业工作者等小众群体熟知的一种平淡无奇的化工产品。2007年厦门PX事件爆发之后的短短几年时间里，PX在中国获得了极高的“知名度”，几乎成为家喻户晓的名词，且“谈 PX 色变”，给公众带来了十分严重的健康和环境忧虑[①]。那么 PX 到底是什么，到底具有哪些风险？正是公众对 PX 项目基本属性的认知看法不同，造成了对项目选址的争议。

（一）PX 的基本属性及选址要求

PX 是 para-xylene 的英文缩写，中文名称是“对二甲苯”，一般情况下它是一种无色透明、带有芳香气味的液体，不溶于水，易燃，属于芳烃类化合物，是一种重要的有机化工原料。PX 主要用于生产对苯二甲酸（PTA[②]），PTA 是生产聚酯纤维的重要中间体，用于生产化纤，为我国的服装产业提供主要原料（见图 3－1）。PX 也是生产塑料的重要原料，还可以用来生产合成树脂、涂料、农药、医药、香料及油墨等。

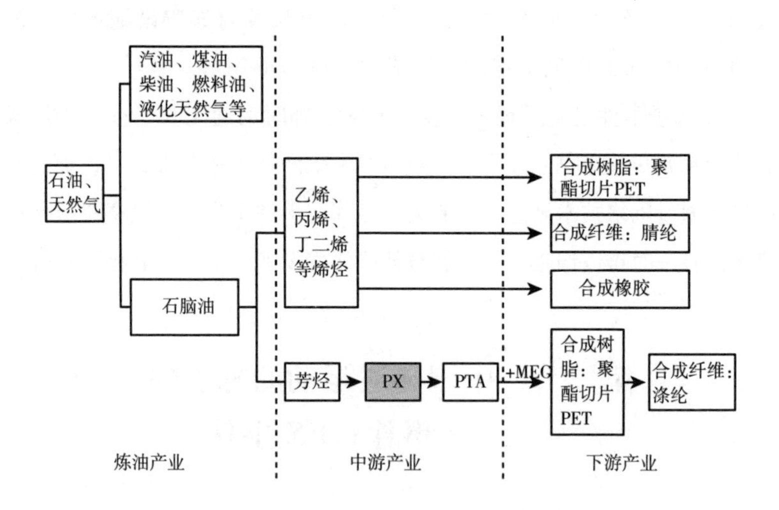

图 3－1　PX 项目在石化产业链中的关系

① 风险管理学家将这种负面的知名度定义为“污名化”（stigma），这种污名化过程常常是通过事件的负面形象、媒体对社会风险事件的放大等机制产生的。

② PTA 的英文全称为 Pure terephthalic acid。

PX有刺激性，对眼睛及上呼吸道有刺激作用，高浓度的PX对人体中枢神经系统有麻醉作用，吸入较高浓度的二甲苯[①]甚至会出现急性中毒。根据《全球化学品统一分类和标签制度》[②]，PX属于危险化学品，但它是易燃低毒类危险化学品，与汽油属于同一等级。在联合国世界卫生组织推荐的外来化合物急性毒性分级标准中，PX也被列为低毒物质。在世界卫生组织旗下国际癌症研究机构（IARC）的分类中，PX被归为第三类致癌物，即缺乏对人体致癌证据的物质，与咖啡、咸菜同属一类。但PX具有低毒性，易挥发，易燃，PX生产过程的中间产物含有致癌物苯和甲苯。

在生产过程中，PX与石油是密不可分的。PX生产的整套设备被称为“芳烃联合装置”。由于这一系列工艺需要用水，再加上为了便于运输，因此，PX项目多依水而建，而这些地方往往是资源丰富、人口稠密的经济发达地区。相比生产过程，PX的储存与运输环节可能蕴含更大风险。这是因为，PX既是易燃液体，同时也容易凝固，凝固点只有13.26摄氏度。因此，贮运时既要远离火种、热源，避免阳光直晒，又要有保温设施，并防止泄漏。

单从PX项目自身特点出发，PX项目选址遵循“三近”原则：离炼油企业近，离下游PTA工厂近，离大江大海近。国家发改委就明确要求：新建PX项目必须以大型炼化厂为依托，并尽量与PTA企业的分布相匹配。工业和信息化部制定的《石化和化学工业“十二五”发展规划》对石化产业的布局提出了明确的发展

---

① 二甲苯是由45%～70%的间二甲苯、15%～25%的对二甲苯和10%～15%的邻二甲苯三种异构体组成的混合物。

② 《全球化学品统一分类和标签制度》（Globally Harmonized System of Classification and Lablling of Chemicals，简称GHS，又称“紫皮书”）是由联合国出版的指导各国控制化学品危害和保护人类健康与环境的规范性文件。资料来源：工业和信息化部官方网站。

导向："坚持基地化、一体化、园区化、集约化发展模式，立足现有企业，严格控制项目新布点。炼油布局要贴近市场、靠近资源、方便运输，缓解区域油品产销不平衡的矛盾，鼓励原油、成品油管道建设，改善'北油南运'状况；乙烯、芳烃布局应坚持炼化一体化，降低成本，提高竞争力。"

从世界范围来看，PX 这类大型石化项目都在走"炼化一体化"道路，这种发展战略一方面是为了减少中间流通环节，从而降低成本、增加利润，另一方面则是为了减少化学品暴露机会，有利于减少污染、保护环境。大型石化项目需要有方便的交通储运条件，靠近市场和下游产业链，并需要充足的水电供应，因此世界各国 PX 项目一般都分布在沿海或交通方便、人口稠密的大中城市。事实上，美国、日本、韩国、新加坡等地的 PX 项目，几乎无一例外位于人口稠密、交通便利的水畔。这些国家的大型 PX 项目一般安全性很高，其排放物可以循环利用，因此污染也很小。美国休斯敦 PX 工厂距城区 1.2 公里；荷兰鹿特丹 PX 工厂距市中心 8 公里；韩国釜山 PX 工厂距市中心 4 公里；新加坡裕廊岛埃克森美孚炼油厂中的 PX 工厂距离居民区 0.9 公里；日本横滨 PX 生产基地与居民区仅隔一条高速公路；德国路德维西港巴斯夫石化基地与曼海姆市仅隔着一条莱茵河。

石化项目厂址离城市的距离，由其发展规划、能源、土地资源、运输能力、环境承载力等诸多因素综合分析决定。从环境安全角度看，PX 项目离人口密集区当然是越远越好，但具有这样理想条件的地方很难找到。事实上，国内外不少化工厂距离居民区都比 100 公里近得多。例如位于上海浦东新区的高桥石化，其厂区就在市区内，这是历史上的产业布局和当前城市快速发展的现实状况。但由于高桥石化不断改造，采用先进的生产工艺、完善的环保措施，所以在正常情况下周围居民区的环境质量达到了国家标准。南京化学工业园区的扬子石化、扬巴石化位于南京长江北岸，与南京城区相距 20～30 公里。这些化工基地运行多年，没有出现过大的环境风险事故，周边的环境质量也都满足国家环境保护标准。

（二）PX 产业发展及经济利益

PX 项目近年来在我国频繁上马是由其背后强大的经济利益所驱动的。PX 与作为聚酯纤维重要原料的 PTA 之间具有紧密的产业联系。我国国内生产的 PX 90% 被用于生产 PTA，生产 1 吨PTA 需要消耗 0.655 吨 PX（刘腾，2012）。我国 PX 市场需求的爆发性增长始于 2002 年。2002 年以前，我国限制 PTA 的投资，因此 PX 的需求量比较平稳。2002 年修订的《外商投资产业指导目录》将 PTA 由“限制类”调整为“鼓励类”，导致 PTA 需求量猛涨，带动了对上游产品 PX 的需求。图 3－2 显示，我国 PX 的表观消费量①从 2003 年的 250 万吨增长到 2018 年的 2614 万吨，年均增长率为 16.9%，而同期 PX 产量从 157 万吨

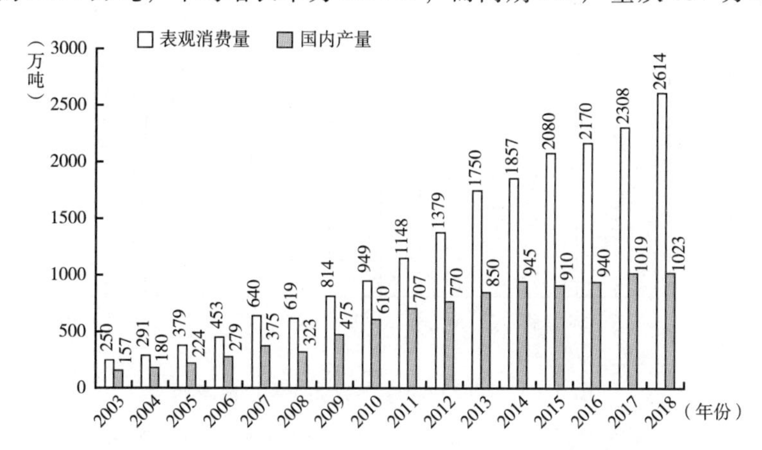

图 3－2　2003～2018 年 PX 产量和表观消费量统计

资料来源：根据《2017/2018 中国纺织工业发展报告》、《2014/2015 中国纺织工业发展报告》及其他公开数据整理。

① 表观消费量（Apparent Consumption）＝当年产量＋（当年进口量－当年出口量）。

增长到 1023 万吨，年均增长率为 13.3%。2009 年前后，PX 价格一直居高不下，每吨达 12000 元左右，最高可达每吨 14000 元。

面对快速扩张的市场需求，国内石化企业努力扩张 PX 生产能力。2003～2017 年间，PX 项目的产能从 224.5 万吨扩张到 1463.0 万吨（见图 3－3），其中一部分产能在原来的 PX 项目上改扩建，另一部分则是通过建设新的 PX 生产设施来实现的。从图 3－3 可以看出，2009 年是 PX 项目产能扩张最快的一年，国内 PX 的生产能力明显地跨上了一个新台阶。但是 2013 年以后，PX 产能扩张进入平台期，这与前期此起彼伏的 PX 事件有直接关系，一些大规模的 PX 项目由于在地方上遭受反对而暂停或取消。

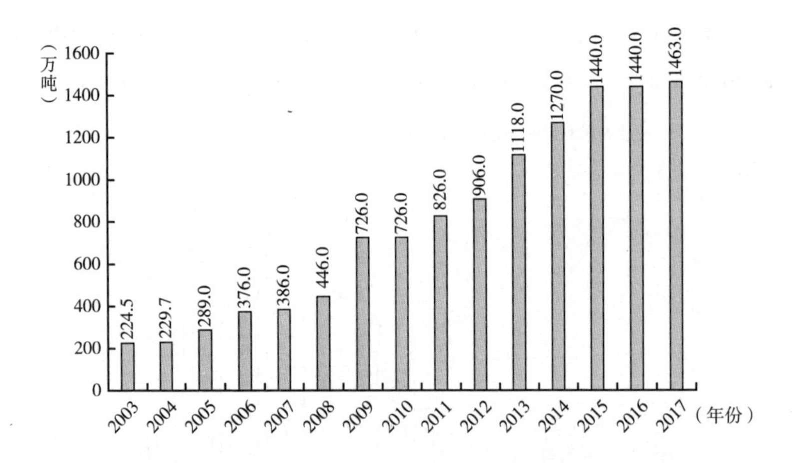

图 3－3　2003～2017 年我国 PX 产能增长

资料来源：综合《2017/2018 中国纺织工业发展报告》和《2014/2015 中国纺织工业发展报告》相关数据。

2014 年以来，由于国内市场需求旺盛，石化企业加紧 PX 项目的布局，通过改进设施选址的方式，新增产能有所增长，并计划在 2019 年和 2020 年左右集中投放，这有助于缓解我国 PX 的供需失衡状况。在国内生产能力不足的情况下，我国从国外进口大量PX。从2010年到2018年，我国PX进口依存度从37.4%上升到59.5%（见图3－4）。

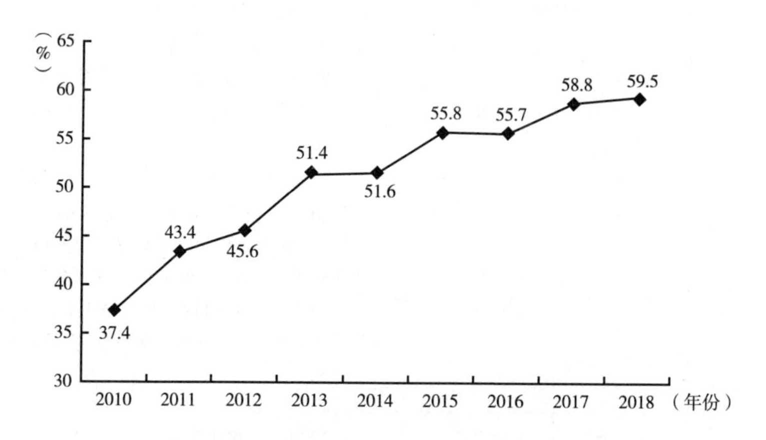

图3－4 2010～2018年我国PX进口依存度

资料来源：综合《2017/2018中国纺织工业发展报告》和《2014/2015中国纺织工业发展报告》相关数据。

截至2012年底，中国大陆范围内共有13家PX生产企业、16套生产装置，总计PX产能达到906万吨（见表3－1），其中11家PX项目与炼油装置一体化运作，2家为独立的PX生产企业，主要分布在全国10个省份，这13家企业中有7家分布在沿海，6家分布在内地。除了表3－1统计的13家PX生产企业之外，落址在福建漳州古雷半岛的PX项目[①]已于2013年正式投产，该项目的产能为年产80万吨。在所有PX生产企业中，民营企业仅有大连福佳大化1家，有外商背景的仅2家，分别是漳州古雷半岛的翔鹭腾龙，以及青岛的丽东化工。其余的PX生产企业均是中石油、中石化等大型央企的分支机构。

① 福建漳州古雷半岛石化项目总投资137.8亿元、年产80万吨对二甲苯，已于2013年6月试投产。

表3-1 我国主要PX项目产能及简况（截至2012年底）

序号	公司名称	装置地点	年产能	简况
1	中石油 辽阳石化	辽宁省 辽阳市	70万吨	1996年建成。2005年9月完成改扩建，新增产能45万吨达现有产能，是该企业"八大项目"中PTA项目的配套项目
2	福佳大化	辽宁省 大连市	140万吨	2009年投产，2010年获批；2011年8月，福佳大化PX项目防波堤因台风受损，引发民众在人民广场聚集抗议。2012年，该项目原70万吨PX项目仍正常生产，且后期又新投放70万吨产能
3	中石化 天津石化	天津市 滨海新区	39万吨	1980年、2000年各建1套PX生产装置；2006年扩建后达到现有产能
4	中石化 齐鲁石化	山东省 淄博市	6.5万吨	1995年投产
5	丽东化工	山东省 青岛市	70万吨	2005年核心装置安装，2006年12月开始试运行，2007年正式投产
6	中石化 洛阳石化	河南省 洛阳市	21.5万吨	拟建45万吨。现有装置2000年投产。国务院2008年11月已批复新建45万吨/年PX项目
7	中石化 扬子石化	江苏省 南京市	80万吨	1997年建成。2005年改扩建完成后PX产能为80万吨，到2011年4月运行情况平稳
8	中石化 金陵石化	江苏省 南京市	60万吨	总投资30亿元。2008年12月试车，2010年4月已达到满负荷运转
9	中石化 上海石化	上海市 金山区	83.5万吨	1号芳烃装置1985年竣工投产。1998年改造后装置对二甲苯生产能力由16.6万吨/年提高到23.5万吨/年；2009年9月4日2号芳烃装置投产，该装置产能为60万吨/年

续表

序号	公司名称	装置地点	年产能	简况
10	中石化镇海炼化	浙江省宁波市	75 万吨[a]	2003 年 4 月投产，当时设计产能为 45 万吨/年，2004 年进行技术改造后产能提高为 65 万吨/年，镇海炼化官网称 PX 产能为 50 万吨
11	中石化福建联合石油化工	福建省泉州市	70 万吨	2007 年 1 月国家发改委批复，2008 年 12 月试车，2009 年下半年全面投产
12	中海油惠州炼油	广东省惠州市	84 万吨	2009 年投产，2011 年 7 月遇火灾，暂时停产
13	中石油乌鲁木齐石化	新疆乌鲁木齐市	105.5 万吨	1995 年 5.5 万吨，2008 年新增 100 万吨产能，2010 年 10 月投产

资料来源：产能数据来自《2012/2013 中国纺织工业发展报告》。项目简况根据《中国化学工业年鉴（2011/12 上卷）》和公开新闻报道整理。

注：a. 该数据存在争议，此处采用了《2012/2013 中国纺织工业发展报告》中的数据。

2007 年，厦门发生 PX 事件之后，PX 项目在我国被严重“污名化”。国内新建的 PX 项目频频受阻，国内产能扩张受到严重制约。与此同时，PX 下游需求持续增长，2010 年，我国已经成为世界最大的 PX 消费国，消费量占全球 32%，PX 供需缺口不断加大，PX 进口量迅猛增长。我国的 PX 长期依赖进口，2013 年开始，PX 进口依存度①超过 50%，2018 年达到历史最高点 59.5%（见图 3－4）。这表明，我国作为纺织工业大国，PX 生产设施的建设具有内生的拉力。这也是我国 PX 设施规划布局的宏观背景。韩国和日本是我国 PX 进口主要来源国，我国从韩、日两国进口的 PX 数量占进口总量一半以上。我国 PX 进口主体省份是浙江省、辽宁省和江苏省，三省进口量占我国 PX 进口总量的 70% 左右。私营化纤企业是 PX 进口的主力军。随着各地反对风

① PX 的进口依存度是指一个国家 PX 净进口量占本国 PX 消费量的比例，体现一国 PX 消费对国际市场的依赖程度。

波的愈演愈烈，我国PX产业陷入了产业发展停滞和需求持续增长的境地，PX产能无法提升将制约化工产业的发展，难以与日韩等国共享PX定价话语权，从而使我国PX长期依赖进口而非自给自足。

PX项目在进入公众视野之前是一个具有重要经济价值的产业项目。由于PX的危险性而限制国内所有PX项目的生产是不现实的。那么处理好民众意愿与产业发展的矛盾，是我国PX产业可持续发展的关键点。其实，很多专家学者表示PX并没有想象的可怕，只要加强生产管理、严格控制污染、做好应急预案，便可以把危险降到最低。同时，PX项目对我国能源安全和能源战略具有重大意义，而炼油项目的发展还会为社会带来就业机会和税收。因此，为了产业的良好发展，决策部门应加强政府与民众之间的信息沟通，加强信息公开，更要加大产业重要性和安全性的宣传，引导民众理性客观看待PX项目。

（三）专家和公众对PX项目的认知差距

PX的危险主要来自它的易燃性，但有关专家指出，这种危险性低于天然气和液化石油气。PX以及其异构体OX（邻二甲苯）和MX（间二甲苯）本身都是低毒化学品，都不属于致癌物。但PX生产过程中产生的苯、硫化氢具有高毒性和致癌性，是重要的大气污染物。其中，苯在生产工艺中被循环利用，产生的硫化氢废气经过脱硫、无害化处理后排放。根据实测研究，世界各国PX项目在正常生产运行的情况下，对所在城市空气污染的影响非常小，不会对市民的健康造成明显影响。迄今为止，世界各国的PX装置尚未发生过造成重大环境影响的安全事故。大部分专家认为，我国PX项目引进世界先进技术，其风险是可知、可控、可防的。从PX项目建设和装置运行情况看，我国PX装置设计理念和技术装备相对先进，生产运行平稳可靠，至今未出现过重大环境污染事故。就环境安全风险问题，业内专家的研究显示“PX项目在全世界运行几十年，未出过大的安全生产事故”，而中国“从1985年上海建设第一个PX装置起，国内已有十几套装置，目前设备均正常运行，没有出现安全生产重大事故”①。科学界普遍认为，现有的证据表明，PX本身具有一定的危险性，但是采用严格的安全生产技术可以有效控制风险。尽管如此，公众与专家对PX项目的认知仍存在巨大差异（见表3－2），PX项目在公众的眼中被严重“妖魔化”。

表3－2　专家与公众对PX风险感知的差异

感知类型	专家观点[a]	公众认知[b]
毒性	低毒类化学品	剧毒
致癌性	国际癌症研究机构（IARC）的分类中，PX为第三类致癌物，即没有科学证据证明PX会致癌，与咖啡、咸菜同属一类	致癌，致白血病
致畸性	没有科学证据证明PX致畸性	可致不孕不育、新生儿畸形
易燃性	易燃	易燃，极易爆炸
生产安全性	具有一定的危险性：①易燃性：但这种危险性低于天然气和液化石油气；②泄漏：生产过程中产生的苯、硫化氢具有高毒性和致癌性，是重要的大气污染物，但我国PX项目引进世界先进技术，其风险是可知、可控、可防的	一旦泄漏或爆炸，将如原子弹般秒杀一切
安全距离	不存在所谓“100公里”的国际标准	100公里以上

注：a. 专家观点来源于危化品分类分级标准、新闻材料中报道的化工专家观点摘录等；b公众认知部分的主要观点来源于历次PX事件中广为流传的短信内容，本研究发现，这些观点在普通公众中具有很大的代表性。

① 资料来源：《人民日报解读PX项目：发展PX是出于国计民生需要》，《人民日报》2013年7月30日，第4版。

二　PX 事件：中国式邻避运动的兴起

近年来，在全国范围频频爆发的涉及 PX 项目的公共事件，引起国内外舆论的高度关注。PX 事件的出现是群众生态环境保护意识增强的结果。然而，一些地方政府简单地以“一闹就停”的处置模式来处理因 PX 项目引发的群体性事件，虽一时避免了矛盾激化，但并未真正解决问题，更为关键的是，“一闹就停”的处理方式产生的后果和影响不容忽视。本节通过回顾我国典型的 PX 事件，试图勾勒出我国邻避运动发展的总体脉络。

（一）厦门 PX 事件（2007 年 5 月）

厦门 PX 事件被视为我国环境运动的发端，标志着中国式邻避运动的兴起。2007 年的全国“两会”期间，包括厦门大学教授在内的 105 位政协委员对厦门海沧的“PX 项目”建设提出了质疑，并联名签署了“关于厦门海沧 PX 项目迁址建议的议案”。议案指出，离居民区 1.5 公里的海沧“PX 项目”存在泄露或爆炸隐患，厦门百万人口面临危险，必须紧急叫停该项目并建议迁址。环境领域的专家学者为此专门搜集和研究了国内外资料后条分缕析地列出了“PX 项目”可能导致的安全后果和污染隐患。该议案认为，厦门海沧 PX 项目选址过近：国际惯例是类似项目距离城市一般在 70 公里，中国一般 20 公里，而海沧“PX 项目”距离厦门主城区仅 7 公里，为国际上距离主城区最近的 PX 项目。这份议案经媒体曝光后，在厦门市民中掀起了巨大波澜（赵民、刘婧，2010）。

与此同时，一则短信通过媒体报道和网站刊载在厦门市民中广泛传播。短信的内容是：“翔鹭集团已在海沧区动工建设 PX 项目，这种剧毒化工产品项目一旦投产，意味着在厦门全岛放了一颗原子弹，厦门人民以后的生活将与白血病、畸形儿为伴。我们要生活，我们要健康！国际组织规定这类项目要在距离城市 100

公里以外开发，我们厦门距此项目才16公里啊！为了我们的子孙后代……见短信后群发给厦门所有朋友！”同样内容也在厦门市民经常参与的网络论坛和博客中广泛传播。短信传播的影响极大，“PX”这个陌生的字眼短时成为厦门街头巷尾热议的话题。

厦门市政府立即进行了一系列风险沟通的努力，但是收效甚微。2007年6月初，厦门市民反对“PX项目”的“和平散步”在警方监视下如期举行，双方都没发生过激行为。6月7日，厦门市政府宣布，请国家环保部门组织各方专家，从区域总体规划角度就海沧“PX项目”对厦门市的环境影响进行评价：“PX项目”建设与否，将根据环评结论进行决策。之后，厦门市举行了“环评座谈会”、公众意见征集等多层次的公众参与活动，广泛听取公众意见。2008年3月，福建省政府和厦门市政府综合各方意见，决定停止在厦门海沧区兴建对二甲苯工厂（即“PX项目”），拟将该项目迁往漳州古雷半岛。

（二）大连PX事件（2011年8月）

大连PX项目是由两家民营企业大连福佳集团和大化集团共同投资建设，占地80公顷，包括流动资金在内一共投资95亿元，年产量为70万吨芳烃，年产值约260亿元，可纳税20亿元左右，当时被称为中国最大的PX项目。2005年12月，福佳大化PX工厂通过国家发改委核准并被列为“大连市政府六大重点工程”之一。2007年10月，该项目开始动土施工，2008年11月18日，完成装置建设，2009年6月21日正式运营。然而，此项目在2010年4月才经辽宁省环保厅核准进行试生产，2010年11月，国家才对此竣工项目公布环保验收的监测和调查结果。大连PX项目在获批试生产前近10个月和国家公示环保验收结果前近17个月就已投产（见表3－3）。该项目的环境评估报告称有66.7%的被调查者支持该项目的建设，但并未提供任何听证会记录。很多大连市民不知有此工厂存在。

表3-3 大连PX项目建设大事记

时间	事件
2005年12月	福佳大化PX工厂通过国家发改委核准并被列为“大连市政府六大重点工程”之一
2007年10月	项目开始动土施工
2008年11月18日	主体装置安装完成
2009年5月	试产
2009年6月21日	正式投产
2010年4月	经辽宁省环保厅核准进行试生产
2010年11月	对此竣工项目公布环保验收的监测和调查结果，在获批试生产前近10个月和国家公示环保验收结果前近17个月就投产

2011年8月8日上午，受热带风暴“梅花”影响，大连福佳大化PX项目附近防波堤被冲毁，防波堤发生两处局部坍塌，坍口最长处约30米。虽然险情得到有效控制，但是这种危险引发了公众对PX项目可能发生泄漏或爆炸事故的恐慌。8月14日，大连市民自发组织到位于人民广场的市政府进行示威集会，随后展开游行。据新华社报道，当天共有12000多名市民上街游行并在市政府大楼前请愿示威，要求政府下令将这家化工厂搬出大连。大连市委市政府14日下午最终做出决定，福佳大化PX项目立即停产并正式决定尽快搬迁该项目。但2012年12月，有媒体报道大连福佳集团PX项目已复产。

（三）宁波PX事件（2012年10月）

在我国爆发的几起PX事件中，宁波PX事件非常具有典型性。宁波PX事件涉及的镇海炼化一体化扩建项目由中国石化和浙江省人民政府于2009年确立，在宁波市宁波石化经济技术开发区镇海炼化公司原有的生产基础上扩建，总投资558.73亿元，占地面积422公顷，年产1500万吨炼油、120万吨乙烯，还包含拟定70万吨产能的PX项目。而事实上，据《2012/2013中国纺织工业发展报告》的数据，镇海炼化实施扩建工程之前已经具有75万吨

PX产能，已有的PX装置建于2003年，伴随着宁波石化经济技术开发区的早期规划而建成。此次拟扩建PX项目是依托于原有石化园区的选址。该石化园区的前身是1998年8月成立的“宁波化工区”，2010年12月，经国务院批准，“宁波化工区”正式升格为国家级经济技术开发区，被定名为“宁波石化经济技术开发区”（本节中简称为“开发区”）。开发区地处杭州湾南岸，地势平坦，依江临海，水源充沛，环境容量大，自然条件优越。开发区总体规划面积为56.22平方公里，距宁波市区15公里，距东方深水良港北仑港24公里，是浙江省唯一的石油和化学工业专业园区。开发区内有全国最大的液体化工码头，年吞吐能力超500万吨。镇海炼化不仅是开发区内的龙头企业，也是中国大陆最大的炼油企业和乙烯生产基地，年炼油2500万吨，乙烯年产能100万吨，芳烃年产能100万吨。

宁波石化经济技术开发区规划以“炼油乙烯”项目为支撑、以液体化工码头为依托，以烯烃、芳烃为主要原料，重点发展以乙烯下游、合成树脂和基本有机化工原料为特色的石油化工产业，逐步形成上下游一体化的石化产业链。基于这样的发展定位，开发区内布局了四个功能区块，分别是：乙烯及下游产业区块、大型合成树脂产业区块、基本有机化工原料产业区块、精细化工和化学新材料产业区块（见图3－5），已经建成以镇海炼化“大炼油、大乙烯”项目为龙头、多种化工产品系列并重的现代大型石油化工区，形成了生产装置互联、上下游产品互供、管道互通的石化循环经济产业集群优势。远期产业定位是进一步建设大中型炼油化工一体化项目，努力建成具有世界规模的大型石化基地。可见，石化项目的扩建升级既是现有产业基础的发展延续，又是实现远期规划目标的必经之路。

在市场经济条件下，发展什么产业是一个市场决策的过程，宁波发展PX是市场选择的结果。宁波市所在的浙江省已经成为全

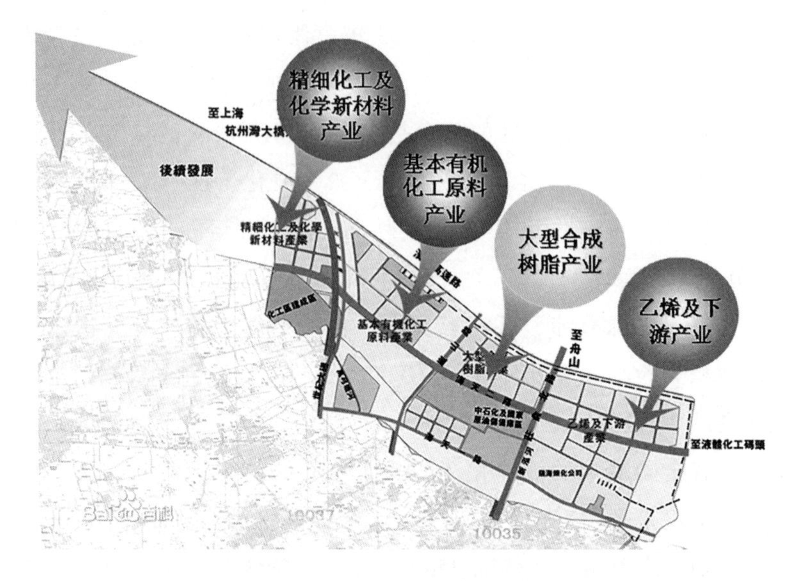

图 3 - 5　宁波 PX 项目选址规划

球主要的纺织品制造、加工和出口地区。据统计，全国纺织业 17 个大类产品中，浙江省有 7 个大类产品产量名列全国第一，拥有中国驰名商标 10 个、中国名牌产品 8 个，居全国同行业首位。

石化产业是宁波市的重要支柱产业，约占全市工业总产值的 1/4。2013 年，宁波市规模以上工业企业完成总产值 12795 亿元，比上年增长 5.6%[①]，其中，全市规模以上石化企业工业总产值首次突破 3000 亿元大关，达到 3116.18 亿元，比上年增长 8.37%，约占全市规模以上工业企业总产值的 24.4%，实现利税 377 亿元、利润 138.3 亿元，同比分别增长 19.9% 和 64.6%[②]，利税占当地

① 宁波市经济和信息化委员会：《2013 年全市工业经济运行情况综述》，2014 - 01 - 29，http://www.nbec.gov.cn/jjyxView.aspx? id = 1535，访问时间：2014 - 03 - 17。

② 《宁波规上石化工业总值去年突破 3000 亿元》，中国宁波网，2014 - 03 - 14，http://news.cnnb.com.cn/system/2014/03/14/008011313.shtml，访问时间：2014 - 03 - 17

财政收入的22.8%[①]，其中化学原料和化学制品制造业2013年增长16.8%，增速居前十位行业之首[②]。

镇海炼化厂兴建于1974年9月20日，当时的选址就已经为今天石化产业园奠定了基础。当初镇海炼化厂投资建设时，周围基本上是农田池塘，但是随着产业园的扩大以及城市化进程的加快，厂区与社区之间的安全距离逐步被侵蚀，离厂区最近的棉丰村与厂区仅相隔100米的绿化带，化工项目与附近村庄几乎“唇齿相依”。

宁波PX事件发生于2012年10月，起因是浙江省宁波市镇海区部分村民因镇海炼化一体化项目拆迁而集体上访。在上访过程中，该项目中包含PX生产装置的信息引起广大公众的高度关注，在厦门、大连历次PX事件的启蒙下，公众谈PX色变，上访人群迅速将抗议的焦点转向PX项目。镇海居民于10月25日和26日举行街头抗议，并发生了一些影响社会正常秩序的行为，公安机关采取有效措施维护了社会秩序[③]。宁波的PX事件通过网络在全国掀起公共舆情的轩然大波，引起社会各界的广泛关注。10月28日，宁波市政府新闻发言人对外发布消息：“宁波市经与项目投资方研究决定：（1）坚决不上PX项目；（2）炼化一体化项目前期工作停止推进，再作科学论证。”至此，浙江宁波镇海PX事件落下帷幕。

在大部分公众眼里，宁波PX事件与其他PX事件没有什么不

---

① 《2013年宁波市国民经济和社会发展统计公报》显示，2013年宁波市完成公共财政预算收入1652.2亿元。

② 宁波市统计局：《2013年宁波市国民经济和社会发展统计公报》，2014-01-30，http://www.nbstats.gov.cn/read/20140210/27963.aspx，访问日期：2014-03-17。

③ 《宁波市政府新闻办召开新闻发布会回应近期市民关注热点》，浙江在线，http://zjnews.zjol.com.cn/05zjnews/system/2012/10/29/018909792.shtml，2012-10-29，访问日期：2014-03-17。

同，只不过为我国的邻避运动新添一笔。但是，如果深入分析宁波 PX 事件的发生演变过程，就会发现宁波 PX 事件本身并不是由 PX 项目上马直接引发，整个事件涉及居民拆迁、经济补偿、环境保护等多个利益诉求点。宁波 PX 事件的情节更加复杂，起因是明显的经济诉求，而不是环境诉求。这样，环境诉求就充当了为经济诉求增加价码的工具。严格说来，宁波 PX 事件反映出的问题超越了邻避设施选址决策的研究范围，触及城市化与工业化进程中地方政府、企业和当地居民长期所形成的利益格局，涉及更广阔的研究命题。但是，对整个事件始末的回顾仍然有利于从鲜活的样本中认清我国邻避设施选址的决策环境以及环境群体性事件演化的逻辑（见图 3－6）。

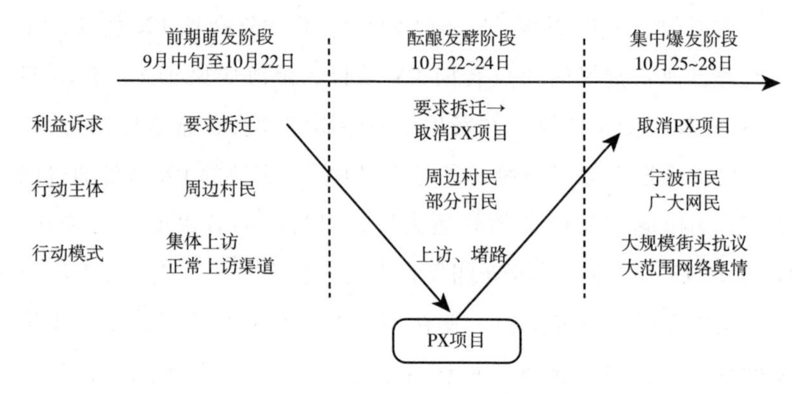

图 3－6　宁波 PX 事件发展演化阶段

（四）昆明 PX 事件（2013 年 5 月）

引发昆明 PX 事件的炼油工程项目位于云南省昆明市安宁工业园区草铺片区，距离安宁市主城区 7 公里，距离昆明市区 45 公里。该项目是由中石油云南石化有限公司投资兴建的大型炼油工程，计划年产 1000 万吨原油、100 万吨对苯二甲酸（PTA）和 65 万吨对二甲苯（PX），总投资额为 193 亿元，年产值约 1000 亿元。项目可行性研究报告在 2013 年 1 月获得国家核准。但昆明市政府在2013年3月29日的新闻发布会上称，石油副产品的生产装置还未最后确定，需要等待项目业主的可行性评估结果。

2013年5月，昆明市民为反对安宁市草铺工业园区的1000万吨炼油项目而发生了群体性事件。4月18日，昆明本地环境保护组织“绿色流域”和“绿色昆明”，对安宁石化项目进行了首次现场调查。“绿色流域”认为，在项目推进过程中，信息披露不充分和缺乏公众信息沟通渠道是政府的不足点。当地政府及工业园区人士也在座谈中对此项目保持高度关注。本地环境保护组织认为这个项目的隐患主要是厂址位于昆明市的上风处，废气将会排入城区。他们抗议所要达到的目的是让工厂“改址”。5月初，民众通过短信、微博、微信、QQ群等方式了解到当天下午1时30分一些市民将在昆明市中心的新昆百大门口进行反对PX项目的活动，不少市民参加了此次行动。在昆明PX事件发生之后的第六天，即2013年5月10日，昆明市政府表示，云南炼厂项目不含PX装置，也不生产PX产品。

（五）成都PX风波（2013年5月）

成都PX项目是由中国石油四川石油有限公司投资兴建的炼化一体化项目（又称“四川石化”或“彭州石化”）的一部分。该项目位于四川省成都市彭州市隆丰镇的四川石化基地，距离成都市区42公里，总投资380亿元，规划了1000万吨/年炼油、100万吨/年乙烯、100万吨/年芳烃生产以及部分下游产品的生产，其中PX计划产能为60万吨/年。四川石化项目是新中国成立以来四川省单个项目一次性投资最大的项目，被视为国家实施重要能源战略布局和西部大开发战略的标志性项目。

成都PX项目所在的四川石化基地始建于2005年，规划面积15.3平方公里，是西南地区的大型石化基地之一。据有关专家推算，该项目提供的就业岗位将超过2万个，同时将对整个西南地区以乙烯为原料的相关产业起着巨大的推动作用。从表3－4中可以看出，生产PX的芳烃联合装置是四川石化基地建设规划中的重要组成部分，属于一期首先启动的建设项目之一，2005年着手规划，2007年正式开始选址建设，2013年5月21日，年产65万吨对二甲苯（PX）的芳烃联合装置完成工程交接。在本章所涉及的几个PX案例中，成都PX项目是唯一已经建成即将投产的项目，而其他案例中的PX项目尚处于前期论证或破土动工阶段。

表3-4 四川石化基地的发展规划及PX项目的发展

发展阶段	规划时间	规划目标
一期起步阶段	2005~2009年	建成80万吨/年乙烯工程 启动1000万吨/年炼油项目及芳烃联合装置 同步招商建设乙烯下游产品生产项目 同步建设基地基础设施、公用工程
二期发展阶段	2010~2015年	建成1000万吨/年炼油项目及芳烃联合装置 同步招商建设二期中现有产品生产项目 建成并完善基础设施、公用工程
三期扩展阶段	2016~2020年	实现1200万吨炼油扩建及100万吨乙烯扩建工程 全面建成基地内中下游产品生产项目

在2005年项目正式启动之前，四川石化项目经过了历时较长的前期技术论证，“国家有关部委和权威机构先后组织了国家级专家论证、评估会70余次，参加论证的专家800余人次，其中国家级专家103人次，两院院士级专家29人次”①。论证过程一方面体现了选址的科学严谨性，另一方面也凸显了选址过程中可能存在诸多争议。据四川石化企业的有关负责人介绍，在四川石化项目

① 成都市发改委：《彭州石化项目经过20年的前期论证》，四川在线，2008-05-08，http://sichuan.scol.com.cn/fffy/20080508/200858170503.htm，访问日期：2014-03-18。

的选址问题上，彭州并不是唯一的选择，金堂、崇州、青白江都曾经是备选地。因为彭州有兰成渝成品油输送管线经过，交通运输便捷，公路和铁路四通八达，特别是拥有厂址所占土地大多为河滩荒地、不占用基本良田、拆迁人口较少、周边5公里范围内人口密集区较少等优势，因此综合衡量众多因素后，彭州最终成为最优的选择。从2005年开始，四川石化项目正式启动，80万吨/年乙烯项目环评、四川石化基地规划环评和1000万吨/年炼油项目环评分别在2005年4月、2007年8月和2008年2月获得国家环保局的审批（见表3－5）。

表3－5 四川PX项目选址决策的重要时间节点

时间	建设进程
2005年4月	四川80万吨/年乙烯项目环评通过环保总局审批
2007年8月	四川石化基地规划环评通过环保总局审批
2008年2月	四川1000万吨/年炼油项目环评通过环保总局审批
2013年5月21日	年产65万吨对二甲苯(PX)的芳烃联合装置完成工程交接

彭州PX项目选址的主要争议集中在两个方面：一是彭州地处地震断裂带，生产安全性受到质疑；二是彭州处于成都市的“上风上水”，可能对成都形成污染。尽管地质条件和环境特征具有比较大的确定性，应该可以通过科学评估给出比较公正客观的判断；但是，对于这两点争议支持方和反对方各执一词，分别采信对己方有力的证据以维护各自的立场，这是在选址争议中经常出现的由于不确定性而产生的“知识/信息选择偏差”，双方都难以说服对方。地震风险的严重性和污染风险的不可逆性往往使广大公众更加偏向于“谨慎性原则”，支持四川石化项目选址的证据不仅不足以说服公众，甚至可能进一步腐蚀对支持方的基本信任。

表3－6　四川PX项目选址过程中的观点对立

观点	反对四川石化选址	支持四川石化选址
“地震带论”	彭州地处龙门山地震断裂带	并不是彭州的所有地区都位于断裂带上
	距离龙门山中央断裂带直线距离仅31公里	距龙门山中央断裂带直线距离有31公里
	建设过程中历经汶川、芦山两次地震，2011年彭州发生过4.8级地震	经历了汶川、芦山两次强震，已经建成的设施都完好无损，经过中国地震局的评估，抗震设防裂度为7度
“上风上水论”	彭州地处成都的“上风上水”	“上风上水”的说法并不准确

从表3－6可以看出，不同利益相关者对“地震带论”和“上风上水论”这两个主要的风险持有完全不同的看法。

第一，彭州地处龙门山地震断裂带。四川石化项目所在地距离龙门山中央断裂带的直线距离为31公里。龙门山断裂带地质活动活跃，彭州石化项目在建设过程中已经经历了汶川地震和芦山地震两次大震。2008年“5·12”汶川地震和2013年“4·20”芦山地震都发生在龙门山断裂带上。龙门山中段主要分布于彭州和什邡境内。汶川地震中，烈度最高的映秀11度区沿汶川－都江堰－彭州方向分布，彭州是汶川地震中受灾最为严重的十个县市之一。有关专家和普通公众对于彭州市建设石化基地的安全性表示极大的忧虑。但是支持四川石化项目的人认为，该项目已经经历了两次大震的考验，都没有发生危险，证明项目的设计是足够安全的。按照2007年6月由中国地震局批复的地震安全性评价报告，彭州石化项目设定的抗震设防烈度为7度。“5·12”地震发生后，国家发改委委托第三方中国地震局独立进行了封闭式评估。2008年8月19日，中国地震局向国家发改委发出了《关于四川炼油乙烯项目建设厂址进行安全性评估的复函》，认为“建设场址区内没有断裂通过，场地不存在潜在地震地表破裂危险性”[①]。

第二，彭州处于成都市的上风上水。彭州市位于成都市的北郊，处于成都市的“上风上水”，空气污染、生产泄漏都将通过水或空气的流动对成都的环境和居民健康造成影响。对此，企业方面的负责人认为“上风上水”这个说法并不准确：“一方面，四川石化项目所在地并不是成都的‘上水’，因为项目地处沱江水系，而成都市区属于岷江水系，这两条水系在成都地区几乎没有水交换。另一方面，说彭州是成都的‘上风’也不准确，根据中国气象局公布的成都地区长期风向资料，全年吹过成都市上空的风主导方向是东北方向，和彭州到成都的方向并不一致。”

这种观点的对立始终贯穿在石化项目的建设过程中，与此相对应的是四川石化基地的建设过程始终伴随着公众反对的声音。成都市民反对彭州石化项目的抗议行动早在 2008 年已经发生。2008 年 4 月 21 日，国家发改委《关于四川 1000 万吨/年炼油项目核准的批复》（发改工业〔2008〕961 号）正式同意该项目建设。为抵制彭州石化项目，约 200 位成都市民于 5 月 4 日在市区举行“散步”行动。5 月 10 日，成都市公安局对参与游行的部分人员予以拘留或行政警告等处罚[②]。但此次抗议活动矛头没有明确指向 PX 项目，而是针对彭州 1000 万吨/年炼油厂和 80 万吨/年乙烯项目，市民担心这两个项目开工建成后会对成都空气、水源等造成严重污染，采取“和平散步”的形式抵制项目建设。此次事件之

① 《四川石化为什么选址彭州》，四川新闻网，2013 - 05 - 04，http：//scnews.newssc.org/system/2013/05/04/013773134.shtml，访问时间：2014 - 03 - 18。

② 《非法组织游行示威成都数名网民遭查处》，《西安晚报》，2008 - 05 - 12，http：//news.sina.com.cn/o/2008 - 05 - 12/030313861985s.shtml，访问时间：2014 - 03 - 18。

后，成都市发改委官员向公众解释了彭州石化项目的安全性①。

（六）茂名 PX 事件（2014 年 3 月）

茂名 PX 项目是依托茂名炼油厂拟建的新项目，2012 年 10 月获得国家发改委批准，由茂名市政府与茂名石化公司共同建设。茂名 PX 项目包括新建 60 万吨/年芳烃装置，配套建设原料及成品储罐、火炬设施，总投资 35 亿元。

2014 年 3 月 30 日，广东省茂名市部分市民针对拟启动的 PX 项目举行集会，起初采取了聚集、个别路段慢行等较为理性、平和的抗议方式。但晚上 10 点半之后，小部分群众在激愤的情绪下发生了破坏公告信息栏、交通信号灯等公共设施的行为。市民表达诉求的初衷在群体行为的影响下开始演变为一定程度的非理性行动。公安机关迅速行动，果断处置，有效控制了局面。茂名市政府在事发当天发布的《告全体市民书》中将此次事件定性为非法游行，指出此次事件的参与者“未向主管机关提出申请并获得许可，就针对拟启动的芳烃项目举行集会游行示威，属严重违法行为”。

茂名市政府新闻发言人在事后指出：“目前该项目仅是科普阶段，离启动为时尚早。在考虑项目上马时一定会通过各种渠道听取公众意见再进行决策。如绝大多数群众反对，市政府是不会违背民意进行决策的。”茂名市政府通过《告全体市民书》表示，“针对广大市民表达的意见和诉求，市政府在项目论证过程中，一定会落实群众的知情权、参与权”。茂名 PX 项目最终以停建落幕。

值得注意的是，我国近年来多地爆发 PX 事件之后，从国家到地方政府都逐步改变了选址的工作程序，按照国家提出的社会稳定风险评估等方面的要求谨慎地推进选址工作。在茂名 PX 项目的

① 成都市发改委：《彭州石化项目经过 20 年的前期论证》，四川在线，2008 - 05 - 08，http://sichuan.scol.com.cn/fffy/20080508/200858170503.htm，访问日期：2014 - 03 - 18。

选址过程中，当地政府实际上实施了比较系统深入的风险沟通工作，如市、县宣传部门对网络舆情的引导和监管，当地电视台反复播放宣传视频《认识茂名芳烃（PX）项目》，当地政府领导协调各方面力量召开多次“茂名石化重点项目推进工作会议”。但是这些措施并未有效缓解公众对PX项目的担忧。3月20日茂名市要求部分学校学生和单位签署《支持芳烃项目建设承诺书》，最终点燃了公众抗议活动的导火索。

三 历次PX事件的对比分析

尽管历次PX事件从起因到结局都大同小异，但是通过对组织形式、冲突程度、处理方式和处理结果的对比来看，不同的PX事件还是呈现出不同的特点（见表3-7）。比如厦门PX事件中，化工领域内的专家起到了PX知识普及和宣传的作用，在一定程度上发挥了号召作用；而昆明PX事件中，当地的环保组织积极介入，虽然动员公众反对PX项目，但是倡导文明抗议，具有明确使命定位和目标诉求的组织参与抗议在一定程度上有助于防止公众自发情况下非理性行为的发生。

表3-7 历次PX事件的对比分析

事件名称	导火索	组织形式	冲突程度	处理方式	处理结果
厦门PX事件	政协委员的提案	专家起到了号召作用；自发组织游行	和平散步	启动广泛的公众参与程序	项目迁址
大连PX事件	台风袭击造成防波堤垮塌	自发	集会、游行、静坐	当地官员与公众的公开对话	项目停产，一年后复产
宁波PX事件	周边村庄拆迁	自发	发生过激行为	拘留个别行为过激者	项目停建
昆明PX事件	拟建PX项目	NGO组织发挥重要作用	和平散步、理性抗议	新闻发布	项目停建

续表

事件名称	导火索	组织形式	冲突程度	处理方式	处理结果
成都 PX 风波	PX 项目建成开工	自发	公众通过网络发泄不满情绪	以演习的名义对部分区域和路段加以管制	项目已建成，延期生产
茂名 PX 事件	签订《支持芳烃项目建设承诺书》	自发	由理性平和的抗议方式演变为一定程度的非理性行动	拘留部分行为过激者 政府公告 新闻发布会	项目停建

各次 PX 事件的冲突严重程度也很不相同，有的采取了和平散步等较为缓和的抗议行动，有的则演化为扰乱社会秩序的活动。各次 PX 事件中所表现出来的差异值得深入研究，这些差异与当地社会结构、事件组织形式有很大关系，同时也是公众对邻避设施不同程度的反对态度的直观反映。

第三节　“中国式”邻避运动的基本特征

2007 年以后多起由 PX 项目引起的邻避事件表现出我国邻避运动的特殊性。这种特殊性被何艳玲（2009）概括为“中国式邻避”，她认为和西方国家的邻避运动相比，中国邻避运动的特殊性表现为邻避抗议层级螺旋式上升、邻避行动议题局限，以及邻避冲突双方难以达成妥协，并把“中国式邻避”解释为“动员能力和反动员能力的共时态生产”，也可以理解为组织抗争的能力和化解抗争的能力之间相互制约、相互消解，难以实现有效的协商对话。这种理论概括的特殊性在现实中的反映就是邻避项目屡屡陷入“一建就闹、一闹就停”的僵局。这种现象在邻避运动发生的早期十分普遍。

经过十多年的发展和学习，我国邻避冲突的解决方式有所突破。特别是近几年中，利益相关方通过对话实现成功选址的案例逐渐增多，解决邻避冲突的工具更为丰富，并通过制度吸纳的方法有效消解矛盾。在万筠、王佃利（2019）整理的40个邻避案例中，有15个案例继续运营或通过规划改进而成功落址。可见，原有的“一闹就停”的局面不再是邻避冲突的必然结果。但是，本节仍借用“中国式邻避运动”的概念，从我国邻避运动发展历程的角度展示其特殊性。

本节按由局部到整体的顺序梳理我国邻避运动的特征。从单一邻避事件来看，我国邻避运动表现为行动者与应对者之间的互动；从系列邻避事件来看，我国邻避运动表现为事件关联和公众感知的持续性影响；从总体邻避运动来看，我国历时不长的邻避运动推动了邻避决策模式的变迁。

一 单一邻避事件：行动策略与邻避结果

行动者和应对者之间的关系和互动是每一起邻避事件中的主轴关系。两类主体的行动策略与邻避结果密切相关。行动者往往是受邻避项目影响的当地居民，应对者包括邻避设施的建设方以及当地政府。地方政府是邻避冲突的治理主体，其应对策略将极大地影响邻避结果。现有研究从社会运动理论、集体行动理论和资源动员理论等视角分析抗争行动者的行为策略，从公共价值、利益分析、政策学习和创新扩散等角度研究作为应对主体的地方政府的行为策略。

邻避事件中的行动者需要考虑行动策略问题，包括行动目标、动员方式和抗议形式等。早期的邻避抗议以阻止邻避项目的建设为直接目标，鲜有拓展其行动议题。邻避行动中的动员既包括对参与主体的动员，也包括对行动资源的动员，而大部分资源是与主体相关联的。从总体上看，邻避事件中对参与主体的动员通常利用了大众对邻避设施的负面风险感知，这一点与设施周边居民切身利益直接相关，具有最大的动员潜力。但是在采用的具体框架上社会动员的形式并不完全相同，即使在同类型的 PX 项目中，框架使用也存在差异。有的事件突出 PX 设施的潜在危害，倾向于使用“安全”的框架，而另一些事件则强调决策的隐蔽性和邻避选址的强加性，倾向于使用“公正”的框架。不同的框架使用形成了不同的集体认同感和行动偏好，从而对邻避事件的后果产生影响。尽管邻避事件的发生离不开社会动员过程，但是由于抗议行动存在较大的政治风险，现有邻避事件的发生更多借助网络和社交媒体形成行动聚合，而很少表现为组织严密的事件。在一些研究中邻避行动者仍被描述为“乌合之众”（李修棋，2013），这正是邻避议题难以拓展的一个重要原因。

邻避事件中还有一些特殊的行动者，其中社会组织和意见领袖备受关注。环境保护组织在化解邻避冲突、引导公众情绪和增强回应能力方面发挥了作用，但是在议题拓展和助力维权方面功能缺失（张勇杰，2018）。研究者从国际经验和本土条件的角度出发，指出社会组织可以在政府和公众之间发挥缓冲的中介作用，发挥诉求表达和利益协调的作用（陈红霞，2016；彭小兵，2016）。但对社会组织的这种预期在现有的邻避案例中还未明确观察到。意见领袖通常在形成公众意识方面具有引导作用（彭小兵、邹晓韵，2017）。在网络环境中，意见领袖还通过占据“结构洞”的位置产生信息传播的节点效应。但最新研究则表明意见领袖的作用并不明显（万筠、王佃利，2019）。

在邻避抗议的形式上，行动者必须考虑实现行动目标和社会规范之间的平衡。行动选项是由现有的政治机会所决定的。邻避设施的风险感知并不直接导致邻避行动，这是因为当激烈的抗议形式面临巨大政治风险时，行动者倾向于通过体制内渠道表达意见，比如，通过人大代表、政协委员表达意见等。同时，2007 年之后我国进入了互联网技术快速发展时期，具有个体表达和互动功能的社交媒体迅速成为公众表达诉求的重要渠道，并发生超越地域范围的空间传播，社交媒体成为风险的社会放大站，地方性邻避风险发生外溢，在全国范围内产生影响。

地方政府应对邻避事件的行为则需要在发展和稳定之间寻求平衡。地方政府的邻避设施选址通常出于地方经济发展或城市扩张的需要，特别是PX项目不仅具有市场潜力，而且具有产业链带动效应，可推动地方性产业集聚，因此成为地方政府积极推动的重大项目，而地方政府对项目可能带来的环境风险和项目的公众接受度则有所忽视。直到选址决策执行过程中爆发冲突，地方政府才只好在维护地方稳定的压力下暂停或取消项目建设，这种应对方式常常被称为自上而下的“灭火式”应对（王佃利、王玉龙、于棋，2017）。这种现象出现在邻避案例较少的早期，各地政府都缺乏应对经验。

在后期的邻避事件中，地方政府至少展开了两个层次的政策学习。第一个层次的学习是以重建信任为目标的应对策略的学习，第二个层次的学习是以改进决策模式为目标的治理方式的学习。在第一个层次的学习中，地方政府找到应对失效的主要问题：应对失效是信息失衡、回应滞后、强硬干预以及政策妥协等多重因素的叠加后果（辛方坤，2018）。因此，地方政府改进了应对措施，在邻避事件发生过程中加大信息公开力度、及时打开对话窗口、保留协商空间，通过弹性干预措施缓解了邻避矛盾。

第二个层次的学习引导地方政府开始探索邻避决策方式的改变，将防范邻避风险的关口前移到决策环节。首先地方政府在内部采取完善环评制度和健全社会稳定风险评估制度的方式自行评估公众对邻避设施的接受度，评价可能的社会稳定风险。其次是决策部门向技术专家、政策专家开放部分决策环节，多元主体共同讨论技术中的不确定性，并完善决策方案。最后是邻避决策者有秩序地开放公众参与环节，通过精心组织的听证会、民意调查等形式在邻避决策中整合公众意见。当前，在国家治理现代化的背景下，这种旨在改进邻避决策模式的学习正在不断深化。

二　系列邻避事件：事件关联与传导效应

本章第二节梳理了从 2007 年厦门 PX 事件开始的 6 起引起广泛关注的 PX 事件。这些事件在时间上是先后发生的，具有一定的独立性和偶然性，但是将 6 起事件连续起来观察可以发现每一起 PX 事件都对后续事件产生影响，特别是对公众就同类邻避设施的感知产生持续性效应。将 PX 事件作为前后联系的系列事件考虑有助于从较长的时间跨度上观察“中国式邻避”的特征。

从系列邻避事件来看，每一起邻避事件都对后续同类事件产生间接影响。这种影响主要通过三种机制向后传导：污名化、行动示范和观念塑造。这三种影响机制存在由表入里、由直接到间接的递进关系，共同影响着下一轮邻避运动的话语和行动。

污名化是指对某一类对象形成偏向负面的刻板印象，并形成一定的社会影响。尽管污名化可能是一种个体心理感受，但是在一定条件下它可能从个体感知转化为社会感知（Slovic，Layman et al.，1991）。传统的邻避设施包括垃圾处理设施、核设施等，石化工厂也在一些国家和地区成为邻避抗议的对象。但是在我国，PX 项目短时间内成为邻避抗议的焦点，普通公众到了“谈 PX 色变”的地步，这与多次 PX 事件形成的社会影响有关系。在 PX 事件中，PX 项目被贴上负面标签，其中所体现的一些风险是客观存在的，而另一些风险是扭曲的个体认知体现，比如民间流传的 PX 致癌、导致不孕不育等，事实上并没有充分的科学依据证实这些观点。这种以社会动员为目的的、人为的风险夸大却通过较为广泛的社会活动得以传播，从而为 PX 项目贴上了破坏性、污染性、不易消除性等负面标签。相反，PX 项目对当地经济的发展效应显得无足轻重。当这种污名化形成一定的社会影响时，后续相关设施的选址难以破除这种刻板印象。在宁波、昆明等地的PX事件中均出现了与之前PX事件类似的风险宣传，这表明PX项目的污名化不受空间限制而向后传导。

不仅PX项目如此，从时间发展的角度来看，各类邻避设施的污名化总是难以消除，哪怕技术发展消除了原有的部分风险，人们还是停留在原有的污名化所塑造的风险感知水平上。比如，垃圾焚烧发电厂曾经出现烟气排放造成空气污染的现象，但是随着焚烧技术的提升，垃圾发酵、焚烧、发电全流程封闭运行，我国一些垃圾焚烧厂达到甚至超越了欧盟2000烟气排放标准。但是，公众对垃圾处理设施的认知仍然停留在原有的污名化基础之上。一些地区通过体验式的风险沟通，向当地居民展示了技术进步和良好的环境效应，才逐步改变公众认知。

行动示范是系列邻避事件分析中的一个重要发现。在单一邻避事件的视野下，抗争者采取行动策略总是受到可能的行动选择和社会规范的影响，这种行动策略似乎是相互独立、互不影响的。一旦将分析视野延伸到系列事件中，我们就可以看到部分邻避行为具有向后传导的特征。一些公众在某些邻避行动中形成了“大闹大解决、小闹小解决、不闹不解决”的认识，推动了后续行动者在面对争议性设施选址的时候倾向于“闹解”。而“一闹就停”的这种应对措施也助长了过激的抗议行动。同样，理性温和的行动策略也会形成时间影响。近几年来，理性的诉求表达、开放的协商沟通有序展开，其在一些案例中也收到了良好的解决效果，使得邻避行动趋于缓和。

观念塑造是指环境意识、权利意识、参与意识等深层次的观念改变。早期邻避行动提出的诉求直接针对项目建设，以阻止项目选址为根本目的，邻避行动议题难以拓展（何艳玲，2009）。随着邻避事件的反复出现，行动议题开始多元化。尽管阻止项目建设仍是大部分行动的主要诉求，但是也开始出现对知情权、监督权以及协商决策的要求。厦门 PX 事件具有标志性，标志着我国邻避运动进入高潮，同时当地政府在事件应对上采取了协商对话的形式，尝试了网络征求意见、听证会等多种形式，并最终改变了选址决策。这对后续的 PX 事件以及其他类型的邻避事件处置树立了邻避决策模式改革的示范。在后期的 PX 事件中，公众还围绕邻避决策展开知识生产，如成都 PX 事件中，社会精英和普通公众都根据项目所在地的特殊地理位置和地质条件提出了改进选址规划的合理化建议。这说明公众的观念发生了改变，由原有的维护本地环境安全，拓展到决策参与诉求，并展现出一定的参与能力。这些行为的背后还显现出行动者公共价值观念发生了转变。越来越多的公众认识到大量邻避设施具有发展效应或市政功能，尝试以共同体的思维解决公共问题。

三　总体邻避运动：推动决策模式的变迁

我国具有典型意义的邻避运动是以 2007 年的厦门 PX 事件为标志的。这一阶段的中国社会正处于转型社会、风险社会和网络社会三重叠加的社会背景中（张海波、童星，2012）。一方面，人们对美好生活的需求从原有的物质需求逐步转向健康、安全、公平、正义等多样化需求；另一方面，快速工业化和城镇化造成的技术自反性开始以多种形式的风险现象出现，其中环境风险尤为突出。网络社会的发展则增加了公众行动的政治机会。

邻避冲突本质上是社会矛盾的体现。随着经济社会发展水平的提升，我国社会的主要矛盾发生了转变，表现为人民日益增长的美好生活需要与发展不平衡不充分的发展之间的矛盾。邻避冲突正是社会主要矛盾的特定类型。社会矛盾的出现总是表现为对正常社会秩序的偏离，而社会矛盾反过来也推动社会的发展。但是，社会矛盾的积极作用并不是自然而然发生的，也并非所有的社会矛盾都能推动改革发展，而是需要具备必要的现实条件。

吴忠民（2015）指出社会矛盾推动社会进步的必要现实条件包括：社会矛盾相关方不能陷入非理性认知状态；多数社会群体对未来前景达成较为广泛的共识；政府必须在恰当时机出台顺应民意和时代潮流的政策。

正是在推动社会进步和治理现代化的角度下，关于邻避运动的研究才更有意义。邻避矛盾所带来的对决策模式改革的倒逼效应已经显现。如果说“一建就闹，一闹就停”是矛盾双方的非理性认知，那么这种状态已经有所改变。而社会共识的达成一方面表现为矛盾双方的理解和互信，公众理解政府促进地方发展和建设的良好意愿，政府理解公众针对健康和安全产生的个体及代际关切；另一方面这种共识也表现为公共价值的凝聚，即对社会多方发展、安全和公正的优先顺序达成了基本共识。研究表明，现有的邻避诉求超越“自利”目标（王婕、戴亦欣、刘志林、廖露，2019），因此单纯地提高收益或经济补偿难以推动邻避设施的建设，而公众更多地提出了安全和公正的诉求。在新发展理念的倡导下，地方治理主体原有的“唯 GDP 论”也有所调整，政府和社会之间公共价值差距明显缩小，开始展现出“共识公共价值”理性（王佃利、王铮，2018；郑光梁、魏淑艳，2019），进而为构建以协商合作为目标的决策模式奠定了基础。

因此，尽管邻避运动在一定时间和空间范围内造成了社会失序问题，但从长期来看，邻避运动促使“邻避管控”转向“邻避治理”（王佃利、王玉龙、于棋，2017），有力地推动了我国邻避决策模式的变迁。这也正是本书将邻避决策模式作为研究对象的现实基础。

第四章 邻避决策模式及其理论分析框架

以PX事件为代表的邻避运动的发生发展过程体现了公众对邻避设施的态度及行为。本书的重要任务是揭示现有的选址决策模式对公众态度产生了哪些影响，从而有针对性地改进邻避设施选址决策模式，从源头上防范邻避风险。本章分析了一般风险决策的基本模型，以及邻避设施选址决策中的典型模式，并通过梳理近年来与邻避设施选址相关的重要政策文件分析了我国当前选址模式的主要特点。研究结果表明，我国的邻避决策模式正处于封闭式决策向开放式决策转变的过程中，通过环境影响评价、社会稳定风险评估、决策听证等多种公众参与方式，将利益相关者的意见纳入决策过程。但是，由于传统的自上而下的决策思维根深蒂固，征求意见、风险沟通等尝试还流于形式，公众意见对决策结果的影响有限，真正平等参与、共同协商的决策模式尚未建立。为进一步研究现有邻避决策模式的优势和不足，本章构建了统领全书的“风险－利益－信任”理论分析框架。

第一节 风险决策的基本模型

一 风险决策模型的演化

邻避设施选址决策从本质上说是一种风险决策，其核心特点是在不确定性条件下做决策。虽然大部分公共决策都伴随着不同程度的不确定性，但是风险问题中的不确定性更为复杂。对风险本身的评估缺乏共识，利益相关者从各自的立场采信不同的科学证据，导致对同一决策中的风险和收益的认知产生天壤之别，埋下了观念和利益冲突的根源。为解决这一问题，风险决策需要广泛地包容所有利益相关者。就广泛风险问题而言，这些利益相关者可能包括本地、区域、国家和国际等不同层次的利益主体，在每一个层次中又包括政府部门、产业界、科学界、非政府组织、普通公众、大众媒体等不同的主体类型，这样就形成了一个纵横交错的利益相关者共同参与的治理体系（见图 4 - 1）。基于这一体系中所卷入的参与主体、结构关系的不同，风险决策就形成了不同的模式。

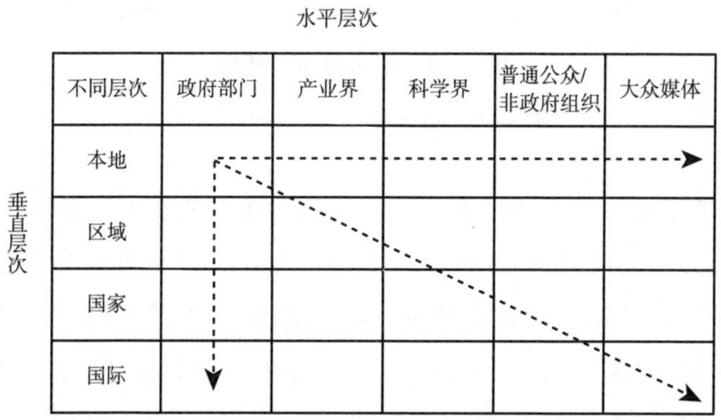

水平层次

垂直层次

不同层次	政府部门	产业界	科学界	普通公众/非政府组织	大众媒体
本地					
区域					
国家					
国际					

图 4 - 1　风险决策中垂直层次和水平层次的参与主体

资料来源：根据文献 Bunting，Renn，Florin，Cantor（2007）改写。

常见的风险决策模式包括三种类型：技术性模型、决定性模型和透明性模型。每种模式水平轴上的治理主体依次递增。

在风险决策模式中最基础的模型是“技术性模型”（见图 4 - 2）。这一模型倡导纯粹的“技术理性”，由客观科学证据主导政策制定，是一种单向度的决策模式。技术专家等负责对风险容忍度做出判断，决策制定之后，仍然采用科学证据进行必要的风险沟通。在此模型中，科学研究者和技术专家对决策发挥了主导作用，科学证据不仅成为决策的重要依据，同时也成为影响公众态度的基础。这种模型是以决策者和公众对科学的高度信任作为基础的。然而，越来越多的证据显示，这种信任程度正在下降，这一模型能发挥作用的社会基础已发生改变。同时，科学界对特定的风险问题，比如核设施的安全问题越来越难以给出一致性的科学结论，科学界内部的争论使得决策者和公众无所适从。因此，纯粹的技术性决策模型已难以单独存在，科学咨询逐渐演变为公共决策中的一个环节，而丧失了对最终决策的决定性影响。

图 4－2　技术性决策模型

资料来源：Miustone et al.（2004）。

“决定性模型”（见图 4－3）在“技术性模型”的基础上增加了社会、经济方面的考量，对风险决策的科学方面和价值方面进行了综合考虑。在此模型中，决策的起点仍然是基于科学考量的“风险评估”（risk assesment），而此后的两个环节“风险评价”（risk evaluation）和“风险管理”（risk management）综合了技术、社会、经济各方面的信息。这里，“风险评价”和“风险评估”是两个极易混淆的概念，“风险评估”反映的是科学方面，即通过科学分析对潜在风险尽可能给出一个客观的估计；而“风险评价”的主要指标是“风险可接受度”，即对客观风险给出的一个总体判断，判断其在多大程度上是人们“可以接受的”风险。这样，“风险评价”分析的对象就是人们的主观判断，而人们对风险的接受程度就受到社会、经济、文化等多方面因素的影响，并且随着社会背景的变化而变化。“风险评价”这一概念将风险与人们的主观认知和接受度结合起来，从而建立了客观风险与社会背景之间的联系。从纯粹技术角度的“风险评估”到社会经济角度的“风险评价”是一个重要进步，其弥补了原来风险决策中对公众态度的忽视。我国近年来开始广泛推行的重大项目和重大决策“社会稳定风险评估”严格说来就属于“风险评价”的范畴，这个评价环节处理了风险管理中人的因素，因而对风险决策至关重要。

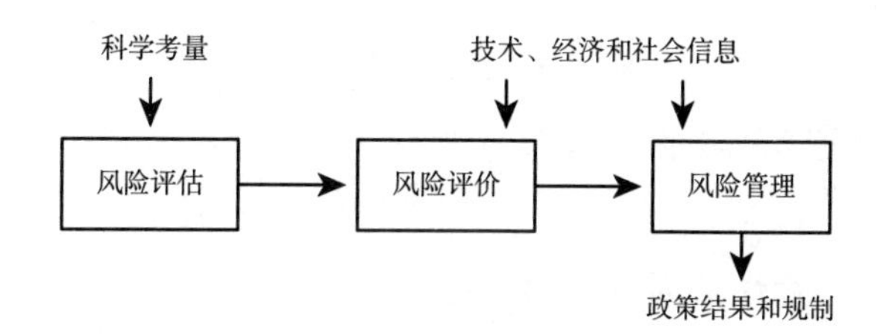

图 4－3　决定性决策模型

资料来源：Millstone et al.（2004）。

“透明性模型”（见图 4－4）在更多地考虑社会经济因素方面更进一步。比较图 4－4 和图 4－3 可以明显地看到，透明性模型在风险评估之前增加了一个更为基础性的环节“风险评估政策”，在这个环节中需要对由谁进行风险评估、如何进行风险评估等问题设定基本的制度安排。评估的基础制度和程序是如此重要，以至于其对风险评估的结果可能产生决定性影响。因此，多元化利益和价值观的冲突在制定“风险评估政策”环节就已全面展开，从决策的起始点就引入利益相关者的讨论，则有可能避免后续阶段产生更加严重的冲突。与“决定性模型”相比较，“透明性模型”还增加了“风险评估”和“风险评价”之间的互动关系，这说明对“风险可接受度”的评价反过来可以对基于科学证据的“风险评估”提出更高的要求。总之，“透明性模型”较之以前的模型更多地注重了对社会经济因素的考量，并贯穿于整个风险决策的全过程中。

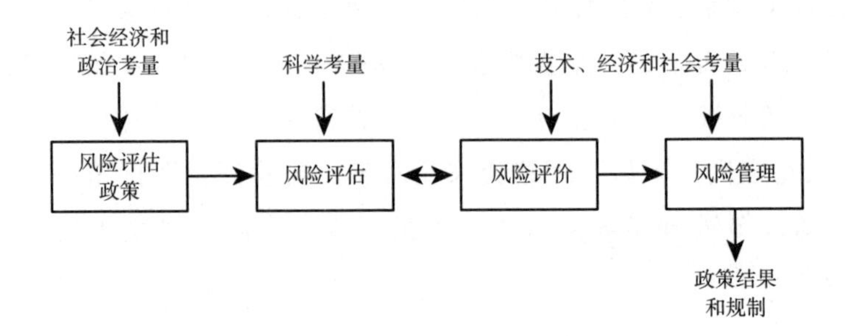

图 4－4　透明性决策模型

资料来源：Millstone et al.（2004）。

二　风险性质及其决策模型

早期的风险决策模型都没有对风险性质做出区分，实际上，不同类型的风险决策复杂程度不同。理论学者提出应对风险性质做出细分，再有针对性地提出所对应的决策模型，这样基于风险性质的多层次决策模型便应运而生。其中最为著名的是 Renn（2008）提出的风险分层决策模型。在大量文献和案例研究基础上，Renn（2008）根据风险链条中因果关系的明晰程度将风险决策区分为由简入繁的四种类型：简单性风险（simple）、复杂性风险（complexity）、不确定性风险（uncertainty）和模糊性风险（ambiguity）。各种风险类型的特征如表 4－1 所示。

表 4－1　风险类型的划分

类型	特征
简单性风险(simple)	因果链条明确，呈现单向、线性因果关系
复杂性风险(complexity)	因果链条明确，呈现多维度、网络状因果关系 多种因素互动影响最终结果

续表

类型	特征
不确定性风险(uncertainty)	因果关系的置信度降低
模糊性风险(ambiguity)	因果证据不明确、不完整、不一致 公众和利益相关者基于不同价值对争议性结果表现出不同偏好

资料来源：根据 Renn（2008）改写。

简单性风险中因果关系明确，且呈现单向因果关系，这种类型的决策可以采用常规决策模式，即由政府官员根据简单因果关系进行决策。这种决策模式的重点是寻找合适的政策工具，因此决策具有“工具性”特征。后三类风险的决策难度在简单性风险基础上依次增加（见图4－5）。复杂性风险虽然也可以确定因果链条，但是产生风险后果的因果机制十分复杂，呈现出多维度、网络状的因果关系。这种类型的风险决策是可以采用前述的“技术性决策”模型的，引入技术专家对风险规模展开客观评估，根据可以辨明的风险原因提出减缓风险的对策。这种决策模式依赖专业知识解决对风险的认知问题，因而具有“认识论”特征。不确定性风险中的因果关系置信度降低，需要在决策中引入利益相关者参与讨论。利益相关者包括产业代表和直接受影响的群体。这种讨论是一种知识共享和再生产的过程，各类主体从不同角度反思风险的因果关系，避免因现有证据置信度不足而出现决策失误的现象，这种决策表现出“反思性”特征。

而模糊性风险中因果证据不明确、不完整或者不一致，科学研究结论出现争议。由于科学证据不一致，公众和利益相关者根据各自的价值观念筛选和采信有利证据，表达出不同的决策偏好。从这种风险分类的体系来看，一部分邻避选址问题进入模糊性风险区域，因此决策要在因果证据不一致的条件下寻求价值共识，对应的决策模式需要政府官员、技术专家与包括产业、直接受影响群体和普通公众在内的利益相关者展开对话和协商以达成最终共识。这种决策的特点是广泛的“参与性”（见图4－5）。邻避风险具有模糊性特点，受争议程度较高，其对应的决策模式具有多元利益主体广泛参与的特点。

政府官员	政府官员 技术专家	政府官员 技术专家 利益相关者 （相关产业代表、 直接受影响群体）	政府官员 技术专家 利益相关者 （相关产业代表、 直接受影响群体、 普通公众）
决策主体	决策主体	决策主体	决策主体
工具性	认识论	反思性	参与性
决策特点	决策特点	决策特点	决策特点
简单性风险	复杂性风险	不确定性风险	模糊性风险
风险问题	风险问题	风险问题	风险问题

图4－5　基于风险性质划分的决策模式

资料来源：Renn（2008）。

第二节　邻避设施选址决策的典型模式

风险决策的基本模型为研究邻避设施选址决策模式提供了理论基础，本节进一步聚焦邻避设施选址决策的典型模式。纵观西方国家邻避设施选址实践，选址决策模式呈现出从技术决策向综合决策、从封闭决策向开放决策、从单一主体决策向多主体决策转变的基本趋势，这一趋势体现了决策民主化和科学化发展的方向。根据决策模式中发挥主导作用的决策主体的不同，可将现有决策模式分为几种不同的类型，即专家主导的技术理性模式、政府主导的决定宣布模式、企业主导的市场谈判模式和公众主导的参与协商模式。

一　专家主导的技术理性模式

从历史角度看，专家主导的决策模式在邻避设施选址中是较早出现的一种决策模式，这是由邻避设施本身的特殊性所决定的。选址问题最初是一个纯粹的技术问题。20 世纪 70 年代的文献毫无例外地从技术标准的角度讨论选址问题，如平坦稳定的地形结构、取水的便利性、较低的人口密度、交通便利度、对主要负荷中心的接近度等。技术专家的专业知识对潜在风险的识别、评估和控制具有不可替代的作用，如危化品生产项目、放射性物质存储库等都需要特定领域专家从技术角度对邻避设施的安全性和风险的可控性进行充分的研究论证，从而提出选址需要满足的各项技术参数（如选址地区的物理属性、与居民区的安全距离、防护设施的建设标准等），最后遵循成本有效性原则，在各种可能的备选地址中确定经济、安全的建设地址。

专家主导的决策模式将邻避设施选址问题视为纯粹的技术问题，基本由来自土地规划领域和与邻避设施相关的特定技术领域的专家共同制定选址方案，采用的方法是以技术为基础的风险评估和运筹规划等。从技术理性的角度来看，只要邻避设施为社会带来的整体收益高于受负面影响的人群和地方所承担的成本或潜在风险，那么选址方案就应该推行。邻避设施的建设既有私人部门的项目，也有公共设施项目，因此，专家提出的方案最终需要得到邻避设施的建设方（企业或政府）的接受和执行；但是专家在选址过程中具有举足轻重的话语权，专家的专业判断决定了选址的技术质量。当建设邻避设施的企业或政府缺少相关领域的专业知识时，往往选择对专家赋予充分的信任。因此，这种模式可以视为专家主导的决策模式。

如果能够保证专家选址的客观独立性，那么这种模式在选址的科学性和安全性方面就具有明显优势。专业的风险评估可较好地识别潜在风险，对危险发生的概率和危害程度进行比较确定的定量分析，从而提出一个决策分析合理、不偏不倚的选址方案，并制定健康和安全的技术标准为邻避设施的正常运行保驾护航。这种决策模式在早期的邻避设施选址实践中获得了较大的成功。

为提高选址方案的科学性，土地使用和规划领域的最新进展是将地理信息系统（GIS，Geography Information System）与复合标准决策分析（MCDA，Multicriteria Decision Analysis）相结合。GIS提供了技术支撑，MCDA则提供了方法论的基础。对不同的选址方案可以采用层次分析法（AHP，Analytic Hierarchy Process）对应用于GIS分析中的各项标准赋予权重。Zakaria et al.（2014）提出了邻避设施选址中的十条约束标准：地表水、环境敏感性土地、环境保护区域、对地下水具有高污染风险的区域、限制的地质条件、地形条件、土地使用、路网和交通、基础设施、人口和公共区域；要考虑的四种要素地图是人口和公共区域图、地形图、路网和交通图、地质图；选址模型包括三个阶段：最终限制地图的生成、最终要素地图的生成、最终适合选址地图的生成。最终形成的评级包括：不适合、比较适合、适合、中等适合、高度适合。

专家选址成功的关键是技术中立，这需要完善的制度安排作为支撑。风险评估的真实性、信息披露的完备性等需要由健全的法制体系做保障。大部分情况下，专家受项目建设方委托制定选址方案，同委托方存在一定的市场交易关系，如果没有完备的法律体系作为保障，专家成为卷入选址问题的利益相关方，很快会丧失第三方评估的独立性，其选址方案的科学性和公正性将受到严重质疑。另外，在早期专家主导的决策模式中较少出现矫正不公平的补偿安排，当地公众的参与程度也非常低。随着公众环境意识、健康意识的觉醒及参与渠道的多样化，这种具有理想主义色彩的选址决策模式在20世纪90年代以后的选址实践中显得不合时宜，并逐渐与需要大量公众支持的方法结合起来解决选址难题（Linnerooth - Bayer，2005）。

二 政府主导的决定宣布模式

许多邻避设施（如垃圾填埋场、核废料存储库等）属于公共设施，具有公共物品的属性，政府在提供这些设施的过程中起到主导作用。政府在邻避设施选址的过程中通过两条主要的途径规避可能的环境抗议活动，通俗地说，一种是"隐瞒"策略，另一种是"迂回"策略。在现有的文献中，这两种策略都得到比较充分的研究，前者被称为"决定 - 宣布 - 辩护模式（DAD模式，Decide - Announce - Defend）"，后者被称为"最小抵抗路径模式"。

在"DAD模式"中，政府通过代理、明察暗访等方式获取选址地区的相关信息，通过行政机关内部自上而下的决策方式确定选址目标，并在信息封锁的情况下完成设施建设之前的各项准备工作，直到开工建设时才向公众宣布。选址信息公开后，如果遭到当地社区的抵制，政府再应对性地对选址方案的合理性和合法性进行说服和辩护。在一些案例中，还出现了旨在平息争议的经济补偿方案，这种补偿方案不同于事前与公众充分讨论沟通的补偿方案，常常被指责为"收买人心"（bribing）。

DAD模式是公众参与程度不高的时代中的产物。当时的选址决策过程相对封闭，公众也没有商谈和参与的机会。这一程序本身总是令人不快：开发者和公共部门联合起来倾向于隐匿信息或故意制造模糊信息，社区参与的能力被最小化，并且几乎没有矫正方法。这种选址方法中包含的机会主义很可能侵蚀确保设施系统安全和经济效益的必要技术标准。更为根本的是，在许多国家，公众对商议和参与的期待以及付诸行动的能力急剧增长，以往的隐蔽选址方法已经无法再适应这种彻底变更的政治背景。DAD 模式具有明显的机会主义倾向，在权力集中的政治环境中，比较容易取得成功，在民主程度较高的环境中，这种模式受到越来越多的质疑。

在“最小抵抗路径模式”中，选址的策略是在评估各个选址目标的抵抗能力的前提下，选择接受程度最高、抵抗能力最弱的社区。在这些地区，选址的坚定反对者没有足够的政治资源来抵抗选址决定。这些社区往往是社会弱势群体聚居区，具有经济发展落后、失业率高、收入水平低等特征，这些地方的居民更有可能愿意牺牲环境和安全来换取工作机会和收入增长。而对于有着较高生活水准、高度重视环境安全并有一定抵制能力的社区来说，邻避设施的建设并没有什么吸引力。这一过程常常伴随着政府官员与目标社区关键利益相关者的秘密会谈。伴随着西方国家公民环境意识高涨而出现的“垃圾出口”等现象也是“最小抵抗路径”思维的一种体现，意味着发达国家在全球范围内寻找最小抵抗的地区，从而转嫁风险。

尽管在“最小抵抗路径模式”中不乏成功选址的案例，但是基于环境公平和程序公正的理念，这种决策模式极易引起非议。在 20 世纪 70 年代，美国联合基督教会种族正义委员会就少数民族和穷人社区面临的环境问题进行了深入的调查后发现，“美国白人一直把垃圾堆放在黑人的后院里”。在有色人种社区建造商业性有毒废物填埋场的可能性是白人社区的 2 倍；大约 60% 的非洲裔、西葡裔美国人生活在建有危险固废填埋场的社区中；美国 5 个最大的有毒废物填埋场中有 3 个建在非洲裔美国人占绝大多数的社区中，容量占全国所有填埋场的 40%（王向红，2007）。“最小抵抗路径模式”造成的后果是许多邻避设施的确建设在较为落后、贫穷的地区，这种模式最终引发了“环境正义”（enviromental justice）大讨论，并最终演化为一场风起云涌的环境正义运动。环境正义运动指责这种选址模式将环境风险强加给了那些贫困社区，或已经被严重污染的社区。

三　企业主导的市场谈判模式

前面两种选址决策模式存在的明显问题，促使人们开始寻找选址的替代策略，试图建立能够解决公众不信任、价值冲突和本地争议的制度。于是，选址过程中开始出现越来越多的参与主体，利益相关集团的诉求得到充分考虑，以往集中在技术专家或政府官员手中的决策权力开始向市场和社会让渡，开始在“政府－市场－社会”的治理框架下通过对话、协商或者制度化的博弈决定选址方案。在向市场让渡决策权力的过程中出现了“企业主导的市场谈判模式”，在向社会让渡权力的过程中出现了“公民主导的参与协商模式”。

市场机制的内在逻辑是可以通过价格信号改变资源配置。在市场框架下，邻避设施选址被视为收益和风险的分配决策，选址的难题在于风险和收益分布得不对称：享受收益的人和承担风险的人不是同一部分人，一部分人享受了更多的收益，而另一部分人承担了更多的风险。这样，由享受收益的一方向承担风险的一方提供补偿就是一种顺理成章的解决方案（Kunreuther，Easterling，1990）。自由市场主义者通常会认为只要设定一些简单原则就能通过市场主体的反复博弈实现均衡。在这种模式中，企业和选址社区的居民在既定规则下展开博弈。

O'Hare 等（1983）较早描述了美国马萨诸塞州出现的一种创新市场谈判方式。这种方式包含了很多关键因素：开发者和选址社区在选址中起首要作用；双方必须通过谈判或仲裁达成协议；为选址社区减轻影响并做出补偿，是选址协议的关键特征；社区可以拥有设施选址的权利；开发者和选址社区之间的僵局需要通过提交仲裁来解决。

从上面的例子可以看出，在企业主导的市场谈判模式中，政府淡化了其作为“政策”制定者的角色，而演化为“规则”制定者，将选址决策的权力交给建设相关设施的企业和选址社区的居民。而市场谈判的目标是在企业和选址居民之间达成一个清晰的解决方案——对候选选址社区的居民提供补偿，并给予他们适当讨价还价的空间。企业所提供的补偿是为了实现以下四个目的：减少当地反对；帮助纠正不公平；提高选址过程的整体效率；促成谈判而不是冲突。在经济学家看来，经济补偿在企业和居民之间实现了收益的再分配，从根本上解决了风险和收益不匹配的矛盾，因此，只要制度设计完善，总是能形成一个合适的补偿数额从而最终完成选址。

但是，现实中经济补偿方案遇到很大困难。社区倾向于把补偿看作一种贿赂，而不是一种纠正不公平的方法。同时，人们很快发现，当公众感知到的潜在风险超过一定的阈值，社区并不愿意接受以补偿作为对风险和负担的对价。社区中严重的风险放大也阻碍了交换和谈判的过程，使得补偿政策被看作是不道德的。谈判过程的初衷在于促进社会共识的达成，但现实情况可能适得其反，导致两极分化和社会冲突的螺旋上升。经济补偿方案在选址中的应用，在不同的政治文化背景中结果截然不同。例如，瑞典和瑞士不允许对选址进行补偿，然而在日本和中国台湾地区，选址补偿已经被公众广泛接受。

四　公众主导的参与协商模式

在较长的时间里，政府主导的决定宣布模式是邻避设施选址的主流模式。但是，20 世纪 60 ~ 70 年代，随着环保运动高涨、公民权利意识的觉醒以及生活水平的提高，公众对风险的态度日益趋向于持“零容忍”的谨慎原则，大多数国家的决策者已经从诸多选址失败案例中获得一条明确的经验判断，即先发制人或者强行压制的策略不太可能最终取得成功，选址过程需要认真地应对以下问题：①处理公众对风险的关注；②最大限度地纠正不公平；③在选址过程中授权当地政府；④赢得选址社区对邻避设施广泛同意或接受；⑤为赢得更多的本地支持而展开与公众的对话。在这种背景下，公众主导的参与协商模式应运而生。

公众主导的参与协商模式的产生和发展之路并不平坦，起初常常表现为公众激烈的抗议游行，后来才通过科学的程序设计获得了制度化、合法化的途径。公众深度参与模式常常被称为“自愿/合作选址模式”，代表公众以积极的态度与政府合作，共同解决选址难题。在制度化的程序下，公众参与选址决策的形式是多种多样的，包括民意调查、市民陪审团（citizen jury）、公开听证会（public hearing）、共识大会（consensus conference）以及全民公投（referendum）等，在不同形式中公众参与的深度和对最终决策的影响是各不相同的。20 世纪 80 年代以来，美国、德国、英国、加拿大等西方国家在公众参与邻避设施选址决策方面进行了形式多样的探索[①]，为其他国家的邻避设施选址实践提供了宝贵的经验。

有序有效的公众参与既需要技术上的条件，又需要制度上的保障。在技术方面，公众参与需要掌握全面的决策信息，这些信息既应包括相关设施可能带来的潜在收益信息，也应包括客观的风险评估信息，使公众能在信息对称的条件下对“风险 - 收益”综合考量。同时，公众还需要具有足够的参与资源，如时间、经费方面的保障等。在制度方面，有的国家制定了相关法律，有的国家则采取了相对规范的决策流程，将公众参与纳入决策的关键环节之中。

公众深度参与模式最大的弊端在于公开听证过程中沟通与参与的低效率，在寻求高度共识的过程中耗费时间和财力，产生较高的决策成本，最终还可能造成选址计划的长期搁置或终止。

① 本书第七章进行了详细介绍。

Saha and Mohai（2005）的研究指出美国密歇根州在 1989 ~ 2004 年的 15 年间没有一项新固废处理或存储设施获得成功选址。另一个更加极端的例子是奥巴马政府于 2009 年宣布终止尤卡山核废料存储库选址计划[①]，这意味着历经 22 年建设、耗费 90 亿美元之后，尤卡山计划归于失败，这其中除了有政治、经济方面的因素，公众持续不断的强烈抗议也是计划撤销的重要原因之一。

对公众参与的另一种批评是某些公众参与程序流于形式，或者被其他利益相关者所操纵。与公众的风险沟通常常使用技术性语言，而这对一般公众来说理解上存在困难，任何一种双向信息交流都被严格的程序规则控制着，参加听证的人们往往并不具有所在区域人群的代表性，收集的信息对于政府机构决策影响甚微（Sinclair，1977；Checkoway，1981）。

第三节　中国邻避设施选址的决策模式

一　决策主体和决策过程

公共决策模式的要素包括决策主体、决策过程、决策原则和决策制度等，针对要素的不同特征形成了不同的决策模式。其中最关键的要素是决策主体和决策过程。本节根据我国现有工业项目审批程序等文件的规定，对 PX 项目的决策主体和决策过程进行分析。

图 4 -6 简要描述了 PX 项目选址的决策主体和过程。在项目

① 尤卡山计划产生于 1987 年，当时美国提出要在 20 年内兴建 200 座核电站，如何处理核废料成为一个棘手的问题，技术专家提出对核废料进行永久掩埋，并将位于美国内华达州的尤卡山作为核废料永久存储库的选址，从而引发了一场持续 20 多年的针对核废料风险、选址公平的论争。2009 年，奥巴马政府宣布终止该计划。2013 年，美国共和党提议重启该计划。2013 年 8 月 30 日，美国核管会（NRC）就重启尤卡山项目征求公众意见。目前，尤卡山计划何去何从仍无定论。

正式建设之前，项目的审批大致要经过三个环节：立项、可行性研究和获得许可。在立项环节中，项目的建设单位向当地发展改革部门提交“项目建议书”，提供拟建项目的基本信息。在获得发展改革部门批复之后，项目审批进入“可行性分析”阶段，这一阶段涉及的政府主体包括建设规划、国土资源、环境保护、地震管理等部门，分别负责规划选址、用地预审、环境影响评价和地震安全性评价等审批事项。根据最新的社会稳定风险评估要求，可行性分析报告中还需要增加“社会稳定风险分析”的章节，社会稳定风险分析由项目所在地人民政府或有关部门指定的评估主体组织开展评估论证，其中包含公示、问卷调查、实地走访和召开座谈会、听证会等多种方式听取各方面意见。由于 PX 项目涉及的投资金额较大，因此 PX 项目需要通过国家发展改革委员会、环境保护部门的审批。可见，在整个项目审批环节中，只有“环评”和“稳评”两个环节（在图 4－6 中以阴影部分表示）涉及信息公开和公众参与等内容，而其他环节是在相对封闭的决策环境中展开的。

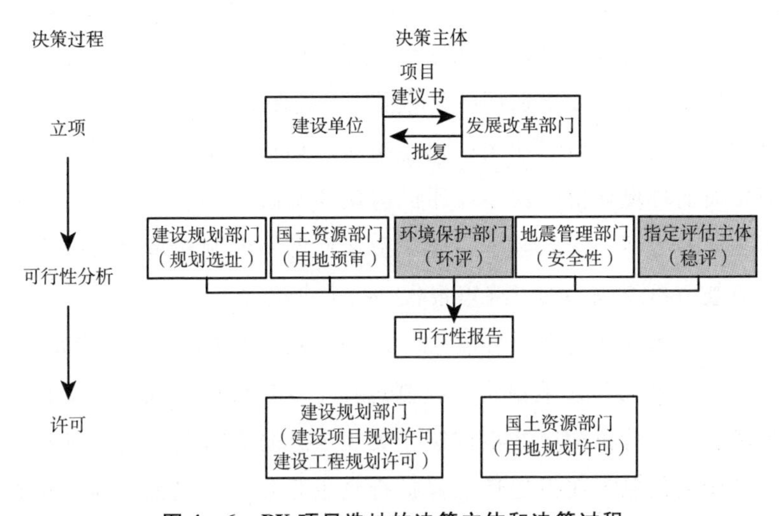

图 4－6　PX 项目选址的决策主体和决策过程

值得指出的是，图4－6所描述的是已经进入审批程序的决策模式，实际上选址决策模式还可以继续向前延伸到项目的动议阶段，这一阶段的决策模式缺乏规范的制度文件约束，往往由当地政府最高领导人召集重大决策会议进行集体决策，对多元化利益的权衡从这个阶段就已经开始了。按照我国的行政惯例，投资数十亿、上百亿元的PX项目往往走“特事特办”的程序，由本地党委常委会召开专题会议研讨决策，本地官员在这一环节的决策中处于无可替代的主导作用。更重要的是，由地方政府主导所做出的决策往往成为“最终决策”，图4－6描述的审批程序只不过完成决策的合法性手续，因此即使有纳入公众意见的良好愿望，公众意见对决策能够产生影响、能够改变甚至阻止选址决策的可能性也几乎不存在。这就使邻避设施选址中所固有的利益多元化矛盾延迟到项目公开建设阶段，为后续的选址建设埋下隐患。

二　环境影响评价制度

环境影响评价制度是我国环境保护的一项基本制度。建设项目环境影响评价要求在环境影响报告书编制、受理、审批等环节，必须依法决策、科学决策、民主决策。环评的基本程序是：委托有资质的环境评价机构→环评机构现场调研→编制大纲→专家初审→修改大纲→深入调研→征求公众意见→编制初审报告→专家组审查→再修改→编制终审报告→报审批机关。

环评报告在公开项目信息、征求公众意见方面具体要求如下。

（1）在环境影响报告书编制过程中，建设单位或者其委托的环境影响评价机构应严格按照相关规定，向公众公开有关环境影响评价的信息。在报送环境保护行政主管部门审批前，通过调查公众意见、咨询专家意见，召开座谈会、论证会、听证会等形式，公开征求公众意见。

（2）环保主管部门在受理建设项目环境影响报告书后向社会公开受理情况，征求公众意见。

（3）环保主管部门在对建设项目做出审批意见前，向社会公开拟做出的批准或不予批准环境影响报告书的意见。

（4）环保主管部门在对建设项目做出审批决定后，向社会公开审批情况。

为进一步加大环评信息公开力度、推进环评公众参与、维护公众环境权益，环境保护部印发《建设项目环境影响评价政府信息公开指南（试行）》，自2014年1月1日开始实施。指南要求从四个方面加大环评信息公开力度：一是公开环评报告书（表）全本，二是公开政府承诺文件，三是公开批准或不予批准环评文件的全文，四是公开环评机构和从业人员诚信信息。生态环境部制订了《环境影响评价公众参与办法》，自2019年1月1日起施行，进一步畅通了公众环境保护诉求表达渠道，保障了更广泛的公众号予与权利。

同其他化工类项目一样，在PX项目环评中重点强化项目选址、环境影响、风险防范、公众参与等相关内容评价分析。在选址方面，要求此类项目必须在依法设立、环境保护基础设施齐全、环境风险防范措施到位，并经规划环评通过的产业园区内建设。在环境影响方面，要求项目必须符合污染物达标排放、总量控制、环境质量标准等要求。在风险防范方面，要求项目进行全面的环境风险评估，制定并落实有效的环境风险防范措施和应急预案。在公众参与方面，要求加大信息公开力度，广泛听取公众意见，必要时召开座谈会、听证会等。

三　社会稳定风险评估

我国2010年以后逐步建立和完善了社会稳定风险评估制度，其成为邻避设施选址的新的制度要求。社会稳定风险评估

（简称“稳评”），是指与人民群众利益密切相关的重大决策，包括重大改革措施、重要政策、重大工程建设项目、与社会公共秩序相关的重大活动等重大事项在决策制定出台、组织实施或审批审核前，对可能影响社会稳定的因素开展系统调查，科学预测、分析和评估，制定风险应对策略和预案，以规避、预防、控制重大事项实施过程中可能产生的社会稳定风险，促进社会稳定和谐。

我国的重大决策社会稳定风险评估，是在地方经验的基础上总结提升，最后由中央下发文件成为决策的必经环节。2010 年，《国务院关于加强法治政府建设的意见》（国发〔2010〕33 号）提出了针对重大决策社会稳定风险评估的要求。主要内容包括：建立和完善重大事项集体决策制度、专家咨询和评估制度、决策听证和公示制度、决策责任追究制度；凡是有关经济社会发展和人民群众切身利益的重大政策、重大项目等决策事项，都要进行合法性、合理性、可行性和可控性评估，重点是进行社会稳定、环境、经济等方面的风险评估。要把风险评估结果作为决策的重要依据，未经风险评估的，一律不得做出决策；要把公众参与、专家论证、风险评估、合法性审查和集体讨论决定作为重大决策的必经程序；建立完善部门论证、专家咨询、公众参与、专业机构测评相结合的风险评估工作机制；要加强重大决策跟踪反馈和责任追究。在重大决策执行过程中，决策机关要跟踪决策的实施情况，通过多种途径了解利益相关方和社会公众对决策实施的意见和建议，全面评估决策执行效果，并根据评估结果决定是否对决策予以调整或者停止执行。对违反决策规定、出现重大决策失误、造成重大损失的，要按照谁决策、谁负责的原则严格追究责任。汪玉凯（2008）指出，新的决策机制，不仅明确规定了政府决策的程序、机制等，而且强调了公开、透明以及各方对决策过程的监督。

重大工程设施的建设是与群众利益密切相关的重大事项。2011年，《中共中央关于制定国民经济和社会发展第十二个五年规划的建议》中明确提到“建立重大工程项目建设和重大政策制定的社会稳定风险评估机制”。2012年8月16日，国家发改委颁布了《国家发展改革委重大固定资产投资项目社会稳定风险评估暂行办法》（发改投资〔2012〕2492号），对社会稳定风险评估的地位、程序、内容、风险分级、处置办法等做出了框架性规定（见表4-2）。2012年，中共十八大报告进一步提出，要建立健全重大决策社会稳定风险评估机制。这些中央、国家层次上的文件及规定，是对我国社会管理实践经验的总结，也是对我国主要领导人社会稳定思想的贯彻，无不体现出“源头治理、基层化解、预防为主”的原则。

表4-2　《国家发展改革委重大固定资产投资项目社会稳定风险评估暂行办法》主要内容

项　目	内　容
评估的地位	项目单位在组织开展重大项目前期工作时开展评估。 社会稳定风险分析应当作为项目可行性研究报告、项目申请报告的重要内容并设独立篇章
评估程序	调查分析→征询相关群众意见→风险评估→提出防范和化解风险的方案措施→提出采取相关措施后的社会稳定风险等级建议
评估内容	查找并列出风险点、风险发生的可能性及影响程度
风险分级	重大项目社会稳定风险等级分为三级： 高风险：大部分群众对项目有意见、反应特别强烈，可能引发大规模群体性事件。 中风险：部分群众对项目有意见、反应强烈，可能引发矛盾冲突。 低风险：多数群众理解支持但少部分人对项目有意见，通过有效工作可防范和化解矛盾
处置办法	评估报告认为项目存在高风险或者中风险的，国家发展改革委不予审批、核准和核报； 存在低风险但有可靠防控措施的，国家发展改革委可以审批、核准或者核报国务院审批、核准，并应在批复文件中对有关方面提出切实落实防范、化解风险措施的要求

续表

项　目	内　容
评估问责	评估主体不按规定的程序和要求进行评估导致决策失误，或者隐瞒真实情况、弄虚作假，给党、国家和人民利益以及公共财产造成较大或者重大损失等后果的，应当依法依纪追究有关责任人的责任

在社会风险高位运行的总体背景下，一些地方政府为化解社会风险、预防社会矛盾，开始对一些影响广泛的决策进行社会风险评估。2005 年，四川遂宁开展社会稳定风险评估，摸索出“五步工作法”（见图 4－7）（刘裕国，2006），是当前社会稳定风险评估的雏形。2007 年，江苏淮安、浙江定海、上海等地也开始了重大决策社会稳定风险评估实践。各地的评估程序不尽相同，基本可归纳为如下几个步骤：①成立评估小组，由责任主体牵头成立风险评估小组，组织相关部门、单位及有关专家、学者进行论证，组长一般由提出重大决策事项的主要负责领导担任；②确定评估项目；③制定评估方案；④组织进行评估；⑤落实维稳措施；⑥提交评估报告（陈伟、马帅、朱洁、黄有亮，2011）。

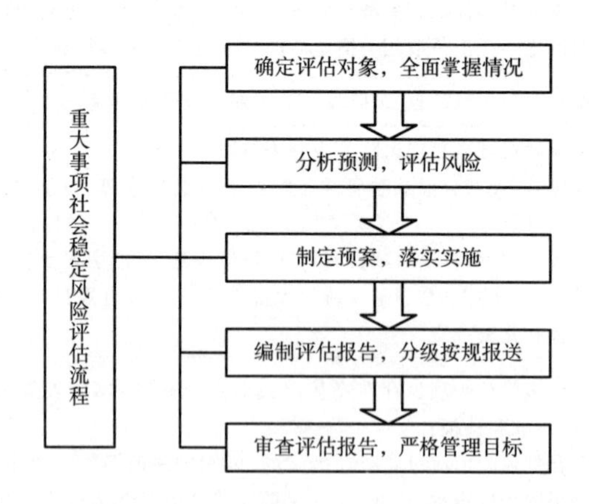

图 4－7　四川遂宁重大事项社会稳定风险评估的“五步工作法”

地方政府在“稳评”方面的探索引起了党和国家的高度重视。2010年，《国务院关于加强法治政府建设的意见》（国发〔2010〕33号）在“坚持依法科学民主决策”的专题下提出要“完善行政决策风险评估机制”（见表4－3），要求“凡是有关经济社会发展和人民群众切身利益的重大政策、重大项目等决策事项，都要进行合法性、合理性、可行性和可控性评估，重点是进行社会稳定、环境、经济等方面的风险评估。建立完善部门论证、专家咨询、公众参与、专业机构测评相结合的风险评估工作机制，通过舆情跟踪、抽样调查、重点走访、会商分析等方式，对决策可能引发的各种风险进行科学预测、综合研判，确定风险等级并制定相应的化解处置预案。要把风险评估结果作为决策的重要依据，未经风险评估的，一律不得做出决策”，第一次在国家正式文件中对社会稳定风险评估的范围、主体、方法及应对方式等提出了具体要求。

表4－3　完善行政决策风险评估机制的主要内容

项　目	内　容
评估范围	凡是有关经济社会发展和人民群众切身利益的重大政策、重大项目等决策事项
评估标准	决策的合法性、合理性、可行性和可控性
评估内容	社会稳定、环境、经济等方面的风险
评估方法	舆情跟踪、抽样调查、重点走访、会商分析等
风险应对方式	确定风险等级并制定相应的化解处置预案
评估的地位	把风险评估结果作为决策的重要依据，未经风险评估的，一律不得做出决策

四　我国以政府和企业为主导的邻避决策模式

从上面的分析可以看到，我国的PX项目选址采用了政府和企业主导的封闭决策模式。从决策主体上看，企业是拟建PX项目的最初动议者，政府在选址过程中本来应该承担的职责是环境影响和社会风险的评价和审批，但是在“GDP 导向”下，政府往往对投资大、关联性强的 PX 项目具有强烈的偏好，因此具有强大的内在动力推动 PX 项目的建设。政府和企业决定 PX 项目的主要事项，包括选址的确定。

值得注意的是，厦门 PX 事件之后，我国的邻避设施选址模式得到了一定程度的反思。在邻避设施选址实践中也出现了一些积极变化，比如在漳州、昆明、茂名等地的 PX 选址中都展开了不同程度的风险沟通，并且公开资料显示这种风险沟通是选址工作的“规定动作”之一。近年来，不断强化的“环评”和“稳评”制度逐步引入公众参与，打破了原有的封闭决策模式。我国的邻避决策模式正朝科学化、民主化的方向发展。

第四节 邻避决策模式的理论分析框架：风险、利益和信任

常见的公共决策模式分析框架常常是从决策所包含的要素展开的，如决策主体、决策结构和决策过程等。本书旨在分析邻避决策的效果，尝试从影响邻避决策结果的关键维度入手构建理论分析框架。基于前述章节的文献基础和我国邻避案例的初步研究可以发现，邻避决策中需要综合考虑的三个维度是：风险、利益和信任。本节对三个维度中的观测变量及其相关关系展开阐述，试图为后续的案例比较、量化分析和改进邻避决策的实现路径等问题提供一致性的分析框架。由于邻避决策是一种典型的风险决策，因此，本书的分析框架既借鉴了风险治理的有关思想，同时也对邻避选址以外的风险问题具有一定的适用性。

一 风险（Risk）：邻避冲突的起点

邻避问题是各个工业化国家进入风险社会后普遍面临的问题。

Beck（1992）指出风险社会的关键原则就是对风险的分配，这种分配关系正是通过公共决策而完成的。邻避冲突来源于风险分配的失衡：邻避设施的潜在风险被配置给特定的人群和地区，而其他人群和地区却因此而规避了潜在风险。因此，风险是邻避决策需要考虑的首要因素。

风险既是一种客观存在，又是一种主观感受（Renn，2008）。客观存在意味着风险可以通过特定的技术方法对风险发生的概率和可能产生的危害进行准确估计，从而对风险规模给出准确判定。主观感受意味着风险作为个体的心理感知因人而异。技术专家倾向于从客观存在的角度评价风险规模，而公众则是根据个体的直观感受来做出风险判断。遗憾的是，在大部分风险问题上，专家和公众的风险判断出现了巨大差距。这种差距在邻避设施的风险判断中一览无遗。以 PX 项目为例，技术专家从毒性、易燃性、爆炸性和污染性等多个角度判断 PX 项目的风险都是不高的，但是在公众的风险感知中，PX 项目被妖魔化为“定时炸弹”，似乎随时都有可能摧毁一座城市。正是这种风险感知形成了公众的普遍担忧，在一些情形下还进一步演化为抗议行动。

在风险维度下，邻避决策分析框架至少要考虑以下几个观测变量：风险评估、风险感知、风险沟通和风险管理。其中风险评估和风险管理是处理邻避风险的客观维度。风险评估从技术的角度测算邻避设施可能造成的健康、环境和安全风险。我国现有的邻避决策过程中选址规划论证、环境影响评估等环节都需要对邻避设施的客观风险做出明确评价。风险管理则是采取措施减少客观风险可能造成的实际危害。风险管理通常采用规避、转移和控制等手段。在邻避设施选址中，可以采取在技术上选择人口稀少的地区，或者采用将设施集中布局于独立的工业园区等方式规避大规模影响居民生活的风险，还可以通过购买保险转移房产价格下跌的风险，更重要的是政府监管部门通过改进技术手段、提高监管标准等方式有效控制风险。

风险感知和风险沟通则是处理邻避风险的主观维度。虽然个体在主观风险感知方面具有异质性，但是研究者还是发现了一系列影响风险感知的关键因素，这些发现使得对某一群体的风险感知进行总体评价成为可能。Slovic（1987）的经典著作提取了影响风险感知的两个重要维度：严重性和未知性，即严重性高的风险、人们不熟悉的风险容易形成较为严重的风险感知；相反，危害程度不高且司空见惯的风险则常常被人们主观忽略。我国现有邻避决策过程中的社会稳定风险评估就是要聚焦公众特别是周边居民的风险感知，从社会心理和行为的角度对社会风险做出判定。

风险沟通是为了弥合专家与公众在风险感知上的差距而产生的一系列知识交流活动。早期的风险沟通是“说服式”的沟通，由技术专家向普通公众单向度地传递知识，扭转公众对风险感知的偏差。实践证明这种“说服式”沟通收效甚微，研究者提出要根据公众的“心智模型”展开有效风险沟通（Morgan，Fischhoff，Bostrom，Atman，2001）。在邻避设施选址中，通过风险沟通引导公众理性认知邻避设施风险是决策中需要考虑的内容，目前已经有宣教式沟通和体验式沟通等多种形式的实践。

有效的风险管理措施从客观上抑制了邻避设施的风险，风险沟通则从主观上降低了公众的担忧。对邻避决策的分析离不开对风险变量的考查。在风险维度下，后续的实证研究将探究如何从客观和主观的角度降低邻避设施的风险、如何评估技术风险和主观风险、什么样的风险管理和风险沟通措施有利于推动邻避设施的选址等问题。

二　利益（Benefit）：风险－利益之间的权衡

邻避设施引发抗议的起点是其潜在的风险，那么邻避设施是否也带来收益可以抵消这些风险呢？利益成为邻避决策中的一个重要考量因素。邻避设施带来的利益因设施性质不同而有差异，有的利益很难货币化，或者难以直接度量，比如核电项目为国家能源战略带来利益，垃圾处理设施等带来的收益体现为地区性的环境改善，而发展性工业项目带来地方经济发展，也为当地创造就业机会，从而为周边家庭带来直接收益。从邻避决策的角度出发，决策者需要了解利益是如何改变公众对邻避设施的接受意愿的（Willingness to Accept，WTA）。具体而言，利益的吸引力在多大程度上抵消风险造成的阻力，即“风险－利益权衡”（risk-benefit tradeoff）。

邻避决策中关注的是“风险－利益权衡”结果对WTA产生的影响，因此这里的“利益”着眼于公众所感知到的利益（perceived benefits），其通常可以区分为邻避设施对国家的收益、对所在地区的收益以及对个体/家庭的收益。经济学家采用预期效用函数分析利益对WTA的作用，利益变量的引入改变了原有的效用函数，从而产生不同的效用结果。“风险－利益权衡”是在经济学理论下按照严格的理性“经济人”假设而展开的。

“风险－利益权衡”直接推导出经济补偿工具在邻避决策中的应用（O'Hare，Bacow，Sanderson，1983）。经济理论认为邻避问题本质上是风险分配的空间不均衡，是市场机制无法解决的负外部性问题，可以通过“看得见的手”改变利益分配结构。以垃圾处理设施为例，可以在设施服务的地域范围内统一收取垃圾处理服务费，对设施选址社区提供经济补偿，从而改变原有的不平衡的风险分配结构。这种补偿可以是直接的货币补偿，也可以是针对社区的实物补偿。

早期的经济补偿方案重点研究了直接货币补偿对WTA的影响。Kunreuther，Easterling（1990）的理论模型和实证结果都支持了经济补偿方案对提升WTA的积极作用。但是，后续的诸多研究提出了对直接经济补偿的批评。批评的原因主要基于以下几种观点：一是“收买论”，认为直接经济补偿不仅不会提升 WTA，反而会适得其反，因为设施周边居民会感受到是在牺牲自己和后代的环境而被“收买”；二是“挤出论”，认为市场化的解决方法会挤出公众原有的合作动机，变得唯利是图，甚至在选址问题上讨价还价；三是“环境正义论”，认为最有可能接受经济补偿的是收入水平低下的社区阶层，那么环境风险设施就会集中于经济较为落后地区，影响环境正义。

可见，利益维度及与此相关的经济补偿方案在化解邻避冲突中还存在诸多争议。那么，利益到底如何影响邻避决策的结果，邻避决策是否可以运用经济补偿工具，或者在什么条件下可以使用经济补偿工具，这些问题都会因社会经济条件不同、风险性质不同而有所不同，需要在我国国情下根据特定设施类型展开分析。

三　信任（Trust）：利益相关者的互动关系

风险和利益是与邻避设施本身密切相关的维度，而信任是涉及利益相关者的互动关系。信任在所有的风险决策中都至关重要，这是由于风险本身具有不确定性，个体在不确定条件下的决策受知识水平、信息供给以及时间约束等方面的限制，因此信任作为一种简化机制为个体的风险决策提供了极大的帮助。比如，当人们无法确定邻避设施会造成哪些危害的时候，一个简便的办法就是选择信任技术专家的判断，也有可能选择信任大多数人认同的判断，从而节省了繁杂的技术分析。

邻避设施选址的通常情况是公众对选址决策充满不信任（Kasperson，Golding，Tuler，1992）。这种不信任严重妨碍了公共机构、技术专家与公众之间的风险沟通。一些研究指出，公众对风险管理机构的不信任是导致其对邻避设施反对的重要原因（Flynn，Burns，Mertz，Slovic，1992），而跨文化的研究则表明，公众对公共部门信任水平高的国家更容易在邻避选址中取得成功（Slovic，1993）。因此，提升信任成为邻避决策的重要考量因素。

研究者从不同角度提出了风险决策中影响信任的主要因素[①]。综合起来看，影响信任的因素可以简化成两个维度：基于“能力”的信任和基于“意愿”的信任。知识和专业性等都属于“能力”维度，而更多的影响因素可以归为“意愿”，即风险管理机构是否愿意有效管控风险，如客观、公正、开放等因素。在邻避问题中，研究者从制度设计的角度提出了建立信任的各种方案。如扩大公众参与程度（Jasanoff，1998）、通过推行民主协商提升公众在高风险问题中对政府的信任程度（Fiorino，1989；Slovic，1993），以及推动决策过程中的程序公正以提升信任（Lober，1995）。

为了系统寻找邻避决策中影响公众信任的关键因素，本节将沿着从核心到外围的思路层层推进（见图4－8）。首先，最直接、最根本的影响因素是风险管理者[②]的行为，包括政府的“能力”和“态度”两个方面。这是信任维度的核心部分，研究结论直接回答政府可以通过改变哪些风险管理行为获得和巩固公众信任。其次，公众信任还与风险本身的性质相关。本书通过不同类型的邻避设施选址案例比较了公众参与、程序公正及信任水平，在案例比较中，“政府行为→公众信任”的关系仍然是考察的重点，只不过在特定的风险特征下对这对关系进行了更加细致的实证研究。最后，公众信任受到整体社会背景的影响。这种社会背景（social context）包括一个国家或地区已经建立的风险管理体制、公众参与方式、信任的文化背景、媒体环境等因素。

① 参见第二章表2－1。

② 本研究中风险管理者特指政府及其相关部门，而不考虑企业等主体。

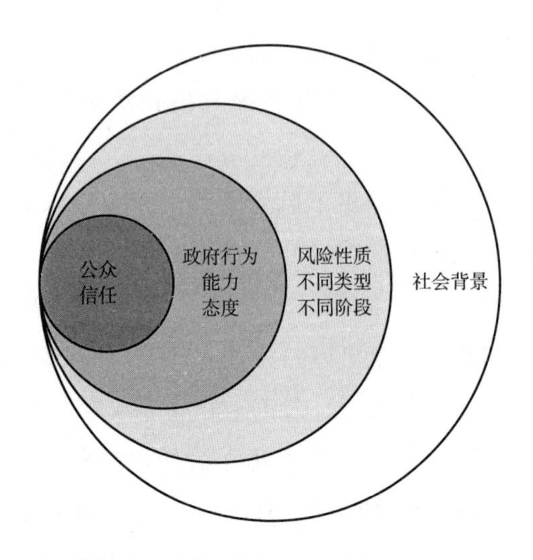

图 4 –8　邻避决策中公众信任的研究路径

四　“风险 – 利益 – 信任” 分析框架

风险、利益和信任三个维度不是孤立的，而是一个相互联系的综合框架。这是因为邻避问题本身是一个综合了技术、经济和社会多角度的跨界问题，任何单一维度的分析都会使邻避决策陷入片面，无法保证决策的科学性、合法性和可执行性。邻避决策需要一种系统性的分析框架（Kasperson，Golding，Tuler，1992）。“风险 – 利益 – 信任” 框架的建构正是对综合分析的一种尝试。

在风险维度下，邻避设施代表的基本风险性质是邻避决策分析的出发点。第三章描述中国式邻避运动时，主要描述了以 PX 项目设施为代表的系列邻避事件。第五章即将展开的案例分析将扩展到不同类型邻避设施，包括 PX 项目、垃圾处理设施、污水处理管道等。邻避决策既要关注这些设施的客观风险，更要关注周边居民及其他利益相关者主观感知的风险。邻避决策一方面通过风险评估确定风险来源、规模和可容忍度，在此基础上设计风险降低和控制策略；另一方面采用社会调查、舆情分析和大数据挖掘的方法分析公众风险感知，在此基础上设计有效的风险沟通方案。降低邻避设施的客观风险是维护公共安全的基本要求，而降低普通公众的主观感知风险则是提升邻避设施接受度的关键点。

在利益维度下，邻避决策采用“风险－利益权衡”的方法研究公众感知到的利益以及各种形式的经济补偿对提升邻避设施接受度的影响。本书中的案例分析将邻避设施的国家、地区和个体/家庭层次的利益作为重要的观测变量，在问卷调查中直接测度了公众感知到的三个层次的利益。本框架还重点分析了经济补偿工具的作用，包括补偿内容和形式、补偿对象、补偿时机和期限等，在案例分析和量化分析中都展开了研究。

在信任维度下，本框架按照“问题框定→方案设计→政策执行”决策过程的线索讨论了科层式与协商式决策、前置型和补救型决策的差异，特别是各种决策模式中的信任水平，并分析了信任对邻避设施接受度的影响，也向上追溯影响信任水平的各种因素，尤其是程序公正对信任水平的影响。

风险、利益和信任将作为三个关键维度回答公众邻避设施接受度的问题，其中还将考虑人口变量和地区变量等控制变量。在理论研究和实证分析的基础上，邻避决策可以从三大维度出发设计科学性、引导性、激励性和民主性运行机制，最后还会在框架内探讨改进邻避决策模式的制度条件和能力要求（见图4－9）。

考虑多种因素的交互作用是“风险－利益－信任”框架的一大特色。在分别分析了三大维度内部的主要变量之后，本书还采用结构方程模型等方法探究三大维度之间的相互影响。

另外，目前对经济补偿的效果尚未得出一致性结论，一个重要原因是经济补偿的接受度总是与特定的风险类型联系在一起，

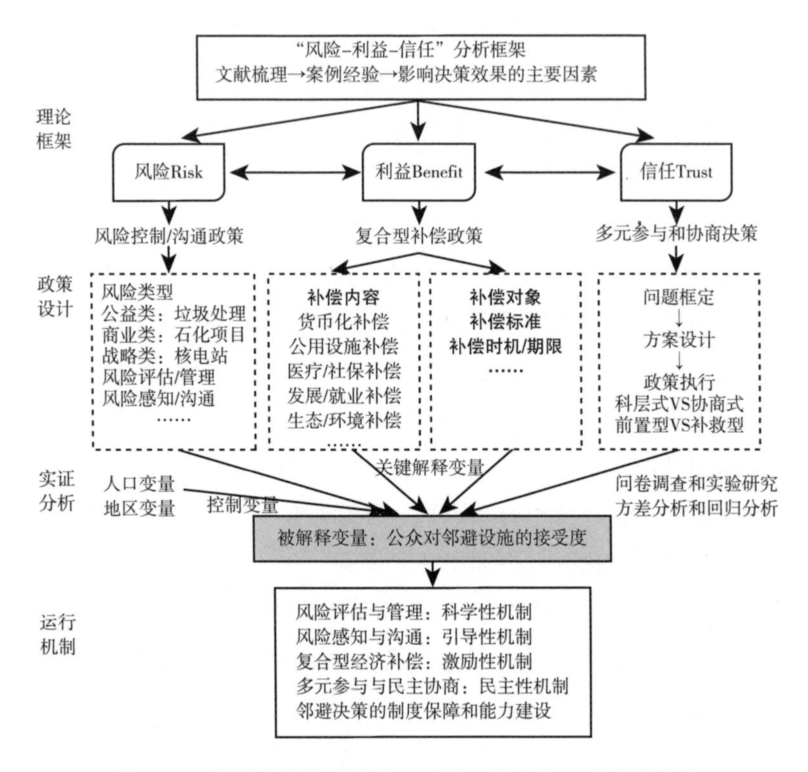

图4-9　邻避决策的"风险-利益-信任"理论分析框架

研究者发现低风险的邻避设施中，经济补偿的积极作用十分明显（Claro，2007），而在高风险邻避设施中则引起周边居民的强烈反感（Frey，Oberholzer - Gee，Eichenberger，1996）；还有研究表明，经济补偿在扩建项目中效果明显，而在新建项目中经常遭到反对（Ferreira，Gallagher，2010）。这充分说明，单独讨论经济补偿效果毫无意义，必须采用"风险-利益权衡"的方法将两者结合起来考虑，才能揭示经济补偿在特定设施中的作用。经济补偿的效果还与补偿政策的内容设计和决策过程密切相关。邻避决策模式有自上而下决定的，也有通过协商达成共识的，其补偿工具的结果可能截然不同。决策方式和过程可能涉及信任的维度。

由此可见，"风险-利益-信任"的综合性框架在分析邻避决策时具有优势，主要体现在三个方面：第一，多维度综合的分析框架契合了邻避问题涉及心理、经济和社会多领域跨界问题的本质特征，有利于对邻避问题展开全面系统分析；第二，该分析框架为邻避决策实践者提供了一个概念图谱，使其可以从中寻找化解邻避冲突的各种要素，并理解要素之间相互补充的关系；第三，该分析框架在分析与邻避决策类似的风险决策中具有拓展性，可以为其他类型的风险决策提供借鉴。

第五章 中国式邻避决策的多案例分析

我国邻避运动兴起的时间不长，但是产生了大量“中国式邻避”的典型案例。本章从“风险 - 利益 - 信任”的框架出发，对我国近年来典型邻避问题决策模式展开定性研究。本章选取的案例，既有选址成功的案例，也有选址搁浅的案例，还有实现了从“邻避”到“迎臂”转折的案例，从中获得的经验在不同的背景中各有亮点，但是又共同指向了以协商和合作为基础的邻避决策模式的发展和完善。本章的多案例研究呈现的是我国邻避运动的一个缩影，可以观察到公众行为与邻避决策模式的互构。单个邻避事件可能在短期和局部影响了社会秩序，但从长期来看，在应对邻避问题中持续的政策学习不仅改善了我国邻避决策模式，而且对推动国家治理现代化也起到了积极作用。

第一节　漳州 PX 项目成功选址的案例

2007 年厦门 PX 事件之后，全国反 PX 浪潮高涨。在这样极其不利的背景下，由厦门迁出的 PX 项目成功落户漳州，选址过程相对平稳顺利，成为“十一五”期间唯一一个建成投产的 PX 项目（谢开飞，2015），为我国邻避设施选址留下了一个珍贵的成功案例。本节全面梳理了漳州 PX 项目选址过程，以“地方经济利益”和“双层地方政府竞争”为主线，解释了地方政府争夺和推进 PX 项目的内因，说明了 PX 项目选址决策由地方经济发展目标所主导，尚未进入经济、环境、社会等多目标权衡的决策议程。而选址过程的描述则总结了漳州 PX 案例对缓解选址冲突、加强风险沟通所进行的有益探索。以基层政府为主体的地方政府，通过成功的风险沟通，形成了一批支持项目建设的中坚力量，其通过党政机关、教育系统和社区工作者与普通群众进行面对面的宣教活动，在一定程度上建立了社会信任。

一　选址缘由：双层地方政府竞争

漳州 PX 项目从厦门迁址而来。该项目原定选址位于厦门市海沧区，2007 年受到厦门当地市民的激烈抗议而被迫迁址。当 PX 项目在厦门受到市民阻击的时候，与厦门毗邻的漳州市却在积极引进该项目。2008 年 5 月，漳州市与翔鹭集团旗下的腾龙芳烃（厦门）有限公司正式签订投资协议书，计划总投资 137.8 亿元，年生产对二甲苯（PX）80 万吨。漳州 PX 项目最终落址于漳浦县古雷半岛。古雷半岛面积约 40 平方公里，航运潜力大，有充足的工业用地，还拥有丰富淡水资源，与漳州市中心直线距离 70 公里，与厦门市直线距离 81 公里。古雷半岛拥有天然深水良港，是中国八大深水港之一，从“十五”期间就开始建设石化产业基地，但在福建省石化产业发展的“十一五”规划中，没有一个重点项目落户古雷。

自然条件的优越是 PX 项目落址古雷半岛的必要条件，但并非充分条件，仅从自然条件的角度理解漳州 PX 项目的选址缘由是远远不够的，特别是无法解释省市地方政府官员对 PX 项目求之若渴的迫切态度。在我国的行政管理体制中，国家对地方官员的治理采取的是“晋升锦标赛”模式。以 GDP 增长为指标的锦标赛不仅作为强有力的激励机制极大地调动了地方官员发展经济的积极性，同时也是我国粗放和扭曲型经济增长的制度根源之一，因此产生了严重的环境污染和能源消耗问题（周黎安，2007）。本小节构建了“双层地方政府竞争”模型（见图5－1），认为省级地方政府和市级地方政府都承受着经济发展和产业转型的压力。省级地方政府在全国石化产业布局中面临与其他省区的竞争，投资数额大、辐射能力强的石化项目是许多省级政府在全国的石化大局中争夺的焦点。对市级地方政府而言，通过大型投资项目引领地方工业化转型是发展地方经济的核心举措。

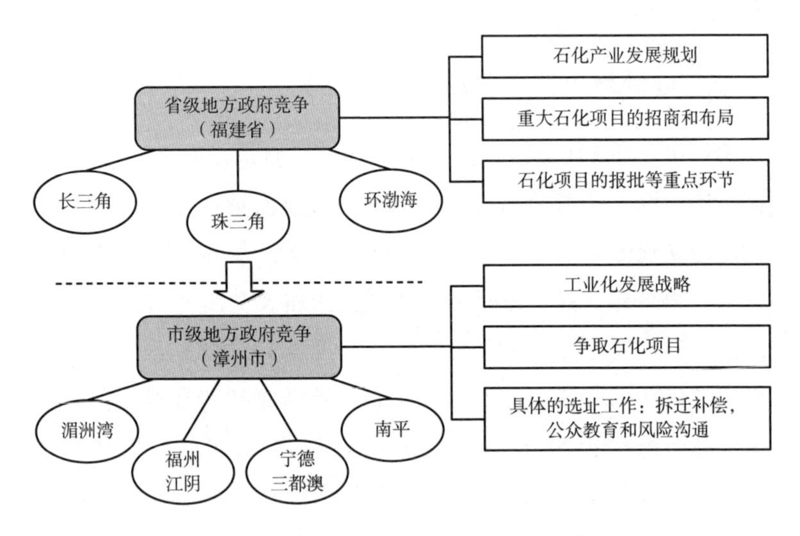

图5－1　重大石化项目选址中的双层地方政府竞争模型

就漳州古雷PX项目而言，省级地方政府间的竞争主要是福建省与长三角、珠三角、环渤海湾地区等传统石化基地间的竞争（见图5－1）。福建省的石化工业起步较晚，省级政府通过制定石化产业发展规划，配套优惠政策进行重点发展。政府还通过对重大石化项目的招商引资落实发展规划。在向国家发改委、环保部申请报批石化项目的环节中，省级政府常常不遗余力，在省内为重大项目大开绿灯，还动用省级政府的资源到相关部委重点攻关。省级地方政府的这些举措都是为了在石化产业的激烈竞争中占得优势，这是各地地方政府的普遍做法。当具有台资背景的腾龙芳烃 PX 项目在厦门遭受抗议时，福建省政府仍然积极地进行统筹布局，在省内其他地区为该项目寻找新址。在省级政府进行石化布局时，市级地方政府也动用资源积极引进该项目。漳州市古雷石化区虽然有一定的产业基础，但是在腾龙芳烃 PX 项目进入之前，没有一个被列入“十一五”规划的重大石化项目，与福建省内其他几个石化基地（如湄洲湾、福州江阴、宁德三都澳、南平等地）相比实力显得十分薄弱（见图 5－1）。漳州市政府在保障项目落地、维护社会稳定方面立下了军令状，最终将 PX 项目争取到手，大大推动了漳州市的工业化进程。下文在“双层地方政府竞争”模型下对漳州 PX 选址的缘由展开了更加深入的分析。

（一）省级地方政府竞争

石化产业是我国国民经济的支柱产业，资源资金技术密集，产业关联度高，经济总量大，产品广泛应用于国民经济、人民生活、国防科技等各个领域，对促进相关产业升级和拉动经济增长具有举足轻重的作用。国家高度重视石化产业的总体布局，通过各种发展规划引导石化产业按照近市场、近资源地的原则进行布局。“十一五”期间（2006～2010），我国已经形成长江三角洲、珠江三角洲、环渤海地区三大石化产业集聚区及 22 个炼化一体化基地。上海、南京、宁波、惠州、茂名、泉州等化工园区和基地已达到国际先进水平[①]。

福建省从 2000 年起将电子信息、机械装备、石油化工确定为“十五”期间的三大主导产业。2003 年福建省编制的《石油化工产业发展规划》提出了发展石化产业链的思路，规划了八大产业链，其中一条是“芳烃－聚酯及非纤用聚酯－涤纶－纺织服装产

① 工业和信息化部：《石化和化学工业“十二五”发展规划》，2012 年 2 月 3 日，http：//www.miit.gov.cn/n11293472/n11293832/n11293907/n11368223/n14450266.files/n14450225.pdf，访问日期：2014－03－25。

业链”，以重石脑油或凝析油为原料生产对二甲苯，并进一步生产对苯二甲酸、聚酯，分别用于聚酯纤维、聚酯瓶、包装膜、工程塑料等下游产品的生产。在各种有利政策的扶持下，“十五”期间福建省石化产业的发展驶入快车道。2005 年底，全省规模以上石化工业总产值 569.69 亿元，与“九五”末的石化工业总产值 169 亿元相比，翻了近两番。

但是，福建省的石化产业起步晚，基础薄弱，在全国的石化产业中竞争优势不明显。2008 年，福建省石化产业总产值 945 亿元，占全省规模以上工业总产值的 6.24%，占全国石化产业总产值的 1.44%，居全国第 19 位。石化产业已经成为福建省经济发展中长期规划中的重要战略布局。厦门市民反对 PX 项目的事件亦无法阻挡地方政府做强石化产业的勃勃雄心。对石化项目的争夺始终是福建省政府发展经济的重点工作之一。有资料表明，福建省政府为保留 PX 项目做出了巨大努力，“当时山东青岛、浙江宁波等一些沿海沿江省市想借‘厦门风波’把该项目拿到手，而且竞争得很厉害。省委、省政府想方设法，请求多方支持，好不容易才留住了该项目”（苏永通，2009）。正是在这样的背景下，已经与福建省达成投资意向的腾龙芳烃 PX 项目不可能流走他乡。2007 年 12 月 15 日，福建省政府召开所有省委常委参加的专项会议，决定迁建厦门海沧 PX 项目，预选地为漳州市漳浦县的古雷半岛。这是明确的省级政府对石化产业的统筹布局行为，充分说明了追求地方经济发展是省级地方政府的基本决策逻辑。

2009 年，福建省石化产业获得了新一轮发展机遇。这一年国家先后出台与福建经济发展密切相关的两个重要文件。一是国务院发布了《关于支持福建省加快建设海峡西岸经济区的若干意见》（国发〔2009〕24 号），以福建省为主体的周边 20 个市将成为北承长三角、南接珠三角的重要经济区域。石油化工是该区域的三大支柱产业之一。二是国务院制定了《石化产业调整和振兴规划》，该规划提出按照炼化一体化、园区化、集约化的原则优化石化产业布局，同时要严格控制新上马的石化项目。这意味着新一轮石化产业布局即将完成，今后要批建新的石化产业基地将会变得十分困难。2009年下半年以来，福建省抓住国家支持海峡西岸经济区加快建设的机遇，立足区位、港口优势，通过大力推进产业结构调整和振兴规划，迅速有力地推动石化产业做大做强。中国四大石油公司中石化、中石油、中海油、中化集团等央企纷纷在福建省展开战略布局。台湾石化产业加快向福建省转移，一批实力民企也纷纷进军福建重化工业。福建省政府2009年制定了《福建省石化产业调整和振兴实施方案》。石化产业将对福建省未来的经济发展发挥更加重要的支撑作用。对石化项目的招商引资也会是地方政府的一项长期任务。2011年，福建省规模以上石化企业实现工业总产值首破2000亿元大关，达2011.06亿元，全省石化工业产值在全国居第17位（陆天然，2012）。其中，福建联合石油化工有限公司和翔鹭石化股份有限公司产值超百亿元。

（二）市级地方政府竞争

厦门PX事件无法动摇福建省发展石化产业的战略布局决心，但是改变了省内石化产业的空间布局。“十五”和“十一五”期间，福建省最大的两个石化基地分别是湄洲湾泉港基地和厦门海沧基地。2005年厦门海沧基地实现石化工业总产值172亿元，占福建省石化工业总产值的30.05%。受2007年厦门PX事件的影响，海沧已经难以作为任何新的石化项目的选址。厦门市海沧区原来为腾龙芳烃PX项目准备的土地已经撂荒7年，其作为石化基地的地位逐渐淡化。

在“十五”期间，福建省除了已经初具规模的湄洲湾泉港石化工业基地和厦门海沧石化工业基地之外，还有福州江阴工业区的化工园区、漳州古雷港化工区、宁德三都澳港区以及南平精细化工区等基地处于积极规划之中，并开始着手进行前期基础设施建设。这些规划中的新兴石化产业基地成为厦门 PX 项目的潜在竞争者。而彼时的古雷石化基地在“十一五”规划中没有获得一个重点项目，古雷在多个石化园区的实力对比中并没有明显优势。

漳州市长期以来是一个以农业、渔业为主的城市。面对周边厦门、泉州一座座工业化城市的崛起，漳州市从 2002 年开始确立了“工业立市”的发展战略，正式加入工业化竞争中。但是漳州市工业化的进程并非一帆风顺，其始终没有在激烈的地方竞争中凸显特色和优势。就在 2004 年，漳州市还一度打算开发古雷半岛笔架山至莱屿列岛旅游景区项目，力争把古雷半岛建设成一个以“海岛艺术、滨海度假”为主题的国家 4A 级旅游区。这种战略选择是工业发展未见起色的一种无奈之举。直到 2007 年，厦门市民的集体“散步”为古雷带来了机遇。

2007 年 8 月，当 PX 项目在厦门受到阻力的时候，漳州市召开市政府专题会议并达成共识：跟踪落实翔鹭化工重特大项目，促进项目尽快签约报批。漳州市政府不失时机地到福建省发改委等相关部门呈交材料，论证了古雷作为 PX 项目建设选址的优越性，并最终在与宁德、南平等地的竞争中胜出。2007 年底，当厦门市民、人大代表等多方都否决了 PX 项目之后，福建省委、省政府将 PX 项目的选址拟定在漳州古雷。古雷经济开发区自 2003 年设立以来，招商引资进度一直较为缓慢。PX 项目进入漳州之前，当地引进的最大项目仅投资 3.6 亿元，PX 项目的落地是漳州市改革开放 30 多年来获得的最大产业布局，承载着这座城市的工业梦想。漳州市主管经济发展的地方官员一致认为“能够争取到 PX 项目，确确实实是百年不遇、千载难逢的大好机遇，而根本就不是‘别人不要我们要’‘饥不择食抢着要’的问题”（苏永通，2009）。

事实上，PX 项目的引进的确为漳州市的工业梦想插上了翅膀。在“十二五”期间，福建省着力建设的四大石化基地分别是：湄洲湾、漳州古雷、福清江阴、宁德溪南半岛（见表 5－1）。福建省在 2009 年制定了《福建省石化产业调整和振兴实施方案》，在此方案中，漳州古雷替代原来的厦门海沧成为福建省重点建设的两大石化产业基地之一。漳州古雷从名不见经传的后起之秀一跃为海西区第二大石化基地，2008 年引入的 80 万吨/年 PX 项目和 150 万吨/年 PTA 项目功不可没，形成了以化纤聚酯为主的石化产业链，并进一步形成石化产业集聚，近中期还将建设千万吨级炼油、百万吨级乙烯的石化基地。从这个意义上说，古雷石化基地借助厦门迁出的 PX 项目挤进了全国产业布局的“版图”，是地方政府在实施经济发展战略中的成功案例。在海西经济开发区建设的大背景下，古雷开发区将建设闽台石化上、中、下游产业一体化体系，建设古雷台湾石化产业园区，总投资约 1000 亿元，年产值可达 2200 亿元[①]。

表 5－1　福建省“十二五”期间重点建设的四大石化产业基地

基地名称	地点	主要项目
湄洲湾石化基地	泉州市泉港区 莆田市仙游县	炼化一体化项目:1200 万吨/年
漳州古雷石化基地	漳州市漳浦县古雷半岛	PX 项目:80 万吨/年 PTA 项目:150 万吨/年 向上游推进炼化一体化项目
福州江阴化工新材料专区	福州市福清市江阴经济开发区	承接福州市区化工企业战略性搬迁转移，并积极推进 CPP、聚丙烯及下游产业链项目建设
海西宁德工业区石化产业园	宁德溪南半岛	1000 万立方米储油和 300 万吨 LNG 项目

① 《漳州古雷 PX 项目明年上半年调试下半年正式投产》，东南网，http://www.fjsen.com/d/2010－02/25/content_2828138.htm，发布日期：2010 年 2 月 25 日，访问日期：2014 年 3 月 10 日。

二　选址过程：引导和管制并重

“双层地方政府竞争”模型解释了PX项目在遭受厦门强大民意反对的背景下为何受到漳州地方政府的持续青睐，但是解释不了该项目为什么在漳州的落址较为顺利平稳。本小节描述了漳州PX项目选址过程中的多主体互动，特别凸显了以基层政府为主体的“教育引导”和“舆论管制”并重的选址策略为成功选址所做出的贡献。在对选址过程有了清晰描述的基础上，下一小节将总结漳州PX项目选址成功的主要经验。

在强烈的反PX浪潮中，漳州PX项目选址虽然获得成功，但是其过程并非一帆风顺。2008年全国两会期间，PX项目选址尚处在意向阶段，漳州东山县部分民众对PX项目落户采取了反对行动（见表5－2）。东山岛与古雷半岛隔海相望，以渔业和旅游业闻名，尤其是旧县城铜陵县，距离PX工地只有12公里。2007年底，厦门PX事件平息后，关于PX剧毒的传闻很快波及铜陵县这座海岛县城，内容与厦门PX风波中的传闻基本相同。2008年10月，古雷征地正式启动后，各种传闻同样传遍古雷半岛。由于有厦门PX事件的前车之鉴，漳州市推进PX项目的工作异常谨慎，以全市动员的形式开展了深入细致的群众风险沟通工作。这些工作在实现“关口前移”、预防社会矛盾方面卓有成效。

表5－2　漳州古雷PX项目选址大事记

时间	项目进展
2007年	古雷港区的规划环评获得环保部通过，该环评工作由清华大学环评中心与福建省环科院合作完成
2007年12月15日	福建省政府召开所有省委常委参加的专项会议，决定迁建厦门海沧PX项目，预选地为漳州市漳浦县的古雷半岛
2008年2月29日	东山县铜陵村民为反对PX项目组织集体“散步”

续表

时间	项目进展
2008 年 5 月 25 日	漳州市与翔鹭集团旗下的腾龙芳烃(厦门)有限公司正式签订投资协议书,项目迁至漳州古雷半岛
2008 年 9 月 11 日	漳州 PX 项目环评信息在《闽南日报》第一次公示
2008 年 9 月 20 日	古雷征地正式启动
2008 年 9 月 25 ~ 28 日	国家发改委委托中国国际工程咨询公司,在漳州召开古雷 PX 项目和 PTA 项目的工程核准评估会
2008 年 11 月 6 日	漳州 PX 项目环评信息在《闽南日报》第二次公示
2009 年 1 月 9 日	环保部常务会议原则通过漳州 PX 项目。该项目总投资从原先的 108 亿元升至 137.8 亿元
2009 年 1 月 20 日	环保部批复腾龙芳烃 PX 项目环境影响报告书
2009 年 3 月 23 日	国家发改委正式批复发文,同意厦门海沧 PX 项目迁址漳州古雷半岛
2009 年 5 月 8 日	漳州 PX 项目动工建设
2013 年 1 月 21 日	因原料调整未经环评即开工建设,被环保部责令该原料调整项目停建,并处以 20 万元罚款
2013 年 2 月	漳州古雷 PX 项目原料调整项目变更环境影响报告书通过专家审查
2013 年 4 月 1 日	原料调整项目变更环评报告书获得环保部批复
2013 年 6 月	试投产
2013 年 7 月 30 日	凌晨 4 点 35 分,该项目一条尚未投用的加氢裂化管线,在充入氢气测试压力过程中,焊缝开裂闪燃,发生爆炸,无人员伤亡

资料来源：作者根据公开资料整理。

正如 PX 项目的投资规模在漳州工业发展史上是前所未有的一样，漳州市政府及 PX 项目所在地的基层政府为 PX 选址工作所做的努力也是前所未有的。在广大民众谈 PX 色变的敏感环境下，漳州市政府选择了“低调推进”“只做不说”的策略。2008 年，在福建省常委会决定将 PX 项目迁至古雷后，漳州市发改委立即成立“古雷石化项目前期工作领导小组”，协同省市部门“超常运作”，合力推进环评、土地预审和项目报批等前期工作。与此同时，以政府部门体制内的人员为核心，一方面积极主动地对广大公众展开沟通说服工作，另一方面也制定了应对反对声音的各种策略。

在漳州，PX 项目的选址工作上升为一项政治任务，政府在推进 PX 项目选址过程中采取了一系列超常规动作。

首先，迁建地古雷半岛所在的漳浦县重度重视项目选址。地方官员重视项目建设的重要意义，指出，“如果因为我们的主观因素或是工作上的不到位而导致项目不能落地，这个损失是没有哪样损失能比得上的，我们再怎么招商引资、再发展多少产业也比不上这个项目”。漳浦县向涉及 PX 规划拆迁的 13 个村各下派 3 名工作人员，协调征地事宜。即便春节期间，“工作组”仍在沟通在外工作回乡过节的古雷人支持项目建设。PX 项目的选址成为一项政治任务。

其次，全民沟通的规模和深度超常规。漳州市政府主动公开 PX 项目的有关信息。2008 年 9 月 11 日和 11 月 6 日，PX 项目的环评信息通过《闽南日报》等媒体进行两次公示（见表 5－2）。漳州市政府还针对党政机关的工作人员和学生展开环保教育。漳州市各级党政机关和学校均组织收看了三部资料片，分别是《和谐与发展》《扬子石化宣传片》《石化项目科普讲座》，对发展 PX 项目的必要性和安全性进行了科教宣传。漳州市教育局则派出工作组挂点学校。风险沟通的形式也十分多样，包括播放科教宣传片、邀请专家讲座、散发宣传资料等。漳州教育系统编写了一本《石油化工项目对二甲苯小常识》的小册子，由漫画人物古先生回答了有关对二甲苯的诸多敏感问题。这种直接的、生动的风险沟通方式增强了民众对相关信息的接受度和可信度，收到了良好的效果。

再次，舆论跟踪和社会管理工作超常规。在漳州 PX 项目选址过程中，当地政府既采取了积极主动的信息公开和风险沟通，也采取了强有力的措施进行舆论跟踪工作。2008 年 6 月，漳州市纪委专门出台《关于党员干部在重大经济建设活动中严明纪律的若干意见》，提出“八个不准”，譬如“不准擅自发表与省委、省政府和市委、市政府做出的关于推进重大项目建设的决策相悖的言论；不准通过网络、短信、小道消息等途径散布阻碍重大项目引进落地建设的谣言”。这些虽然是针对“体制内”人员的纪律要求，但是对这些人员的约束构筑了支持PX项目建设的核心堡垒，在人民群众中起到良好的示范作用。PX项目落户古雷的消息传出，与古雷邻近的东山岛曾爆发小规模集体“散步”，漳州市检察院和法院对参与“散步”的几位人员进行了教育。

三　选址经验：以基层政府为主体的风险沟通

在邻避事件此起彼伏的背景下，漳州经验具有典型意义。在官方总结的材料中，“公众广泛参与环评、石化专家做报告、干部进村入户、包机实地考察国内外石化项目、正面宣传”等做法被总结为预防邻避冲突的基本经验（谢开飞，2015）。实际上，漳州PX项目选址的成功既有客观因素，又有主观因素。客观因素主要是关于社会背景和社会结构方面的。

首先，PX项目进驻之前，漳州市还是一个以农业为主的城市，对工业发展的需求极其迫切。对历史上邻避运动的研究发现，选址抗议的激烈程度与当地经济发展水平成正比（Portney，1991），经济发展水平越高，追求收入增长和经济发展的动力下降到次要地位，而对健康和安全的要求越来越高，对环境风险的容忍度越来越低。与其他发生过PX事件的城市相比，漳州市的经济发展水平较低，漳州市2008年地区生产总值（GDP）为1002.01亿元，约为宁波GDP的1/4，人均GDP为21073元，远远落后于厦门、大连、宁波，也低于地处西南的昆明市。漳州市人均可支配收入只相当于厦门市的2/3（见表5－3）。尽管漳州市市民提出了抗议，但是普通公众通过与周边地市的比较看到经济差距，渴求地方经济繁荣的心理也是十分普遍的，这为促进政府目标和公众需求之间达成“共识”提供了社会基础。

其次，与经济发展阶段相应的是漳州市的农业比重很高，城市化水平较低，这使得漳州市的社会结构仍保留了相对封闭、组织化程度低等传统社会的特征。从表5－3可以看出，2008年，漳州市农业占经济总量的1/5，即使到2013年，这一比重也在15.5%，这在沿海地区的城市中是比较高的，与漳州比邻的厦门市农业在经济总量中的比重2008年和2013年仅为1.4%和0.9%。2008年漳州市的城镇化率为42.0%，远低于厦门、大连、宁波等市，甚至低于当年全国的城镇化水平45.7%[①]。这说明漳州市的人口结构中，农业人口超过非农人口，且大部分居住在农村地区，还具有较为强烈的农业社会结构的特点。这样的社会发展状态与那些工业化、城镇化水平较高的城市有很大的不同，主要表现在：公众关注的政策议题更加偏向于发展经济、增加收入、加强保障等方面的民生政策，环境议题的地位尚未凸显；公众获取知识和信息的途径较为有限，通过网络、手机等现代化通信工具获取信息的人群比重相对较低，传统的宣传渠道塑造公众态度和意见的能力较强；特别重要的一点是，传统的农业社会虽然在村居内部形成了稳固的“熟人社会”，但仍然是相对分散的村落，就整体而言社会组织化程度不高，政治动员能力十分有限，公共知识分子的数量和能力不足，也缺乏成熟的非政府组织，公众对当地政府特别是基层政府还具有较高的依赖性和信任度。这些社会结构的特征是漳州PX项目选址取得成功的重要背景因素。

通过上面的分析，我们可以看到漳州PX项目选址的成功一定程度上印证了“政治最小抵抗路径”的假定，但是基层政府尝试多种方式主动进行风险沟通和社会动员的主观因素不可忽视，这些做法为今后邻避设施选址中“政府－公众”互动进行了有益探索。

① 资料来源：国家统计局，2008年国民经济和社会发展统计公报。

表5-3　案例研究涉及城市的主要经济社会发展指标对比（2008年和2013年）

年份	统计指标	漳州	厦门	大连	宁波	昆明	成都	茂名
2008年	GDP(亿元)	1002.01	1560.02	3858.2	3964.1	1605.39	3901.0	1217.84
	人均GDP(元)	21073	62651	63198	69997	25826	30855	20013
	城镇居民人均可支配收入(元)	16023	23948	17500	25304	14482	16943	12006
	第一产业比重(%)	21.3	1.4	7.5	4.2	6.5	6.9	19.6
	第二产业比重(%)	44.5	52.4	51.7	55.4	46.1	46.6	40.5
	第三产业比重(%)	34.2	46.2	40.8	40.4	47.4	46.5	39.9
	城镇化率(%)	42.0	68.3	59.6	63.1[b]	60.12	49.1[d]	—
2013年	GDP(亿元)	2236.02	3018.16	7650.8	7128.9	3415.31	9108.9	2160.2
	人均GDP(元)	45494	81572	111268	93176	52094	63977	36063
	城镇居民人均可支配收入(元)	26471	41360	30238	41729	28354	29968	20036
	第一产业比重(%)	15.5	0.9	6.2	3.9	5.1	3.9	17.3
	第二产业比重(%)	48.8	47.5	50.9	52.5	45.0	45.9	41.3
	第三产业比重(%)	35.7	51.6	42.9	43.6	49.9	50.2	41.4
	城镇化率(%)	53.0	81.2	76.0[a]	68.8[c]	68.05	60.2[e]	38.3

资料来源：除特别注明的数据外，均来自各地《国民经济和社会发展统计公报》2008年和2013年。

注：a.《大连城镇化率76%》，《大连日报》，2013-09-10，http：//dl. house. sina. com. cn/news/2013-09-10/08152410129. shtml，访问日期：2014年3月27日。b. 为2006年末数据。《宁波过去5年城市化率提高5.7个百分点》，宁波政府网，2012年2月21日，http：//gtog. ningbo. gov. cn/art/2012/2/21/art_ 10283_ 892776. html，访问日期：2014年3月27日。c. 为2011年末数据。资料来源同b。d.《从规划城市到规划城乡，成都城市化水平大幅提升》，《成都日报》，2009年9月21日，http：//www. sc. xinhuanet. com/content/2009-09/21/content_ 17760543_ 1. htm，访问日期：2014年3月27日。为2007年末数据。e.《成都新型城镇化率达60.2%》，《四川日报》，2013年5月8日，http：//sichuandaily. scol. com. cn/2013/05/08/20130508530504087481. htm，访问日期：2014年3月27日。该数据为“新型城市化率”，是指“2012年成都全市达到城镇居民生产和生活方式标准的常住人口占常住人口的比重”。

第一，风险沟通由事后沟通转为事前沟通。厦门PX事件教育了地方政府官员，采取“决定－宣布－辩护”（DAD）模式推进选址难获支持，必须与公众进行必要的风险沟通，而且这种沟通的时间前移，在项目即将落地之前与公众进行沟通。这种事前沟通的方式使政府较好地掌握了主动权，有效地引导了舆论导向。第二，充分依靠基层官员。基层官员是政府可以通过行政途径约束的“体制内”人员，政府首先通过各种内部的教育活动，统一了当地基层关于PX项目的思想认识，甚至将PX项目选址上升到政治任务的高度。基层官员通过教育家人亲属在很大程度上稳定了一部分民心。第三，深入群众的教育引导。当地以党群机关、教育系统为主进行风险沟通，以开展党团活动、教师家访、社区工作等面对面的直接沟通为主，这些沟通形式相对于政府新闻发布等媒体形式而言更加传统，但是效果更加明显。一个可能的解释是这种面对面的沟通方式拉近了与公众的距离，有利于在沟通中建立信任关系。第四，形式多样的风险沟通。包括播放宣传片、邀请专家讲座、组织到石化企业参观等多种形式，这种大面积、高强度的正面宣传在很大程度上改变了当地公众的知识获取途径，在引导公众风险感知方面发挥了重要作用。第五，带有政治任务性质的半强制性。

总结起来，同其他地方发生的PX群体性事件的案例相比，漳州市政府积极主动的风险沟通起到了主导社会动员的作用，而不是像其他的PX案例，由分散的、情绪偏激的部分公众群体掌握了社会动员的主动。

漳州PX项目的选址虽然取得成功，在选址实践中增加了丰富的经验，但是与理想的科学化、民主化决策模式相比较仍然存在差距。

第一，公众参与风险决策方面并没有实质性突破。看起来公众都被调动起来了，但是公众仍然是主流意见的传播受众，公众并没有获得主动收集信息的权利，更鲜有参与决策环节、发表决策意见、提出利益诉求的机会。厦门 PX 事件之后，在理论界和实践界被广泛讨论的公众参与、民主协商、民意表达等方面在漳州 PX 项目选址决策中并未取得实质性突破。决策环节的公众参与相对理想状态还有很大空间。

第二，选址过程中对公众的权益保障仍然十分有限。邻避设施选址引发冲突的一个重要原因在于收益和风险的不均衡、不匹配，因此实行合理的经济补偿是解决这一矛盾的有效措施。但是 PX 项目落户古雷不涉及村庄整体拆迁，这意味着当地村民今后将与 PX 项目为邻，直线距离仅两三百米。一部分村民因征地获得了补偿，但是一些村民表示征地补偿的标准仍然很低。特别需要指出的是，当前我国邻避设施选址的经济补偿大多表现为征地补偿，实际上，这并不是真正意义上的对风险的补偿，而是对村民失去土地的产权补偿。未来的邻避设施选址决策应采用“风险－利益－信任”的综合视角，充分考虑利益补偿在平衡风险中的积极作用。

第三，风险监管仍不到位。尽管风险监管发生在选址决策之后，但是在信息公开的时代，邻避设施选址是一个时间上先后连续的持续博弈过程，风险监管不到位不仅影响已有设施的运行，而且会对其他地区同类设施的选址产生极大的阻碍作用，这是一种非常明显的跨地区扩散效应。漳州 PX 项目选址成功之后，发生了两起负面事件，引发广泛的公众关注。一是 2012 年下半年开始的原料变更风波。2012 年，由于 PX 原料市场的行情变动，为节约生产成本，腾龙芳烃提出将原料由石脑油改为凝析油的生产方案。按照《中华人民共和国环境影响评价法》的规定，涉及原料变更的项目需要对环境影响进行重新评价，在重新获批后才能开始建设（彭利国、方芳，2013）。但是 PX 项目原料变更的环评报告在没有通过环保部批准的情况下，该项目仍然持续施工建设。

为此，2013 年 1 月 21 日，环保部叫停漳州 PX 项目，并对业主方处以 20 万元的罚款。至同年 4 月 1 日，环评报告获得通过，PX 项目原料变更的风波才平息下来（见表 5 - 2）。这起事件说明，作为市场主体的企业在利益的驱动下总是产生强烈的违规冲动，而风险监管的漏洞很可能对环境安全造成巨大风险。对于总投资 137.8 亿元的 PX 项目而言，20 万元的罚单实在是微乎其微，但这已是环评法规定的最高处罚额。因此罚款只具有象征性意义，而企业逾越监管“红线”的做法将再度加深公众对企业的不信任感。二是 2013 年 7 月 30 日凌晨 4 时 35 分，漳州古雷 PX 项目一条尚未投用的加氢裂化管线，在充入氢气测试压力过程中，焊缝开裂闪燃，发生爆炸。这起生产事故虽然没有人员伤亡，但是进一步加剧了公众对 PX 项目风险的负面感知，这对已经十分敏感的 PX 项目在其他地区的选址落户无疑是雪上加霜。可见，选址过程中的风险沟通对 PX 项目的成功推动具有直接作用。而只有对 PX 项目实施强有力的监管、要求拥有可靠的安全生产纪录才会最终改变公众谈 PX 色变的敏感情绪。选址的终极目的不仅仅是让项目成功落地，而且是在控制风险的前提下为公众福利和地区发展做出贡献。没有完备的风险监管措施的选址计划是一个从出发点上就注定失败的选址计划。

第二节　阿苏卫垃圾焚烧厂选址：公众参与和公民精神培育

北京市阿苏卫垃圾综合处理中心（又称“阿苏卫循环经济园”）是北京市市属大型垃圾综合处理园区，位于北京市昌平区百善镇阿苏卫村，占地 135 公顷，目前已经形成垃圾筛分、填埋、焚烧以及循环利用的全产业链，主要负责处理北京市东城区、西城区北部地区和昌平区全区产生的生活垃圾。作为阿苏卫循环经济园的重要组成部分，阿苏卫生活垃圾焚烧发电厂于2019年7月18日点火启动[①]，该项目设计日处理能力达到3000吨，对北京市实现原生生活垃圾“零填埋”的管理目标具有重要意义。

然而，阿苏卫生活垃圾焚烧发电厂的建设并不是一帆风顺的，在2009～2015年间经历了十分波折的邻避抗议、公众参与和协商沟通的过程，最终通过建设方案的多次完善获得了当地居民的支持并实现了原址建设。阿苏卫垃圾焚烧发电厂选址的案例（以下简称“阿苏卫案例”）不同于许多“一建就闹、一闹就停”的邻避案例：在官民沟通和互动过程中，不仅地方政府在主动吸纳公众参与、披露公共信息、完善公共决策方面迈出重要步伐，而且当地居民发展起宝贵的公民精神，通过自主研究提出垃圾处理的合理化建议，发起垃圾减量和垃圾分类的倡议，实现了政府和市民的合作共赢，妥善地化解了邻避矛盾，并切实解决了垃圾处理的现实问题，在我国邻避运动的发展历程中具有独特意义。

一　邻避抗议和公民精神的发展（2009～2013）

阿苏卫垃圾焚烧发电厂是一个改扩建项目，依托原有的阿苏卫垃圾填埋场扩建。阿苏卫垃圾填埋场从1986年开始修建，1994年投入运营，占地26公顷，原来只负责处理北京市东城区和西城区的垃圾，每天处理1200吨。但后来该填埋场每天处理垃圾量达到3500吨，到2014年承担着全市生活垃圾中24%的填埋量，在全市垃圾处理系统中占有重要地位。在快速城镇化过程中，垃圾体量增长和用地面积缩小的矛盾日益突出，通过填埋技术处理垃

① 北京市城市管理委员会：《阿苏卫生活垃圾焚烧发电厂并网启动》，http://csglw.beijing.gov.cn/zwxx/zwdtxx/mtbd/201907/t20190722_49479.html，发布日期：2019年7月22日，访问日期：2019年11月6日。

圾的做法已经不合时宜。《北京市"十一五"期间生活垃圾处理设施建设规划实施方案》计划在2015年前建成9座大型垃圾焚烧厂，以焚烧替代填埋来解决目前垃圾占用土地和"垃圾围城"的困境。阿苏卫垃圾焚烧厂就是其中之一。

2009年7月底，阿苏卫项目周边奥北别墅的一位业主在小汤山镇政府办公大楼里偶然发现了阿苏卫拟建垃圾焚烧发电厂的环评公示。随后，这位市民复印了该公示，在自己所在别墅区的邻居中传播了阿苏卫拟建垃圾焚烧发电厂的消息。消息传开后，大部分居民对此项目表达出反对意见。反对者认为，垃圾焚烧会产生二噁英等致癌、有害物质，会对周边居民的健康产生不利影响。周边居民尝试将他们的建议邮寄给相关部门，反对建垃圾焚烧发电厂的居民带头人也曾到政府反映意见。

当时，垃圾焚烧项目的邻避效应已在我国形成了广泛影响。特别是2007年环保总局宣布北京六里屯垃圾焚烧厂项目暂缓建设之后，国内各地民众强烈质疑并激烈反对焚烧垃圾的群体性抗议活动急剧增加。阿苏卫周边地区居民也试图通过抗议阻止垃圾焚烧发电厂的建设。2009年8月1日，阿苏卫项目周边居民大约60人采取了自驾车游行的方式表达抗议，他们在自驾车上打出了"坚决抵制二噁英危害"等标语。这一行动引起了当地官员的重视。次日，当地政府邀请20名市民代表举行座谈，通过市民代表向社会公众告知了拟建项目的相关信息。8月14日，当地政府在《北京日报》刊登了阿苏卫项目新的环评公示，邀请公众在接下来的10个工作日中发送意见和提出建议。周边居民通过电话、传真和电子邮件等官方公布的渠道向当地政府表达了对拟建项目的反对意见，但并未获得具体答复。

9月4日，"2009年北京环境卫生博览会"在农业展览馆举行，阿苏卫垃圾焚烧项目将在展览会上展出。阿苏卫项目周边上百名业主穿上统一设计的"环保衣"，冒雨站在农展馆门口，他们打出标语抗议在阿苏卫建垃圾焚烧厂。同时，当地政府及时设立了临时办公室积极收集居民意见，并及时回应居民诉求（Hensengerth，Lu，2019）。双方关系从对抗转向合作，从紧张趋于缓和。

虽然政府制止了阿苏卫居民的抗议，但是政府也并不仅仅采取强硬政策，而是试图向当地居民展示出回应举措，在昌平区政府建立了临时办公室接受居民意见，希望缓解紧张局势。同时，居民放弃了组织进一步抗议的努力。相反，周边居民强调他们很想与政府合作，找到一个解决方案，从而展开了对垃圾处理问题的自主研究。几个月后，周边居民完成了一个详细的报告并提交给政府。报告不仅分析了垃圾焚烧可能产生的环境风险，而且号召“政府－市民”合作，共同解决城市固体废弃物问题。这份报告提出了改进垃圾管理的政策建议，主张实行垃圾减量和循环，建议政府支持公众知情权，并推动公众参与。

在农业展览馆表达反对意见的行动之后，一些居民开始从全局思考垃圾围城的难题：一方面认为周边居民维护健康的权利应该受到尊重，另一方面又认为应该积极协助政府从根本上解决“垃圾围城”的难题。当地居民自行研究和学习，以期与政府一起找到最合理的垃圾处理方式。他们借助网络、图书馆等资源，搜集世界各国关于垃圾处理技术和相关产业的最新资料，进行数据分析，经过3个月的时间，最终写出了一份长达72页的《中国城市环境的生死抉择》的研究报告。这份报告所涉及的不仅是阿苏卫垃圾焚烧厂，而且是北京乃至整个中国垃圾焚烧的现状。该报告建议向国外学习先进的垃圾分类及资源回收技术，并呼吁政府应该尊重公众参与和民意表达。居民代表将这份研究报告提交给了北京市政府，其他居民也通过不同的渠道将这份报告递交到不同领域的学者、专家和官员手中（崔维敏，2015）。周边居民表现出与政府合作解决公共问题的公民精神，他们认识到“在垃圾焚烧厂的问题上，如果政府妥协了，结果是迁址，对一部分人来说是赢了，但对别人来说，还是输了。如果政府赢，是悲剧，因为市民的抗议被压下了。只有通过充分的沟通理解，携手面对，才能达到政府和百姓的双赢”①。政府高度肯定了这种公民精神，对垃圾分类、垃圾焚烧技术展开了更严格的审查，并积极与居民展开良性互动。

2010 年 2 月 2 日，北京市政市容管理委员会组织一个由官员、专家、市民代表及记者 7 人组成的考察团赴日本考察垃圾处理的新技术。居民代表受邀参加赴日考察。这一邀请在周边居民群体中产生良好影响，广大居民认为这是政府尊重民意的重要表现。为期十天的赴日考察取得了理想的效果。政府官员从考察中学习了日本先进的垃圾处理技术和严格的管理制度，决心采用更先进的烟气净化技术减轻环境污染，最大限度地保护周边居民的身体健康和生活环境。居民代表深切感受到日本的成功经验具有坚实的社会基础，广大居民自觉进行垃圾分类，已形成良好的与政府合作保护环境的氛围。居民代表考察期间和回国以后都向身边的群众宣传日本市民自觉的环境保护行为。他在一家环保组织的支持下开启了居民垃圾分类倡议行动，成为一名积极的倡导垃圾分类和垃圾减量运动的社会活动家，得到了周边居民的支持，也得到了政府的高度肯定。民间自发的垃圾分类倡议在一定程度上宣传了垃圾分类的经验，并使广大市民认识到解决“垃圾围城”的现实问题是政府和市民的共同责任。在垃圾处理问题上，政府与市民达成共识，“不要建在我家后院”的邻避情结逐步化解。

赴日考察结束后的 3 月 17 日，北京市政市容管委会发布了

① 《北京抵制建垃圾焚烧厂网友获政府邀请赴日考察》，中国新闻网，china. com. cn/news/env/2010 - 02/21/content _ 1944882 _ 2. htm，发布日期：2010 年 2 月 21 日，访问日期：2019 年 11 月 6 日。

《关于居民反映阿苏卫填埋场及焚烧厂建设、环评相关问题的答复意见》，强调项目环评过程中包含公众参与环节，在环境影响报告书（简本）完成后，将公开征求公众意见。该答复意见再次明确，“在阿苏卫焚烧发电厂项目未获得环评批复前，阿苏卫焚烧发电厂项目不会开工建设”。阿苏卫项目的推进暂告一段落。

二　决策改进和项目运行监管中的公众参与（2014～2015）

2014 年底，北京市决定重启阿苏卫垃圾处理厂的建设。新建的生活垃圾焚烧发电厂的建设规模从 2009 年设计的 1200 吨/日扩张到 3000 吨/日，投资 34 亿元。新建项目还包陈腐垃圾筛分厂、残渣填埋场、垃圾渗沥液处理站以及浓缩液处理站。此外，阿苏卫垃圾焚烧发电厂项目还将建设一些辅助生产设施和生活管理设施、环保展示及对外交流设施。

重新启动的阿苏卫垃圾焚烧项目采用更先进的焚烧技术。2009 年计划建设的阿苏卫项目拟采用“循环流化床”方式的焚烧炉，这种焚烧炉产生的飞灰比较多。2014 年重启的阿苏卫项目采用了“炉排炉”方式的焚烧炉，技术上更成熟，飞灰产量较少。同时，阿苏卫项目采用了更严格的排放标准。2014 年 7 月我国实施了《生活垃圾焚烧污染控制标准》（GB18485－2014），其中最受关注的二噁英排放标准提高到原来的 1/10，即每立方米烟气二噁英的含量小于 0.1 纳克 TEQ/m^3。新的阿苏卫项目建设方案将风险控制作为设计规划的重点，有效降低环境风险。

阿苏卫项目的重启实现了对周边的二德庄、阿苏卫、百善和牛房圈村 4 个村庄居民的整体搬迁，从根本上解决了这些居民长期邻近垃圾处理设施的生活困境。政府对搬迁安置分配了大量资金，截至 2017 年 12 月，北京市发改委向阿苏卫垃圾处理设施周边村庄搬迁安置资本金补助项目拨付补助资金 10.512 亿元，这些资金已全部用于回迁楼建设和腾退补偿[①]。

政府在信息披露和公众参与方面也取得进展。项目所在地的昌平区政府于 2014 年 7 月在政府网站公布了阿苏卫项目建设公示。政府委托“中材地质工程勘查研究院有限公司”进行环境影响评估，于 2014 年 12 月 5 日和 26 日在政府网站先后进行了两次环评公示。政府还委托“北京市工程咨询公司”展开社会影响分析，就阿苏卫循环经济园项目的社会影响广泛征求公众意见。2015 年 4 月 23 日，“阿苏卫循环经济园”建设项目环评审批听证会在北京市昌平区环保局召开。听证会召集了项目建设方、环评方、居民代表、环保组织成员等利益相关方参加。项目方和环评方介绍了项目设计标准和环保措施，19 名合法申请的听证代表或委托人陈述了自己的观点。听证会持续了 5 个小时，参会的利益相关者对阿苏卫项目的风险控制以及未来的运行监管进行了充分的沟通和交流。4 月 28 日，听证会结束之后的第五天，北京市环保局正式批复了阿苏卫垃圾焚烧发电项目。阿苏卫项目时隔 6 年之后成功重启。

面对公众对项目运行监管能力的质疑，2014 年，阿苏卫项目决策方对项目运行监管进行了系统的制度设计：首先是实现烟气排放数据公开，焚烧厂外都设有电子公示牌，实时显示烟气排放数据，这些数据也会实时传输到监管部门；其次是设施定期向社会开放，每周四是全市各生活垃圾处理设施的公众开放日，市民可预约参观；再次是委派专业监管，市政市容委员会会委托专业机构中的工程人员每月到现场考评，一旦发现违规行为，将对企业进行扣分，并实行经济处罚；最后，政府还将采取公开招标方

① 《北京市政府信息公开专栏》，http：//www.beijing.gov.cn/zfxxgk/cpq11P006/gzdt53/2017－12/28/content_ 126523.shtml，发布日期：2017 年 12 月 27 日，访问日期：2019 年 11 月 6 日。

式，选择第三方专业机构驻场监督，确保数据真实，运行排放达标（董鑫，2014）。这些措施在阿苏卫项目建成之后得到了有效实施。比如，每周四是阿苏卫的对外开放日，有兴趣的市民可以提前预约来园区参观，人们可以像逛博物馆一样，了解学习一袋生活垃圾的“旅程”。阿苏卫的烟气排放也实现了数据公开，阿苏卫成为国内第一座数字化清洁环保垃圾焚烧发电厂（彭生茂，2019）。

三 多方合作化解邻避困境的经验

阿苏卫垃圾焚烧发电厂案例中表现出来的公民精神的萌芽和发展十分引人瞩目。“中国式”邻避问题常常陷入“一建就闹，一闹就停”的双输局面，一些邻避项目常常因为公众抗议而取消或被迫迁址。这种妥协尊重了广大公众的意见和建议，但是原有的地方经济发展、市政建设等公共问题并没有得到妥善解决。阿苏卫项目经过6年的艰苦努力，终于化解了与周边居民的矛盾，成功实现原址建设。这反映出政府和公众的充分互动有效提升了原有的决策质量，并进一步完善了公众事前、事中、事后全过程参与的决策制度。

阿苏卫案例中的政府与公众合作的经验十分值得借鉴。合作治理理论指出，任何一项跨组织、跨部门的合作建立起来都需要具备一定的前提条件。Ansell and Gash（2008）通过对137个合作治理案例的研究归纳了合作治理形成的5个前提条件：合作或冲突的先前历史、利益相关者参与的动机、领导力、资源和权力的不平衡以及共同理解。尽管阿苏卫项目中先前存在冲突的历史，但是政府和公众都很快认识到垃圾处理问题的共同责任。2009年阿苏卫邻避冲突之后，政府和公众态度都发生了转变：政府设立临时办公室专门收集周边居民的意见，并采纳其中的合理化建议；公众主动探索垃圾处理的科学方案，并在垃圾减量和分类中付诸行动。政府和公众在一定程度上达成共同理解——最终目的是解决“垃圾围城”的公共问题。这种共识为后续的沟通合作奠定了基础。合作的形成还需要有领导力推动。领导力在阿苏卫案例中是通过政府官员和社会精英共同实现的。居民代表将民间的垃圾处理调研报告递交给北京市市政市容管委会高级工程师，报告中提出的合理化建议引起政府的高度重视，并直接促成了由多方代表参与的赴日参观考察。政府与公众对话的渠道顺利打开，公众意见被吸收到政府决策之中，公众倡导和践行的垃圾分类行动也受到政府的高度肯定。

2014 年重启阿苏卫项目的过程中，政府更加重视公众参与，委托第三方机构展开环境影响评估和社会影响分析，广泛征求周边居民意见。公众通过书面意见、面对面对话以及参加听证会等形式深度参与阿苏卫项目决策的完善。阿苏卫项目的最终决策和 2009 年相比在风险管控、经济补偿、信息公开和公众参与等方面都有很大改进（见表 5 - 4）。在风险管控方面，政府采用了更先进的垃圾焚烧技术和更严格的烟气排放标准；在经济补偿方面，对受项目影响的周边居民实行整体搬迁；在信息公开方面，多次进行项目公示和环评公示；在公众参与方面，组织了周边村民的考察学习和项目建设听证会。多管齐下的政策方案从根本上化解了公众对垃圾焚烧设施负面影响的担心，公众的健康权、知情权和参与权得到了充分尊重，并有效地解决了大城市垃圾处理的公共问题，实现了政府和社会双赢的理想局面。经过 6 年的沟通协商和政策完善，阿苏卫垃圾焚烧发电厂于 2015 年正式开工建设。2019 年 7 月 18 日，阿苏卫垃圾焚烧发电厂正式点火启动，成为政府监管、企业自律、民众参与监督的新型垃圾处理设施。政府、企业和社会的多方合作最终破解了阿苏卫困局。

表5-4　阿苏卫案例中的邻避决策对比

决策措施	2009~2013年	2014~2015年
风险管理	•拟采用"循环流化床"方式的焚烧炉,飞灰较多	•改进垃圾焚烧技术:采用先进的"炉排炉"焚烧炉,更加有效地控制飞灰 •提升排放标准:每立方米烟气二噁英的含量小于0.1纳克TEQ/m^3,排放指标符合欧盟2000标准和国家《生活垃圾焚烧污染控制标准》*
经济补偿	•周边村庄的搬迁计划	•对周边的二德庄、阿苏卫、百善和牛房圈村4个村庄居民的整体搬迁
信息公开	•2009年7月,环评公示仅在百善镇政府、小汤山镇政府和阿苏卫垃圾处理厂3处张贴了公示	•2014年7月,项目所在地的昌平区政府在官网公布了阿苏卫项目建设公示 •2014年12月5日,第一次环评公示 •2014年12月26日,第二次环评公示 •2015年2月15日至3月4日,北京市环保局在官网上对已受理的阿苏卫循环经济园项目依法进行公示 •2015年3月30日~4月3日,北京市环保局对环境影响报告书进行拟批准公示**
公众参与	•居民提交的反对意见未获答复; •居民代表组织以非正式途径表达反对意见	•项目建设方组织周边村民参观广州、深圳的垃圾焚烧厂,展开风险沟通 •2015年4月23日,环评审批听证会在昌平区环保局召开
运行监管	•项目运行中的日常监控	•烟气排放数据公开,并由监管部门实时监控 •设施定期向社会开放 •委派专业监管 •第三方专业机构驻场监督,确保数据真实,运行排放达标

资料来源：作者根据公开资料整理。

注：*阿苏卫垃圾焚烧发电厂采用"选择性非催化还原脱NOX工艺（SNCR）+半干法脱酸+布袋除尘器+选择性催化还原脱NOX工艺（SCR）"相结合的烟气净化工艺，并辅以活性炭和感性脱酸药剂喷射系统，将成为国内第一座数字化清洁环保垃圾焚烧发电厂。资料来源：彭生茂，2019。

**资料来源：《阿苏卫项目环评审批召开听证　拟建生活垃圾焚烧厂》，人民网，http://bj.people.com.cn/n/2015/0424/c82840-24614351.html，发布日期：2015年4月24日，访问日期：2019年11月5日。

第三节　J省Q市排海工程：环境抗议与制度建设

一　Q事件中的邻避项目背景

2012年，J省Q市市民为反对“排海工程”而发生群体性事件。该事件的导火索是某外资公司为排放工业废水而拟建“排海工程”。Q事件的酝酿和爆发从2003～2012年经历了一个漫长的发酵过程。七年间，Q市普通市民通过网络论坛、信访以及行政诉讼等方式表达对排海工程的反对意见，均未能影响该项目决策，最终导致了群体性事件的发生，并逐步演变为非理性的暴力冲突和对抗，甚至围堵和冲击当地政府机关。当天中午，上级市政府做出决定，永久取消排海工程项目，从而使得民众情绪得以平缓，舆情危机也基本平息。

二　政策学习与制度创新

我国公众参与决策的制度随着社会发展的差异化、多元化以及经济和行政体制的改革而不断完善。典型邻避事件对于推动公众参与的制度建设具有重要作用。尽管Q市事件前期与邻避设施选址的决策未能表现出显著的政策学习，并最终酿成群体性事件，但是该事件之后的政策学习表现明显，是邻避事件推动制度建设的一个典型案例。

J省Q事件发生后，国家和地方层面都从经验教训中总结学习，试图改进邻避决策机制，进一步完善公众参与制度。在国家层面，环保部在2012年8月15日发文[①]要求，自9月1日起，项

① 环境保护部：《建设项目环境影响报告书简本编制要求》，环发（〔2002〕98号），2012年8月15日。

目建设单位除了向环保部门报送环评报告书以外，还要同时提交报告书简本，后者直接向公众公开，其中就包括公众参与的全文篇章。在地方层面，公众参与的制度建设也步入快车道。江苏省环保厅于2012年10月22日下发《关于切实加强建设项目环保公众参与的意见》（苏环规〔2012〕4号）（以下简称《意见》），正式引入强制听证、公众参与环评调查审核、社会稳定风险评估和环评有效结合等新办法（见表5-5）。该《意见》的出台既有地方环保机构长期实践经验的总结，也有来自特定邻避事件的政策学习。该《意见》在环保公众参与的地方制度建设上有所创新。

表5-5　Q事件后公众参与制度的地方性创新

政策维度	原有政策规定	地方制度创新
听证制度	可以听证	强制听证
公众参与	未设置公众参与复核制度，公众参与容易流于形式	公众参与环评调查审核
社会风险	“环评”与“稳评”分别展开	社会稳定风险评估和环境影响评估相结合，“环评”与“稳评”紧密衔接
公众调查	对代表选取、发表调查、座谈会、听证会形式都做出了规定，但对发给哪些代表、征求多少代表意见等没作具体规定	细化对公众调查的具体要求，如对调查对象、发放问卷份数、问卷回收比例等均有具体要求

资料来源：作者根据公开资料整理。

首先，在社会关注的热点项目建设中推行强制听证。环保部2006年出台的《环境影响评价公众参与暂行办法》（环发〔2006〕28号）（以下简称《办法》）针对公众意见较大的建设项目，提出“可以听证”①。而《意见》第四条明确规定：对化工集中区（园

① 《环境影响评价公众参与暂行办法》（环发〔2006〕28号）第十三条规定“环境保护行政主管部门根据本条第一款规定的方式公开征求意见后，对公众意见较大的建设项目，可以采取调查公众意见、咨询专家意见、座谈会、论证会、听证会等形式再次公开征求公众意见”。

区）、重金属专业片区以及铅蓄电池、生活垃圾焚烧发电、生活垃圾填埋、危废焚烧、危废填埋等社会关注的热点项目、环境敏感的化工及污水处理厂项目，必须通过听证方式公开征求公众意见。这意味着在公众参与的规范中，对存在争议的建设项目从原有的"可以听证"转变为"强制听证"。在地方实践中，江苏省环保厅从2011年11月开始就对《环境影响评价公众参与暂行办法》中的听证会要求进行细化，在化工集中区、重金属集中区、垃圾焚烧等热点项目中推行强制听证，2012年1年间共计对40个项目进行了强制听证①。这些经过强制听证之后获得审批的项目还没有出现居民投诉、举报等问题。Q事件后，《意见》将实践中的成功经验上升为地方制度，实践是政策创新的一个重要来源。

其次，由专职部门对公众参与情况进行调查复核。《意见》第六条要求："省环保厅委托厅环境公众意见调查部门对重大、重点敏感和热点项目或规划环评环境影响报告书公众参与情况进行复核，随机抽取不少于10%的问卷调查表进行核查；参加环评编制阶段公众参与听证会，对其程序、方法、要求等进行监督；采取调查公众意见、咨询专家意见以及召开座谈会、论证会、听证会等形式再次公开征求公众意见。"原有的公众参与程序常常存在走过场、形式化弊病，Q事件中公众参与度低是公众表达不满的重要方面。人大和两会代表都对实质性的公众参与提出了建议。《意见》提出专职部门的调查复核使公众参与调查、听证会等得到有效监督，进一步提高公众参与的程序合法性和结果真实性。

再次，强调社会稳定风险评估和环评相结合。《意见》第八条指出，"对直接关系人民群众切身利益且涉及面广、容易引发社会稳定问题的重大敏感项目，应由所在地环保部门报请同级人民政

---

① 《"加强建设项目环保公众参与的意见"明起实施》，中国江苏网，http://jsnews2.jschina.com.cn/system/2012/11/30/015384970.shtml，发布日期，2012年11月30日，访问日期：2019年11月15日。

府按照《江苏省社会稳定风险评估办法（试行）》进行社会稳定风险评估。对社会稳定风险等级评估结果属于较高风险的敏感项目，依照规定暂停受理和审批其环境影响报告书；对社会稳定风险等级评估结果属于低风险的敏感项目，要做好公众意见解释工作，妥善处理群众合理诉求，注重隐患排查和有效控制”。《意见》强调了社会稳定风险评估的作用，意味着所在地政府也要承担责任，有效地实现了“环评”和“稳评”的政策衔接（张乐、童星，2015）。

最后，细化了公众调查的具体要求。环保部2006年出台的《环境影响评价公众参与暂行办法》对代表选取、发表调查、座谈会、听证会形式都做出了规定，但对发给哪些代表、征求多少代表意见等没做具体规定。《意见》规定：“对可能存在重大环境风险或影响的建设项目，书面问卷调查表的发放数量不少于200份；对可能存在较大环境风险或影响的建设项目，书面问卷调查表的发放数量不少于150份；其他建设项目书面问卷调查表的发放数量不少于100份。回收的有效书面问卷调查表应大于90%。”《意见》明确了调查对象的范围。对于搬迁范围、卫生防护距离、环境防护距离内涉及的所有住户或单位原则上应逐个进行调查，被征求意见的对象，应当包括可能受到建设项目影响的公民、法人或者其他组织的代表。《意见》还要求，要积极采纳公众参与调查意见。建设单位、环评机构应将征求的公众意见纳入环评报告书，对未采纳的公众意见应当做出说明，并将反对意见的原始资料作为环评报告书的附件。

以上分析表明，Q事件发生后，国家和地方层面都发生了较为明显的政策学习，并通过正式文件转化为较为稳固的制度建设。新的制度进一步细化和扩展了公众参与的方式和范围（Hensengerth，Lu，2019），有助于从长远预防邻避冲突。那么这种政策学习是如何发生的呢？传统的政策变迁理论认为，政策变迁来自政府对社会力量或社会冲突的被动反应（干咏昕，2010）。Q事件本身是一种社会冲突的表现，其直接的后果是阻止了具有潜在环境危害的邻避设施选址。同时，Q事件以一种冲突的形式为新一轮制度建设提供了窗口。邻避抗议推动了地方政策变迁，市民行动主义完善和创新了本地的公众参与制度（Hensengerth，Lu，2019）。这种制度完善虽然是由特定事件所推动的，但是又表现为一种系统的政策学习，包括对冲突事件的反思、长期事件的总结和其他实践经验的借鉴等，并通过更为严格的论证实现制度化调整。这种制度建设远远超越了邻避事件本身的意义，从根本上改变邻避决策模式，有效预防类似邻避事件的发生。这种制度建设在地区间的扩散和创新将推动邻避冲突治理的不断完善。

邻避事件中的政策学习在现有的文献中也受到了关注。张乐、童星（2016）通过对7个PX事件的比较研究，认为政府在应对邻避事件的行为上发生了的改变，如从单向宣布选址决策到双向风险沟通、从封闭决策到引入公众参与等，这些行为变迁都来自本地或其他地方邻避事件中的“教训－汲取”式学习。张紧跟（2019）也从多起邻避事件中观察到协商治理创新的扩散，包括信息公开、吸纳公众参与、风险沟通和损益补偿等，同时也指出这种创新扩散存在随机性，在政策收益不显著的情况下，协商治理创新扩散会遭遇瓶颈。这就进一步表明，政策学习的成果需要通过制度建设的形式加以固化。在Q事件之后，环保部门牵头进行了公众参与制度的完善，这种以制度建设为目标的政策学习是一种更系统、更长远的政策学习方式。

亡羊补牢，未为晚矣。邻避事件是一种公共决策的“试错”后果，是以不同程度的社会失序为代价的，因此，从错误中学习的机制至关重要。政策学习产生了“由经验导致的行为上相对持久的变化”（Heclo，1974），并通过制度建设的方式固定下来，有助于推动邻避决策从被动适应向主动调适转变。公众参与制度的完善是邻避决策模式优化的结果，同时又将进一步推动下一阶段邻避决策模式的改革（Hensengerth，Lu，2019），最终形成一个良性循环，从制度上增加预防和化解邻避冲突的弹性。

第四节　杭州九峰垃圾焚烧发电工程：政策组合的有效性

杭州九峰垃圾焚烧发电工程项目（以下简称“九峰项目”）选址是一个由“邻避”成功转化为“迎臂”的典型案例。2014 年 5 月，九峰项目周边村民因反对该项目的规划和建设发生群体性聚集事件。在不到 1 年的时间里，地方政府和项目建设方与当地村民展开沟通对话，有效消除了村民的“健康隐忧”和“发展隐忧”。九峰项目于 2015 年 4 月实现原址开工建设，2017 年末正式投入商业运行。九峰项目的案例不仅为“风险 - 利益 - 信任”理论框架下的多重政策组合的作用机制提供了例证，同时也展现了后危机情景下社会信任重建的过程，对化解邻避冲突具有启示作用。

一　从“邻避”到“迎臂”的冲突解决过程

“垃圾围城”问题是我国快速城镇化过程中的共性问题，其将垃圾处理设施的选址问题推上国家和地方的公共政策议程。2011 年，我国进一步加强城市生活垃圾处理工作，主要措施是进一步完善城镇生活垃圾处置体系，加快垃圾处理设施建设。各地垃圾处理设施选址进入一个新的高涨时期。2012 年，浙江省出台《浙江省人民政府关于进一步加强城镇生活垃圾处理工作的实施意见》[①]，对杭州、宁波、温州等发达城市制定了更为严格的标准。杭州市

① 《浙江省人民政府关于进一步加强城镇生活垃圾处理工作的实施意见》（浙政发〔2012〕62 号），2012 年 7 月 6 日发布。

进一步细化了垃圾处理设施建设的目标，到2015年，“生活垃圾处理能力达10000吨/日以上，其中焚烧处理能力达8500吨/日以上”①。

杭州市垃圾增量迅猛与处理能力不足的张力是九峰项目决策的总体背景。杭州市区2005～2013年垃圾年平均增长率为10.7%。杭州市2011年垃圾总量约261万吨，2012年杭州市区（包括萧山、余杭）生活垃圾产生量为281.54万吨，2013年杭州市区（包括萧山、余杭）生活垃圾产生量为308万吨②。而当时杭州垃圾焚烧厂的处理能力仅为3200吨/日，主要依靠四座已经建成的垃圾焚烧处理厂，分布在江干区九堡（600吨/日）、滨江区浦沿（600吨/日）、余杭区余杭（800吨/日）以及萧山区蜀山（1200吨/日）。由于杭州市总体上垃圾处理能力不足，杭州城西的垃圾处理设施选址迫在眉睫。杭州市规划局根据《杭州市城市总体规划》、《杭州市环境卫生专业规划》及杭州市杭规函〔2013〕308号文件建议在杭州城市西部新建垃圾焚烧项目，按照重大项目规划调整进行选址论证。

在这样的背景下，九峰项目应运而生。该项目规划选址在杭州市余杭区中泰乡南峰村九峰矿区，项目计划一期日烧垃圾3200吨，二期日烧垃圾5600吨，一旦建成，该项目将成为亚洲最大的垃圾焚烧发电厂。该项目被列入杭州市2014年重点规划工程。但是，该项目规划选址毗邻众多水源地③，并且当地也是重要的龙井

① 《杭州市人民政府关于进一步加强生活垃圾处理工作的实施意见》（杭政函〔2012〕174号），2012年11月19日发布。

② 资料来源：《杭州九峰垃圾焚烧发电工程规划选址情况说明》。该文件为《关于（杭州市）杭州九峰垃圾焚烧发电工程的批前公示》的附件，2014年9月11日在浙江省建设信息港官网上进行公示。

③ 杭州中泰九峰垃圾焚烧厂选址地离余杭区的自来水取水点苕溪大概只有4～5公里，离临安的青山湖只有3公里，离杭州市的备用水源闲林水库也只有7～8公里。

茶产地，这一规划引发当地村民对环境污染的担忧。多年来，我国垃圾处理设施已被严重“污名化”，成为典型的邻避设施。周边居民的担心主要来自三个方面：一是健康风险。垃圾焚烧产生的二噁英具有很强的致癌性，垃圾焚烧排放的有毒气体可能对周边居民的身体健康产生负面影响。二是环境风险。中泰乡四面环山，环境优美，与南宋都城临安毗邻。居民担心垃圾焚烧产生的烟尘、有毒气体、有害物质影响周边的空气、水源和土壤。三是经济风险。居民担心房屋价值等会受到垃圾焚烧厂的影响而贬值。表5-6全面梳理了九峰项目的决策过程，以2014年5月中旬的邻避冲突事件为节点，分别对比了邻避事件发生前后的决策进展，为后续的政策分析提供了时间线。

表5-6 杭州九峰事件前后的决策进程对比分析

邻避事件前		邻避事件后	
时间	决策进程	时间	决策进展
2012.8.9	杭州市政府成立“杭州市九峰垃圾焚烧厂建设工作领导小组”	2014.5.12	杭州市九峰垃圾焚烧项目建设推进领导小组发布对于九峰项目的36问36答，解答市民心中的疑问
2013.11.15	杭州城投集团成立杭州九峰环境能源有限公司，委托杭州市城市规划设计研究院编制项目规划选址论证报告	2014.7~9	中泰街道共组织了82批、4000多人次赴外地考察国内先进的垃圾焚烧厂
2014.2.12	“杭州九峰垃圾焚烧发电项目”进入浙江省重点建设项目预安排名单，计划在2014年底前动工	2014.8.18	2014年8月18日，光大国际宣布，与浙江省杭州市城市建设投资集团及浙江省杭州市余杭城市建设集团签署投资合作意向书，三方组建项目公司，负责投资、建设、运营管理浙江省杭州市余杭区垃圾发电项目

续表

邻避事件前		邻避事件后	
时间	决策进程	时间	决策进展
2014.2.28	杭州九峰环境能源有限公司做出《杭州九峰垃圾焚烧发电工程建设情况说明》	2014.9	浙江省建设厅在“浙江省建设信息港”发布余杭九峰垃圾焚烧发电厂批前公示
2014.4.22	浙江省住建厅发布杭州九峰垃圾焚烧发电工程批前公示	2014.5～11	余杭区先后选调1000多名机关干部，这些干部大多是曾在中泰工作过或熟悉情况的当地人，他们进村入户走访2.5万多人次，搜集了500多条意见建议。这些意见，比较充分地体现了民意
2014.4.24	杭州城区居民以及周边村民向杭州市规划局提交一份2万多人反对九峰垃圾焚烧发电厂的联合签名	2015.4.14	垃圾焚烧发电厂项目实现原址开工建设
2014.5.8	杭州市组织垃圾处置专家召开媒体沟通会	2017.11月底	正式投入商业运行
2014.5.10	当地居民为表达对项目不满在余杭中泰及附近地区聚集，部分地区出现聚集堵路、打砸车辆、围攻执法人员等违法行为		
2014.5.10	余杭区人民政府发布《余杭区人民政府关于九峰环境能源项目通告》，承诺将充分尊重周边居民意见，保证广大群众的知情权和参与权		

杭州市政府于2012年8月9日成立了“杭州市九峰垃圾焚烧厂建设工作领导小组”，按照杭州市政府的有关要求推动“九

峰垃圾焚烧发电工程”的建设。该工程由杭州市城市建设投资集团有限公司下属的杭州热电集团有限公司、杭州市环境集团有限公司和杭州市路桥有限公司共同投资建设。2013 年 11 月 15 日，由杭州城投集团成立杭州九峰环境能源有限公司，注册资本 49500 万元[①]，并委托杭州市城市规划设计研究院编制项目规划选址论证报告。2014 年 2 月 12 日，“杭州九峰垃圾焚烧发电项目”进入浙江省重点建设项目预安排名单[②]，杭州市政府要求该项目在 2014 年底前动工。项目承建单位在“省重点建设项目”的压力下，开始倒排工作计划，加强项目选址和论证的步伐。2014 年 2 月 28 日，杭州九峰环境能源有限公司做出《杭州九峰垃圾焚烧发电工程建设情况说明》。2014 年 4 月 22 日，浙江省住房和城乡建设厅政务办理中心在“浙江省建设信息港”发布《关于（杭州市）杭州九峰垃圾焚烧发电工程的批前公示》，广泛征询公众意见。

2014 年 4 月 23 日，杭州余杭区中泰乡九峰村规划建造垃圾焚烧厂的项目还在公示阶段，已引起中泰乡及周边居民的忧虑。他们担心自己的生活环境及附近水源会因垃圾焚烧带来不良影响。4 月 24 日，杭州城区居民以及周边村民向杭州市规划局提交了一份 2 万多人反对建设九峰垃圾焚烧发电厂的联合签名，以及 52 人要求对《杭州市环境卫生专业规划修编（2008～2020 年）修改完善稿》公示提出听证的申请。杭州市规划局 24 日出具了一份书面答复，称对这些申请材料予以承办、给予答复。5 月 8 日，杭州市组织垃圾处置专家召开媒体沟通会，针对杭州九峰垃圾焚烧发电厂项目展开风险沟通。受邀的四位专家就焚烧技术、标准设置、国外经验等问题进行解答，表示焚烧厂的选址规划综合考虑了地

① 资料来源：《市场导报》2013 年 12 月 3 日第 17 版。

② 资料来源：浙江省发展和改革委员会，《2014 年省重点建设项目预安排名单》（浙发改基综〔2014〕8 号），2014 年 2 月 12 日发布。

理环境、城市规划和对周边交通、市民生活的影响，承诺采用国际最先进的设施设备。

2014 年 5 月 10 日，当地居民为反对项目建设在余杭中泰及附近地区聚集。当日，余杭区人民政府发布《余杭区人民政府关于九峰环境能源项目通告》。《通告》承诺，项目“在没有履行完法定程序和征得大家理解支持的情况下一定不开工，九峰项目前期将邀请当地群众全程参与，充分听取和征求大家意见，保证广大群众的知情权和参与权”。当地政府的应急处置有效地维护了正常社会秩序。5 月 12 日，杭州市九峰垃圾焚烧项目建设推进领导小组对于九峰项目给出了 36 问 36 答，解答市民心中的疑问。这 36 个问题回答了杭州为什么要新建垃圾处理设施、为什么要选择垃圾焚烧处理、为什么要选址九峰等。

与其他一些案例不同的是，九峰项目虽然遭遇邻避抗议，但是并未因此而陷入“一上就闹，一闹就下”的被动局面。地方政府从风险控制、经济补偿和程序公正等多角度入手设计冲突解决的政策组合方案，周边群众的态度在不到 1 年时间内由“邻避”转化为“迎臂”，九峰项目于 2015 年 4 月成功实现了原址开工建设，2017 年 11 月底正式投入商业运行。下文将对杭州中泰案例中化解邻避冲突的政策组合方案展开系统分析。

二　“风险 - 利益 - 信任”框架下的政策组合分析

杭州九峰垃圾焚烧发电项目在不到 1 年的时间中发生了从“邻避”到“迎臂”的巨大转变，是多种政策组合综合作用的结果。这些化解邻避冲突的组合政策可以置于本书所构建的“风险 - 利益 - 信任”框架下展开分析。在这一框架下，风险、利益和信任是影响公众对待邻避设施的态度和行为的三个关键维度；与此相对应，冲突解决的公共政策也应该从风险控制、利益协调和重建信任等多个角度展开系统化设计。

九峰项目引发的邻避事件体现了周边居民对邻避设施可能造成的“健康风险”和“发展风险”的担忧。其中“健康隐忧”代表了公众对邻避项目的风险感知，这就要求邻避决策一方面必须通过切实有效的风险控制措施从客观上降低健康和环境风险，另一方面要通过形象化、体验式的风险沟通重新塑造公众对垃圾处理设施的主观风险感知。缓解“发展隐忧”主要依靠以社区为对象的利益反馈政策。九峰项目的邻避抗议还体现了公众对项目决策方以及运营方缺乏信任。邻避事件后，地方政府和项目建设方与公众沟通协商，在决策和执行程序中实现公正，最终推动了九峰项目的顺利落址（见表5-8）。

表5-7 九峰项目邻避事件后的政策组合方案

风险管理	利益回馈	程序公正
▲风险控制 • 成熟稳定的“炉排炉”垃圾焚烧技术 • 烟气排放全面执行欧盟2010标准 • 渗滤液“全回用、零排放” ▲风险沟通：组织了82批、4000多人次赴苏州、常州等地考察国内先进的垃圾焚烧厂，垃圾焚烧发电项目周边的4个核心村中80%的农户都有人参加了考察 ▲源头治理：杭州加大了垃圾分类力度	▲发展政策 • 用地规划：杭州市专门给中泰街道划拨1000亩土地指标 • 资金投入：余杭区计划投资20.8亿元，投入1.4亿元改善环境 • 第三产业培育：房车营地、山顶酒吧、自行车俱乐部、精品民宿、亲子主题乐园 ▲建立环境改善专项基金：从2017年开始，杭州市在原有260元/吨的垃圾处理费基础上，将增加75元/吨	▲全程确保群众知情权 ▲沟通协商：基层干部－群众；项目建设方－群众 ▲征询和采纳公众意见：垃圾运输要走专用匝道、建立大管网供水以避免水源污染等意见被采纳并逐一落实 ▲公众参与：地质勘测、进场施工等重点环节，政府都定期组织村民现场监督，听取项目方的介绍 ▲信息公开：环境监测数据和细节第一时间公布；工厂每天的排放指标等数据，都在街道实时公布

在“风险管理”方面：项目建设和运营方“光大国际”采用了国际先进的垃圾焚烧技术，采用自主研发的机械“炉排炉”，技术较为成熟稳定；烟气排放全面执行欧盟2010标准；项

目配套渗滤液处理站规模达1500吨/日，渗滤液经处理后达到敞开式循环冷却水系统补充水标准，实现渗滤液“全回用、零排放”。尽管这些垃圾处理技术在业内是公认的较为成熟的技术，但是普通公众对技术的理解仍然存在知识障碍，在转变公众风险感知方面，体验式风险沟通发挥了重要作用。2014年7～9月，中泰街道共组织了82批、4000多人次赴苏州、常州等地考察国内先进的垃圾焚烧厂。垃圾焚烧发电项目周边的4个核心村中80%的农户都有人参加了考察。杭州市还加大垃圾分类力度，从源头上控制垃圾焚烧的风险。垃圾分类不仅可以降低湿垃圾比例，提高单位垃圾入炉焚烧量，增加垃圾焚烧发电量，更重要的是垃圾分类后在焚烧过程中产生的有毒物质减少一半以上。2015年，杭州专门出台了关于垃圾分类的地方性法规《杭州市生活垃圾管理条例》[①]，采取垃圾“实户制”、积分奖励等新办法，运用二维码、物联网等智能手段，进一步从源头控制垃圾焚烧可能产生的环境风险。

在“利益回馈”方面，当地政府通过“发展政策”和“补偿政策”的组合缓解了“发展隐忧”。一方面，当地政府通过土地划拨、资金投入和发展第三产业的方式推动当地经济发展。杭州市专门给中泰街道划拨1000亩土地指标，用来保障当地产业发展。余杭区计划投资20.8亿元在周边村打造城郊休闲“慢村”，投入1.4亿元为中泰街道实施117项改善生态、生产、生活环境的实事工程。余杭区投入大量资金帮助周边村落引进致富项目，培育和发展乡村旅游经济，建设了房车营地、山顶酒吧、自行车俱乐部、精品民宿，修缮路桥等基础设施，建设全域景区化的美丽乡村。在此基础上，中泰街道于2016年引入国外知名品牌建设

① 2019年6月，杭州市修改《杭州市生活垃圾管理条例》，将杭州市生活垃圾进一步细分为“可回收物、有害垃圾、易腐垃圾和其他垃圾”，对乱丢垃圾、丢错垃圾的行为加大了行政处罚力度。

亲子主题乐园。伴随着垃圾处理设施的落户，中泰街道的居民迎来了一次巨大的发展机遇。另一方面，杭州市还将垃圾处理设施的经济补偿措施制度化。2017 年，杭州市出台了《杭州市区生活垃圾集中处理环境改善专项资金管理办法》，由生活垃圾输出城区按照一定缴费标准缴纳环境改善资金，专项用于生活垃圾输入城区基础设施改善、垃圾处理等方面项目。从 2017 年开始，杭州市在原有 260 元/吨的垃圾处理费基础上增加 75 元/吨，进一步充实了补偿资金的来源。

在“程序公正”方面，九峰邻避事件爆发当天，当地政府就发布《余杭区人民政府关于九峰环境能源项目的通告》，表示“九峰项目前期将邀请当地群众全程参与，充分听取和征求大家意见，保证广大群众的知情权和参与权”。在项目的后续推进中，当地政府正是按照承诺推动公众全程参与。2014 年 5 ~ 11 月，余杭区先后选调 1000 多名机关干部，这些干部大多是曾在中泰街道工作过或熟悉情况的当地人，他们进村入户走访 2.5 万多人次，搜集 500 多条意见建议。这些意见建议比较充分地体现了民意。群众提出了合理化建议和要求，比如垃圾运输要走专用匝道、建立大管网供水以避免水源污染等，都被采纳并逐一落实。在地质勘测、进场施工等重点环节，政府都定期组织村民现场监督，让村民听取项目方的介绍。在信息公开方面，环境监测数据第一时间公布，环保部门还将水文和大气检测点设在村民院子里，并承诺工厂建成后每天的排放指标等数据都在街道实时公布。这些措施在程序上实现了公平、公正和透明，在邻避事件之后有效地重建了公众对当地政府及项目建设方的信任。

三　后危机背景下的信任重建

九峰案例成功地从“邻避”转化为“迎臂”的过程是利益相关者从分离走向合作的过程。合作治理的文献指出，利益相关者之间曾经发生的对抗或配合的互动关系会阻碍或推动合作关系的形成（Margerum，2002）。Ansell and Gash（2008）通过对大量合作案例的综合研究发现，如果利益相关者之间存在高度依赖关系，利益相关者之间的冲突关系可能为合作提供激励。九峰案例为后危机背景下的信任重建提供了范例。

在风险治理中，信任的作用至关重要。这是由于风险本身具有不确定性特征，风险发生的可能性和后果缺乏充分、确凿的科学证据。信任是不确定性情形下的一种简化机制，将对多种备选方案进行选择的权利授信于他人或其他组织，从而弥补知识和信息不完备所造成的选择困难，简化对不确定情形的判断（刘冰，2017）。从动态角度看，信任的一个基本特征是"脆弱性"（fragile），具体表现为"易毁难立"——信任的建立非一日之功，却很可能因为某一负面事件的影响而毁于一旦。Slovic（1993）将这种现象概括为"信任的不对称原理"（the asymmetry principle），并分析了造成这一现象的内在机理，包括以下四个方面：消极的事件（摧毁信任）较之积极的事件（建立信任）作用更大；当事件引起人们注意后，消极事件较之积极事件带有更大的权重；人类心理还有一种特性，总认为坏消息的源头比好消息的源头更加可靠；不信任一旦出现，就会不断被强化。

九峰项目选址的早期，由于决策者与公众缺乏充分的协商和沟通，公众对邻避决策的出发点和安全性表现出高度质疑，但是决策者在较短时间内重建信任，并实现了垃圾处理设施的原址重建。重建信任的举措也可以在"风险 - 利益 - 信任"的框架下解释。

首先是广泛的公众参与打开了对话和协商窗口。公众参与实现了公众的利益表达，进而增强公众对政府的信任感（Putnam，1993）。面对环境风险，公众信任在一定程度上可以弥补人们的负面风险感知，反之，不信任则可能导致人们过度的风险应对行为，即使他们感知到的风险很小（Renn，Levine，1991）。九峰案例中，公众参与表现为决策程序中的诉求表达、以基层干部为纽带的意见反馈、亲身体验的风险沟通以及居民监督的环境信息公开。公众参与在政府组织下有序展开，提升了公众对地方政府的信任。九峰案例说明有序参与对解决复杂公共问题非常重要。规制性参与行为有助于促进各方信任，而无序的弥散性参与行为抑制政府、市场和专家信任。

其次，邻利型区域发展政策提升了公众信任水平。邻避设施由于风险－收益分布的不平衡而遭到抵制。决策者可以通过建设相配套的邻利设施，或出台邻利型的区域发展政策，整合各种利益主体共建共享，从而获得居民支持，实现共同发展。尽管邻避补偿方式对解决邻避问题的作用还存在争议，但是九峰案例提供了一个社区回馈有效性的例子。九峰案例中的经济补偿不是以货币形式直接补偿当地居民或家庭，而是通过建设邻利设施，制定邻利型发展政策，提供土地、资金、政策等方面的支持，为当地承担风险设施提供了经济回馈。这种回馈机制避免了西方文献中长期讨论的经济补偿的收买性和可能造成的环境非正义，提升了公众对邻避设施的支持度，也提升了公众对政府促进地方发展良好意愿的信任水平。

最后，公众信任还涉及对政府和企业的风险控制能力的信任。公众参与和经济回馈提升了公众对政府良好“意愿”的信任，而政府和企业能够有效控制风险决定了公众对其风险控制“能力”的信任。九峰案例中，拟建项目不断改进垃圾焚烧技术，提升烟气排放的环保标准，并通过公开透明的方式实现公众对邻避设施运行的环境影响全程监督。这些措施使公众对风险控制能力充满信心，从而降低了对邻避设施的风险感知。

总体而言，九峰项目的成功落址是一个运用风险控制、经济补偿、公众参与等多种政策组合化解邻避冲突的典型案例。

第五节　案例讨论：公众行为与决策模式的互构

本章第一至四节在“风险 - 利益 - 信任”的框架下深入研究了四个邻避设施选址案例。四个案例中的邻避设施类型有所不同，选址决策的结果也各不相同，有的项目比较平稳地实现选址，有的经过调整后成功选址，有的项目以停建而告终。来自公共、私人、社会三大部门利益相关主体之间的互动推动了我国邻避决策模式的变化。不少学者从不同角度观察到这种变化。王锡锌、章永乐（2010）从对厦门 PX 项目事件、上海磁悬浮事件等冲突事件的综合分析中指出，我国传统的管理主义导向的行政决策模式正逐步向参与式治理模式转变，他们主张协商合作式的公众参与。以公众参与为基础的协商决策成为我国政府决策模式创新的必然选择（罗依平，2008）。包容性治理成为中国城市环境邻避风险治理转型的发展方向（邓集文，2019）。王佃利、王玉龙、于棋（2017）将解决邻避问题的路径转型概括为从“邻避管控”转向“邻避治理”，这种转型表现为在增长联盟和社群联盟之间建立起一种非对抗的协商合作关系。最新的研究还对邻避决策和治理模式的转型提出了更加乐观的看法，Hensengerth and Lu（2019）从我国多个邻避案例中观察到多层次治理（multi-level governance）正在我国的环境治理体系中逐步产生。

本章的多案例研究也表明，我国的邻避决策模式正在发生转型。邻避事件及事件中表现出的公众行为推动了这种转型，这种转型逐步以制度化的形式固定下来，反过来又改变了公众对待邻避设施的态度和行为。公众行为与邻避决策模式之间存在相互建构关系，在这种相互建构的过程中邻避事件的治理体系和治理能力都朝现代化方向发展。

一　公众行为对邻避决策模式的制度化塑造

公众行为与决策模式的互相建构是一个动态过程，一方面表现为公众行为对邻避决策模式的塑造。在早期的邻避事件中，地方居民尝试了已有的参与渠道，包括要求公开环评报告、递交请愿书、寻求与官方的会面、行政复议、通过人大和政协提交反对提案以及法律诉讼等。但是，这些行动对邻避决策产生的影响十分有限。早期的决策模式转型表现为事后被动地开放决策讨论空间，比如征求意见、举办听证会等。阿苏卫案例经过地方政府和居民多年的沟通和共同行动，最终成功实现原址建设。该案例的最终成功不同于“一闹就停”的决策模式，体现了公共决策者在制定和完善决策中所展示的智慧和诚心，取得了一个双赢的结果：居民在一定程度上获得了更高的环境承诺，政府在解决垃圾围城的公共问题上取得实质进展，并为今后邻避决策中的公众参与提供了示范。

由于邻避事件多产生较大的负面影响，后续的邻避决策充分吸取了全国各地的经验教训，在邻避决策的早期就充分重视意见征询和风险沟通。如漳州 PX 项目的选址中，当地采用了以基层政府为主体的风险沟通方式，提升了沟通的有效性。比决策模式转型更加具有深远意义的邻避事件结果推动了邻避决策的制度建设。比如广东省在 2015 年颁布实施了《广东省城乡生活垃圾处理条例》[①]，通过地方性法规对垃圾处理设施选址中涉及的争议性问题一一提出了明确规范，比如公众普遍关切的公开征求意见、垃圾

① 《广东省城乡生活垃圾处理条例》经 2015 年 9 月 25 日广东省十二届人大常委会第 20 次会议通过，自 2016 年 1 月 1 日起施行。

处理设施运行过程中的监督、生态补偿费用的筹措和使用等。这种地方性法规确定了邻避设施选址和建设过程中的规范性操作，大大降低了选址决策过程中谈判协商的成本，也降低了多元主体之间矛盾激化的风险。

我国的邻避事件不仅在局部改变了当地的决策模式，也从总体上推动了邻避决策模式的转型。国家根据地方创新的经验逐步建立和完善了社会稳定风险评估制度。2005 年初，四川省遂宁市针对当时最易引发群体性事件的一些重大建设工程建立了重大工程稳定风险评估制度，率先出台了重大工程建设项目稳定风险预测评估制度，明确规定新工程项目未经稳定风险评估不得盲目开工，评估出有严重隐患未得到妥善化解的项目不得擅自开工[①]。在具体操作方面，遂宁市对重大工程的社会稳定风险评估提出了“五步工作法”，其中首要环节就是“确定评估对象，全面掌握情况。对拟订的每个重大事项，开展深入细致的调查，广泛征求各方面意见，掌握社情民意，为预测评估提供准确可靠的第一手材料”[②]。社会稳定风险评估逐渐被各级政府所认识，各地也纷纷出台有关社会稳定风险评估规定和办法。2012 年 8 月，《国家发展改革委重大固定资产投资项目社会稳定风险评估暂行办法》（发改投资〔2012〕2492 号）正式印发，明确了重大项目社会稳定风险的分级，要求对项目建设实施的合法性、合理性、可行性、可控性展开评估，并将评估结果作为重大项目立项的前置审查依据。

除此之外，我国 2014 年修订的《中华人民共和国环境保护

① 任芳：《四川遂宁：完善机制促和谐发展》，《经济日报》，2009 年 8 月 9 日第 2 版。

② 刘裕国：《四川遂宁推行社会稳定风险评估》，《人民日报》2006 年 6 月 6 日，第 10 版。

法》[①] 的第五章“信息公开和公众参与”部分对信息公开的内容和范围、公众参与的方式、环评报告书的编制以及环境风险的社会监督等制定了法律规范。2018年，生态环境部又制定和颁布了《环境影响评价公众参与办法》[②]，鼓励公众参与环境影响评价，对公众参与的范围、方式和具体要求进行了规范。2018年12月29日，第十三届全国人民代表大会常务委员会第七次会议正式修订了《中华人民共和国环境影响评价法》，要求“环境影响评价必须客观、公开、公正，综合考虑规划或者建设项目实施后对各种环境因素及其所构成的生态系统可能造成的影响，为决策提供科学依据”。这些全国性法律法规的出台从制度上规范了邻避决策模式，突出体现了开放、协商、参与的决策理念，推动形成了中国特色的公众参与和民主协商制度以及双向、开放的公共决策制度。可见，诸多邻避事件中的公众行为推动公共决策部门创造了新的公众参与制度，或者进一步完善了现有制度。

二　邻避决策模式更新中的公众行为调适

公众行为与邻避决策模式互构的另一方面则是邻避决策模式对公众行为的影响。在持续的社会差异化、多元化以及我国经济和行政体制改革的宏观背景下，我国的邻避决策模式不断优化，公众对邻避决策参与方式不断演化。中国环境政策制定和执行过程向更多的利益相关者和社会主体开放，为公众有序参与环境决策提供了渠道和规范。制度化的参与渠道成为公众表达利益诉求的首选，邻避冲突事件的发生得到有效控制。

在参与邻避决策的过程中，公众参与的能力不断提升，初

---

① 2014年4月24日第十二届全国人民代表大会常务委员会第八次会议修订。

② 2018年4月16日由生态环境部部务会议审议通过，2018年7月16日公布，自2019年1月1日起施行。

步展现了多元合作所带来的知识传递和社会学习的优势。阿苏卫案例中，知识精英通过社会学习在更广阔的视野中解决垃圾处理问题，倡议垃圾分类等公众环保行动，培育了公民精神。公众参与从个体的利益表达深化到合作解决公共问题，与政府、市场部门述成了共识导向的合作关系，大大拓展了公众参与的意义。

邻避决策模式的更新还从“环境权利”“环境责任”“环境美德”三个维度培育了环境公民（谭爽、胡象明，2016）。理解环境权利的公民不仅掌握维护自身环境权利的方法和途径，而且理解环境权利是一项全体公民都具备的权利，应该考虑到环境权利在社会中的正义性；对环境责任的意识使公民在维护自身权利的同时也更加积极地投身到环境保护的行动中去；环境美德则在全社会范围内倡导环境保护的公共价值，推动全社会对生态环境价值的重视。环境公民的成长将有助于在大众化的自媒体环境中形成理性的舆论环境，主动传播环境科学知识，分辨对邻避设施的虚假信息，对“污名化”等非理性的传播行为保持冷静。

应该看到，公众行为和决策模式之间将处于一个持续的相互建构过程中。决策模式的优化部分地解决了原有决策开放性和参与度不足的问题，但是还有一些问题尚未彻底解决。比如，最近的研究发现，邻避问题中的公众行为表现出“半隐化”的趋势，发生在街头的显性恶性群体性事件逐渐减少，而形色多样、隐蔽性强、传播速度快的网络舆论组织、意见领袖逐渐成为抗议行动的主要载体（王佃利、王铮，2019）。

值得注意的是，随着我国提出新发展理念以及国家治理现代化改革，我国的邻避决策系统环境发生了重大转变。当前我国社会不同主体在污染类邻避决策中优先考虑生态环境层面，绿色发展的价值主张对于邻避设施选址与运作的公共政策设计有着前所未有的深刻影响（陶鹏、秦梦真，2019）。邻避决策系统需要考虑因这种理念转换带来的公共价值优先顺序的调整。公众行为变化和决策环境转化都意味着现有的邻避决策模式仍然存在优化空间。

第六章 公众视角下的邻避决策模式

公众态度和行为是邻避决策的重要考量要素。公众对邻避设施的接受程度及行为选择决定了邻避决策能否顺利执行。本章结合我国典型邻避设施 PX 项目选址的现实背景，借助第一手调查数据对我国邻避冲突中的公众态度和行为展开了实证研究，按照“风险－利益－信任”的理论框架重点研究了选址决策方式与公众态度及行为选择的关系，如风险感知、公众信任和程序公正等对公众态度和行为的影响。本章所采用的数据来自网络调查和实地调查，包括全国网民、D 市市民、D 市大学生、Z 市市民、M 市市民等子样本（$N=1208$），通过描述性统计评价了公众接受度的总体表现，采用回归分析的方法研究了影响公众态度和行为的主要因素，并在不同城市、不同群体之间展开了对比分析，最后采用结构方程模型分析了主要因素对公众态度的影响机制。

第一节 公众对邻避设施的接受度

公众对邻避设施的接受度是邻避决策能否得以顺利执行的决定因素。在 DAD 决策模式（即“决定－宣布－辩护模式”）[①] 下，公共部门或技术专家在邻避问题的决策和执行上享有权威，公众

① 见第四章第二节的有关讨论。

态度成为一个相对弱化的决策要素，结果导致 DAD 模式下邻避决策的合法性受到严重质疑。协商式决策模式是对 DAD 模式的改进。在协商式决策模式下，对公众态度和行为的预先研判成为评估邻避决策风险的关键，对公众接受度的研究应该在邻避决策中处于基础地位。

公众接受度受到多种因素的综合影响，各种影响因素在不同地域、不同人群和不同政策情境中的作用程度各不相同，而且这些因素的影响并不是固定不变的，其会随着外界干预的变化而发生变化。邻避冲突治理正是要通过对关键影响因素的调节从而有效引导公众态度，降低公众对邻避设施的抗拒。这就不仅需要对当前的公众接受度有准确的评估，还需要对公众接受度的动态变化有科学的认识，需要对影响公众态度的主要因素和路径展开大量实证研究和规律总结，通过合理的公共政策调节各种影响因素，从而有效干预公众接受度。

由于公众接受度成为邻避决策的基础并且具有可调节性，因此对公众态度及其变迁的实证研究也就具有重要价值。本节在“风险 - 利益 - 信任”的框架下梳理公众对邻避设施接受度的潜在影响因素，为后续小节展开对公众接受度的实证研究奠定基础。

一　风险感知与邻避设施的接受度

个体对风险的理解和认识在心理学中常常被称作“风险感知”（risk perception）（Covello，1983；Slovic，1987）。风险感知是人们对危险活动和技术可能产生的负面后果的性质和程度所做出的主观判断。在技术主义视角下，风险是一种客观存在，而在建构主义视角下，风险是一种心智模型（mental model）（Renn，2008）。社会科学认为风险的社会建构性是风险治理的基本出发点。无论是利益相关者还是普通公众，都是根据自身对风险的理解和认识来应对风险。风险感知研究的代表人物 Slovic 于 1987 年在《科学》

杂志撰文指出，风险感知的研究可以从两个方面辅助风险分析和决策：一是为理解和预判公众对风险的反应提供了基础，二是改进普通公众、技术专家和决策者之间的风险信息的沟通。风险管理领域的决策者总是需要了解人们如何看待和应对风险。如果没有这种了解，用意良好的政策也是无济于事的（Slovic，1987）。因此，风险感知研究是风险管理者决定应该承担何种风险以及如何设计风险降低措施时应该考虑的决策背景。

风险感知研究最早是在心理测量范式（psychometric paradigm）下展开的（Slovic，1987）。早期研究者对“客观”（objective）风险和“感知”（perceived）风险进行比较（Boholm，1998），发现了技术专家的风险评估和普通公众的风险感知存在巨大差异：技术专家认为安全性较高的设施，公众却认为风险很高，比如核设施；而技术专家认为风险巨大的活动，在人们看来却是司空见惯，比如乘坐交通工具时不系安全带。Slovic（1987）认为专家和公众的认知差异是由风险性质决定的，他的原创研究归纳了风险性质的两个重要维度：“未知风险”（unknown risk）和“恐惧风险”（dread risk）。“未知风险”是指公众不太熟悉或者需要具备相关专业知识才能理解的风险，而“恐惧风险”则是指可能造成严重危害的风险。比如，普通公众对核设施的风险是不熟悉的，其通常需要对专业知识的理解，同时一旦发生核事故也是毁灭性的。因此，尽管技术专家从发生概率的角度评价核事故的风险并不高，但是核风险在公众中造成的心理感受是极其恐惧的，到了谈“核”色变的程度。

风险感知受到人口学特征和社会背景因素的影响。研究发现，性别、年龄、受教育程度等人口特征对风险感知产生影响。比如，许多研究发现女性比男性在总体上的风险感知程度更高（Flynn，Slovic，Mertz，1994），在对核技术以及本地设施所产生的污染风险感知方面尤其如此（Davidson，Freudenburg，1996）。与邻避问题密切相关的风险感知研究也发现了人口学差异。Bastide 等人（1989）研究了包括与化工厂、冶炼厂、水电站以及核和化学废弃物相关的四类设施的公众风险感知，他们发现性别、年龄和收入水平对这些技术的风险感知产生影响：35 岁以下的年轻人、女性、蓝领以及低收入的白领对这些技术表现出比平均水平更高的风险厌恶程度。

风险文化理论（cultural theory of risk）虽然在风险研究中起步较晚，但是逐步在风险感知研究中形成一条与心理测量范式平行的路径，并对心理测量范式形成补充。风险文化理论明确地将风险界定为由社会中的结构性因素决定的一种“社会建构”（social constructs）（Renn，2008），其广泛地考虑了心理测量中所无法涵盖的公正性、可控性、自愿性等因素，这些因素是由社会中行动者的价值观念所建构的（Douglas，Wildavsky，1982）。跨文化的比较研究为文化理论提供了有力证据：不同国家由于社会文化背景不同，公众所关注的风险类型和担忧程度差别很大（Teigen，Brun，Slovic，1988；Eiser，Hannover et al.，1990）。

人们对风险的体验一般来源于两个方面：一是直接的亲身经历，二是间接的风险信息。当人们没有亲身经历某些特定风险时，信息和知识对风险态度的形成就产生关键作用。风险信息可能来源于技术专家、风险管理机构、新闻媒体、政府部门、社会组织以及朋友和家庭的非正式网络（Boholm，1998）。作为传播风险信息的重要渠道，媒体在风险态度的形成中扮演了极其重要的角色。媒体广泛地、密集地关注某项技术风险可能放大公众的风险感知，而媒体选择性地过滤某些风险信息也可能弱化公众的风险感知。

基于风险感知的基础研究，邻避决策的相关研究也对风险感知给予高度重视。邻避设施带来的风险通常包括健康安全风险、资产贬值风险和风景破坏风险，其中健康安全风险最为重要。不同的邻避设施带来的风险性质和规模大相径庭。比如，核设施的潜在风险是典型的“小概率－高影响” （low probability-high impact）风险（Ikeda，Sato，Fukuzono，2008），同时，人们对核设施的风险并不熟悉，因此容易产生较高的恐惧心理。而垃圾处理设施带来的“突变性”的毁灭风险极小，更多的是“蠕变性”的环境和健康风险。即使同样是垃圾处理设施，不同的处理技术形成的风险也各不相同。比如：垃圾填埋场带来的风险主要是污水渗漏的环境风险，可能对周边环境造成难以消除的长期影响；而垃圾焚烧炉主要是通过排放废气造成空气污染。这些风险的性质和程度不同，风险感知对公众接受度产生的影响也不相同，因此需要分门别类地展开实证研究。本书受时间和经费限制，主要围绕我国突出的邻避设施PX项目收集了相关数据进行分析，从中可以反映公众对石化产业设施的风险感知，对其他类型的邻避设施也有借鉴意义，但其结论并不能简单地推广到其他类型的风险设施。

一般而言，风险感知与邻避设施的接受度具有反向关系。在一些特定类型的邻避设施中，风险感知对公众接受度具有强大的解释力。比如在高辐射的核废料存储库的选址中，公众感知到的风险水平解释了回归模型中65%的变异，其中对辐射的恐惧是风险感知的重要决定因素（Sjöberg，Drottz－Sjöberg，2009）。近年来关于风险感知的实证研究被进一步细分，比如研究发现，核设施选址中，“恐惧风险”感知对公众接受度有负面影响，而“未知风险”感知对公众接受度则没有显著影响（张婷婷、夏冬琴、李桃生、李亚洲，2019）。在磁悬浮轨道交通项目选址中，身心健康风险感知、经济风险感知和环境风险感知共解释了47.8%的磁悬浮轨道项目周边居民邻避态度差异程度（丁进锋、诸大建、田园宏，2018）。陶鹏、秦梦真（2019）则区分了不同行为主体的风险感知，发现以安全为目标的社群联盟和以发展为目标的增长联盟之间存在风险感知差异。本章聚焦的研究对象为公众，对公众的风险感知和邻避态度及行为展开研究，同时将风险感知置于“风险－利益－信任”的理论框架下进行分析，力图对公众的态度和行为展开全面性的解释。

二　经济补偿与邻避设施的接受度

在经济学家看来，邻避问题本质上是一个市场失灵问题，是由邻避设施产生的负外部性造成的。具体地说，邻避设施产生的负外部性（如对健康、环境的负面影响）由设施所在的社区居民承担，而收益却由更广泛的社会成员所享有，这种空间上的不匹配是邻避冲突的根源。因此，从经济学的角度出发，提供经济补偿是解决邻避问题的一个自然而然的思路——享受邻避设施收益的全体成员共同对遭受邻避设施损害的部分成员提供补偿，通过经济调节来实现“利益－风险分布”的平衡。这种思路在理论上很有依据，在实践操作中却受到重重挑战。首先是选址社区居民是否愿意接受补偿，其次是如何确定补偿方案，最后是补偿能否有效提升当地居民对邻避设施的接受度。这三个问题分别从可行性、可操作性和有效性方面讨论了经济补偿在解决邻避问题中的作用及其限度。

第一个问题是经济补偿的可行性。这个问题与邻避设施的类型高度相关，更确切地说与邻避设施的风险性质高度相关。实证证据表明，经济补偿只在低风险的邻避设施中有效，如垃圾处理设施等，在高风险的邻避设施中不但无效，甚至在当地居民中产生强烈的抵触情绪（Kunreuther，Easterling，1996）。在一些高风险项目如核废料设施的选址中，选址社区的领导者和居民直接拒绝经济补偿的谈判（Sigmon，1987）。这表明，当人们感知的邻避风险超过一定的阈值，经济补偿不具有可行性。

第二个问题是经济补偿的可操作性。补偿方案的优劣直接影响补偿政策对于化解邻避冲突的效果。补偿方案需要综合考虑补偿标准、补偿对象、补偿形式、补偿的时机和期限以及通过什么方式确定补偿方案等（刘冰，2019）。经济补偿形式可以分为直接货币支付、本地基础设施捐建、税收或费用的减免、房屋价值保障以及个体福利保险等多种形式（Chiou，Lee，Fung，2011）。

第三个问题是经济补偿的有效性。经济补偿有效性的实证证据十分混杂。支持性证据表明，邻避补偿有利于提升周边居民的接受度。实证研究发现以财产税返还和修缮公路及校舍为主的社区补偿使周边居民对垃圾填埋场的接受度从30%提升到60%左右（Bacot，Bowen，Fitzgerald，1994）；另一项研究则显示直接经济补偿使公众对垃圾填埋场、垃圾焚烧炉和监狱的接受度分别上升了25、17和22个百分点（Jenkins - Smith，Kunreuther，2001）；最新研究证实了补偿在二氧化碳捕获和封存（Carbon Capture and Storage，CCS）技术设施、海上风电场等新兴技术设施中也发挥积极作用（Gravelle，Lachapelle，2015；Kermagoret，Levrel，Carlier，Dachary - Bernard，2016）。反对性证据大部分发生在高风险设施选址中，补偿政策对设施的接受度没有作用甚至产生负面影响，如补偿政策使核废料存储库的接受度从50.8%骤降到24.6%（Frey，Oberholzer - Gee，Eichenberger，1996）。美国内华达州尤卡山计划中提供覆盖核废料全生命周期的补偿措施对居民支持率没有任何影响（Kunreuther，Easterling，1990）。有少量证据显示，这种负效应同样也发生在低风险的邻避设施中，有研究表明货币补偿使垃圾填埋场的支持率从10.5%下降到6.5%（Claro，2007）。

经济补偿政策在我国也成为化解邻避冲突的常用工具。在杭州九峰生活垃圾焚烧发电厂、广东李坑和番禺垃圾处理设施选址等案例中都可以观察到补偿的正向作用。一些地方通过地方性法规将邻避补偿制度化，如广东省人大于2016年12月通过的《广东省人民代表大会常务委员会关于居民生活垃圾集中处理设施选址工作的决定》确立了垃圾处理设施选址中“长期补偿、各方受益的原则”，让“邻避”变成“邻利”。经济补偿与公众态度及行为的关系尚未获得一致性的经验证据。比如以南京金陵石化工业区为例的一项研究表明，补偿意愿在一定程度上降低了周边居民的邻避抗议行为倾向，但补偿意愿随着居民居住时间的增加而减弱（刘小峰，2015）。公众对补偿政策的认同处于较低水平，主要表现为对补偿政策的了解程度低、满意度低以及评价低（陈梦圆，2018）。在多种邻避设施比较的背景下，补偿政策相对于公众参与也没有更多吸引力（王婕、戴亦欣、刘志林、廖露，2019）。现有实证研究对经济补偿作用的分析结论充满矛盾，这意味着对经济补偿的研究仍需深入，特别是对中国语境下邻避补偿的因果机制的研究。

三　程序公正与邻避设施的接受度

按照以风险和利益为主的邻避研究思路，邻避问题可以通过风险管理和经济补偿得到妥善解决，然而事实并非如此（Sjöberg，Drottz - Sjöberg，2001）。邻避冲突既超出了个人所感知的风险，也超出了公众对个体或社区损益得失的计算，受到更加复杂的因素影响。这些影响因素嵌入政策决定和公众参与的社会政治背景之中（Lake，1993），决策过程和结果的公正性对公众的风险接受度和容忍度产生重要影响（Sjöberg，1987）。

在解决邻避问题时，法律程序被当作一种常用的公共政策工具。这是由于法律程序既不是中性的，也不是自然生成的，而是精心设计的、以解决问题为目的的过程（Rossignol，Parotte，Joris，Fallon，2014）。法律程序带有鲜明的价值和利益取向。不同时代背景中的价值判断和利益诉求形成不同的程序设计。以邻避决策为例，在承认权威和效率导向的价值体系下，自上而下的决策程序具有一定的合法性和接受度。而在利益日益分化和民主诉求日益高涨的时代，广泛的公众参与和协商决策则成为程序公正的重要体现。

早在20世纪90年代，研究者就对邻避决策中的程序公正给予了高度重视。1990年美国举办了一次全国性的邻避设施选址论坛，与会专家共同发展了一套“选址法则”，提出了决定选址成功的14项原则，其中涉及“程序公正”和“结果公正”两方面的原则各7项[①]。其中，程序公正包括广泛参与、寻求共识、发展信任等方面的内容，结果公正则包括执行安全标准、改善社区状况、地理分布公正等。Kunreuther，Fitzgerald and Aarts（1993）对著名的“选址法则”展开了实证检验，基于美国和加拿大29个垃圾处理设施周边居民的调查数据，确认了选址成功的三大要素：项目方和落址社区的信任关系、设施设计的合理性以及公众参与，其中信任关系和公众参与都涉及程序公正的内容。大量实证研究为程序公正对公众接受度的正向作用提供了证据（Easterling，1992；Lober，1995；Sjöberg，Drottz - Sjöberg，2001；Wolsink，Devilee，2009），而且程序公正对于缓解选址冲突中愤怒的个体情绪具有显著正向作用（Besley，2011），为解决邻避冲突提供了路径选择。研究者还将选址公正区分为过程公正和分配公正，结果发现“过程公正”与公众接受度的相关系数（0.70）比“分配公正”的相关系数要高得多（0.48）（Lober，1995）。

正如第三章第一节所述，我国邻避运动发生的社会背景是风险社会、转型社会和网络社会的三重叠加[②]。在这样的社会背景下，环境意识和民主参与的价值观念开始深入人心。公众在邻避抗议中不仅表达了对邻避设施安全性的担忧，也提出了知情权、参与权、决定权和监督权的诉求。改革开放后的经济发展政策已

---

① “选址法则”的具体内容见第七章第二节。

② 详见第三章第一节的有关论述。

经极大地提升了地方经济发展水平和人民生活水平，公众对公平、正义和安全提出了更高的期待。实证研究也一致性地表明，邻避决策程序的封闭性、公众参与的缺失和协商机制的缺位成为妨碍邻避设施选址的主要因素。公众对风险分配决策的合法性产生怀疑，这严重威胁到公众对决策机构的信任度，消耗不同群体之间的社会资本，恶劣的情况下还导致群体性事件的爆发。越来越多的以中国为背景的邻避研究表明，程序公正在化解邻避冲突中具有至关重要的作用。在有关垃圾处理场的研究中，研究者发现公众对垃圾处理场接受与否是基于分配公正做出的决策行为（聂伟，2016）；在大型化工厂选址的研究中，研究者发现参与权的缺失是人们反对大型化工厂的首要原因，而公众对自身利益的担忧与公众的反对态度之间没有显著的关联（Liu，Liao，Mei，2018）。这表明，我国邻避冲突的核心可能并不是自私狭隘的“邻避症候”，而是公民日益觉醒的权利要求。

程序公正是一个总括性概念，在具体的操作中表现为公众参与、信息公开、协商谈判等多种形式，其中被广泛研究的就是公众参与。一般而言，公众参与总是能提升公众对程序公正的感知度（Herian，Hamm，Tomkins，Zillig，2012）。对垃圾处理厂、石化产业基地、大型基础设施、廉租房等多种类型邻避设施的实证研究发现，公众参与对提升公众接受度具有有效性（王婕、戴亦欣、刘志林、廖露，2019），而公众参与的缺失正是邻避冲突产生的首要原因（Liu，Liao，Mei，2018），参与的利益相关者的广度、参与程度、参与方式和时机都会对邻避冲突的解决产生影响（Sun，Zhu，Chan，2016）。

研究者对程序公正在解决邻避问题中发生正向作用的机制提出了几种理论解释。一是“价值假说”，认为以公众参与为主要特征的程序公正更广泛地代表了多元主体的价值，邻避决策具有更广泛的公众基础，因此具有更高的接受度；二是“理解假说”，认为公众参与加强了多方利益相关者之间的对话，加深了参与主体对各方的立场、诉求的认知，促进了相互理解；三是“学习假说”，认为多方交流和分享创造了新的知识，可能提出创新的解决方案，从而提升了邻避决策的质量。

信任关系与程序公正之间存在相互影响。公众对邻避决策机构本身所具有的信任态度促使公众更容易感受到选址程序的公正性，而在邻避决策中秉持公正原则的机构需要不断积累信任资本。不过，信任关系和程序公正在时间维度上并不完全一致。程序公正往往涉及单次邻避决策和执行中的具体操作，而信任关系则是公众与决策主体、项目运行主体之间长期互动过程中形成的历史累积状态。一些文献在研究公众接受度的时候同时考虑程序公正和信任关系，认为信任关系在环境公正对公众接受度的影响中发挥了调节作用（聂伟，2016）。在本书构建的“风险 - 利益 - 信任”框架中，程序公正成为增强公众信任的主要维度。本章在文献基础上，根据我国国情从公众参与、信息公开、意见征询、诉求表达等几个方面将“程序公正”的概念操作化，以期更深入地理解程序公正在中国式邻避决策模式中的作用。

尽管现有的研究从不同角度探讨了风险感知、经济补偿和程序公正对公众邻避设施接受度的影响，但是将各种因素整合在同一个理论框架下的实证研究仍然缺乏。本章从“风险 - 利益 - 信任”的理论框架出发，不仅从总体上考量了各种影响因素的作用，而且分析了各类要素之间的相互影响，力图对现有文献有所贡献。

第二节　公众态度及行为实证研究的思路和方法

一　实证研究的分析框架

本节试图理解公众对待选址问题的态度和相关行为，并从公共决策模式的角度加以解释。这就需要回答两个层面的问题：首先，哪些因素塑造了公众态度？其次，这些因素在多大程度上受到决策模式的影响？本节将构建一个指导实证研究的综合分析框架，系统性地考察政治、经济、社会、心理等多维度的复杂因素，并探索现有决策模式对公众所认知到的风险、收益和公正性的影响。

该理论框架的基本思路如图 6－1 所示。关于第一层面的问题"哪些因素塑造了公众态度"，现有研究中所指出的影响因素基本可以归为五个维度：人口学特征、风险感知（Slovic，1987；Slovic，Layman，Flynn，1991；Kunreuther，Slovic，MacGregor，1996）、政府信任（Kasperson，Golding，Tuler，1992；Frey，Oberholzer－Gee，1996；Kunreuther，Slovic，MacGregor，1996；Groothuis，Miller，1997；Sjöberg，Drottz－Sjöberg，2001）、经济诉求（Kunreuther，Easterling，1990；Sigmon，1987）和其他诉求（Hunold，Young，2002；张效羽，2012）。其中，风险感知、政府信任和经济诉求的维度受到决策模式的影响较为直接，将成为本研究关注的焦点。

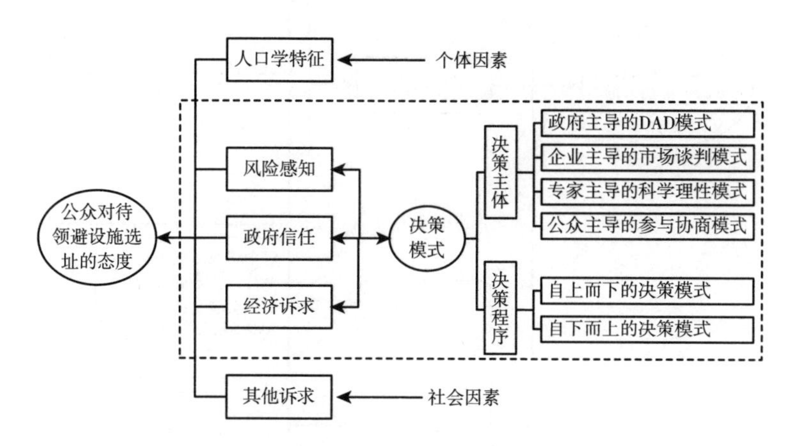

图 6－1　公众态度及行为实证研究的分析框架

为了分析第一层面的问题，即哪些因素塑造了公众态度，本节将通过第一手的调查数据判定风险感知、政府信任、经济诉求等各个维度对公众态度的影响程度，为决策模式的改进提供证据。图 6－2 明确了以上各个维度的具体测量手段。作者在此基础上设计调查问卷初稿，通过专家咨询、预调研等途径进行修改和完善；在全国范围内筛选已经或将要面对邻避设施选址问题的典型地区，在条件允许的情况下，使这些地区在地理位置、经济发展水平等方面尽可能具有差异性，按照随机抽样的原则针对典型地区的普通公众发放问卷[①]；最后运用社会统计学方法对回收数据进行描述性和解释性分析。

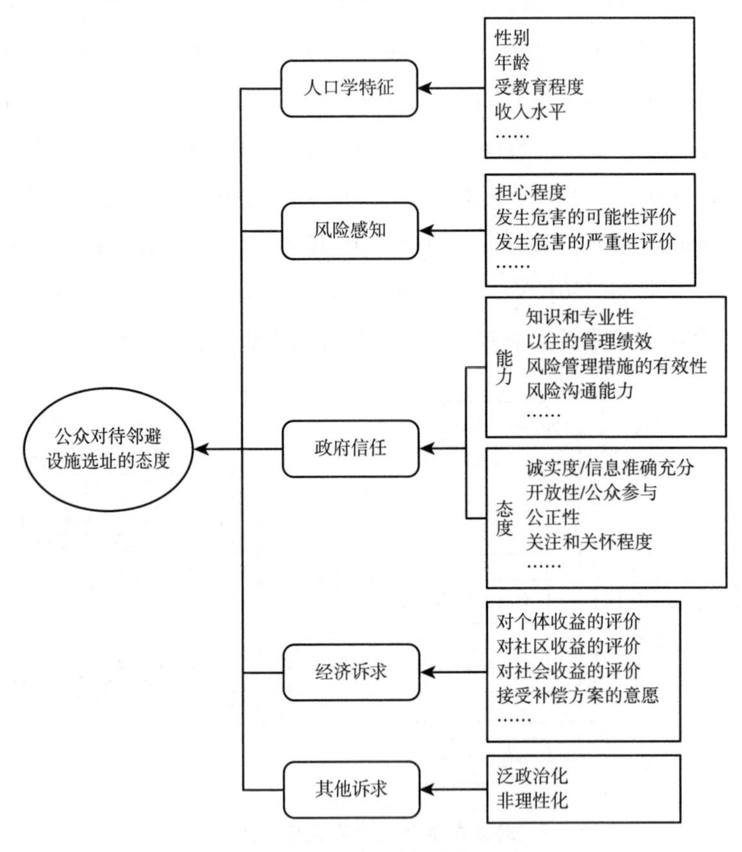

图 6－2　实证研究中的变量体系

① 最终版调查问卷见附录一。

在实证研究部分，本节还通过回归分析、结构方程模型等定量技术回答第二层面的问题，即造成公众反对意见的各种因素在多大程度上受到决策模式的影响？决策模式特征通过怎样的路径影响公众态度？这种影响可能是双向的，如政府对选址问题的信息屏蔽可能加重公众对风险的担忧，这反过来会促使政府采取更为隐秘的决策方式。

二　资料来源和调查方法

本节实证研究数据来自问卷调查。问卷的设计依据图 6－1 的分析框架展开，包括人口学特征、风险感知、公众信任、程序公正等现有文献中已经辨识的主要维度。图 6－2 在各个维度下发展了具体的变量体系。问卷设计在 2013 年 3～4 月进行了内部测试和专家咨询，修改后的问卷于 2013 年 6 月在北京进行了预调研，通过街头拦访获得 45 份问卷，根据预调研所获得的数据验证了问卷设计的信度和效度，最终的问卷设计如附录一所示。

问卷调查分不同时段针对不同城市实施，最终获得 1208 个有效样本（见表 6－1）。调查方式既有在线调查，也有实地调查。在不同的调查方式中，样本特征亦有所不同，比如在线调查样本的平均年龄往往比实地调查样本更年轻一些，收入水平更高一些。本章在假设检验的过程中考虑了这种差异，既对全样本展开分析，在必要的情况下也对不同群体的子样本展开分析。

表 6－1　公众邻避态度问卷调查的实施情况

调查对象	有效样本	调查方式	调查时间	调查背景
全国网民	315	在线调查	2013 年 8 月 15～21 日	2007～2013 年间厦门、大连、宁波、昆明等地发生 PX 事件，引起广泛的网络讨论

续表

调查对象	有效样本	调查方式	调查时间	调查背景
D 市市民	348	实地调查	2013 年 9 月 21 ~ 27 日	2009 年 D 市 PX 项目正式运营 2011 年 D 市曾发生 PX 事件
D 市大学生	135	实地调查	2013 年 9 月 21 ~ 23 日	
Z 市市民	206	在线调查	2014 年 3 月 26 日至 4 月 5 日	2013 年 Z 市建成 PX 项目
M 市市民	204	在线调查	2014 年 4 月 7 ~ 14 日	2014 年 M 市曾发生 PX 事件
总计	1208			

本项调查选取 PX 项目作为典型邻避设施①，这是由于 PX 项目在我国的邻避运动中独具代表性。2007 年以厦门 PX 事件为起点，我国大连、宁波、昆明、成都等多地相继爆发 PX 事件，PX 项目成为我国邻避运动抗议的焦点。在西方国家的邻避抗议中，垃圾处理设施（Rabe，1994）、核设施（Pijawka，Mushkatel，1991）和近年来受到关注的新能源基础设施（Ottinger，Hargrave，Hopson，2014；Terwel，Mors，2015）等是公众关注的焦点，这些设施大多具有公共基础设施的性质。而 PX 项目在我国引发高度关注，有两方面原因：一方面是由于 PX 项目具有强烈的发展意蕴（Liu，Liao，Mei，2018），对地方经济发展具有带动作用，在发展主义的导向下，PX 项目在我国地方经济发展中颇受青睐；另一方面是 2007 年厦门 PX 事件之后，PX 项目在我国已被“污名化”，公众对 PX 项目的风险产生了较为广泛的负面认知，因此在推行过程中极易引发公众抗议。基于这两方面的原因，PX 项目成为近年来我国邻避抗议的焦点之一。应该看到，不同类型的邻避设施在风险性质上具有很大差异，危险发生的概率和影响后果各不相同，

① PX 项目的有关介绍见第三章第二节。

本项调查的结论主要适用于PX项目及与其风险性质近似的石化项目等。未来的实证研究中还可以针对不同类型的邻避项目展开调查并进行对比研究。

问卷调查的对象包括五类主体：全国网民、D市市民、D市大学生、Z市市民和M市市民（见表6－1）。所选择的三个城市均涉及PX项目的选址，但分别处于不同的选址阶段，其中：D市PX项目从2009年开始正式运营，2011年曾发生PX事件；Z市是自2007年以来我国第一个成功新建PX项目选址的城市；而M市的在线调查在该市发生PX事件的1周以后，该事件抗议M市拟扩建的PX项目。所涉及的案例既有为PX项目成功选址的城市，也有爆发了本地抗议的城市。调查的时间虽然都是PX项目在全国已经被"污名化"之后，但是调查实施时有的城市是在PX事件发生后两年时间（如D市），有的则在PX抗议发生后一周以后（如M市），有的城市并没有发生有影响的PX事件（如Z市）。正是这些背景的差异性，使得调查的样本具有丰富多元的特征，也为比较研究提供了有利条件。

在对五类主体的调查中，对全国网民、Z市市民和M市市民的调查采取了网络调查的形式，委托专业调查机构"清华大学媒介调查实验室"实施，通过规范化的质量控制流程保证了数据质量。D市市民和D市大学生的数据由作者本人组织调查队伍赴D市市内的社区进行了入户调查，并对30名普通市民和大学生进行了访谈[①]。

D市市民的调查样本采取分层抽样和随机抽样相结合的方法，覆盖了该市所属的5个行政区，在每个行政区中，调查根据第六次全国人口普查各区常住人口数来分配调查社区数和问卷数（见表6－2）。在选取社区和受访对象的过程中，调查组严格遵循随机抽样的原则。调查组招募大学生访员14人，分为7组，于2013

① 访谈资料未进入本章的实证研究。

年9月20～27日走访了按照区划配额随机选取的12个社区，回收有效问卷348份，绝大部分问卷采取入户调查的方法[①]。调查前对访员就社区内的随机抽样方法和调查要求进行了统一讲解，有效保证了调查质量。D市大学生群体的调查在D市的三所高校[②]中展开，根据在校学生人数分配问卷配额，采用了校园内随机拦访的形式，回收有效问卷135份。

表6－2　D市市民问卷调查抽样方案

行政区	常住人口（万人）*	问卷配额（份）	社区配额（个）	抽样社区	回收问卷数(份)
XG区	30.8	39	2	莲花、新南	34
ZS区	36.0	47	2	青泥、桃源	53
SHK区	63.1	78	3	文园、后山、尖山	88
GJZ区	61.6	78	3	欣乐、兰花、拉树房	105
JZ区	47.4	60	2	金山、联胜	68

*第六次全国人口普查数据。

由于在不同城市的调查采用了完全一致的调查问卷，本章在实证分析中将所有数据合并，对公众态度的影响因素展开了总体分析，同时为不同类型的主体赋予了特定的编码，从而有利于展开不同主体之间的对比分析。

三　数据集的基本特征

在合并后的1208个样本中，男性764人，占63.24%，女性444人，占36.76%。受访者平均年龄为34.75岁，年龄最小的17

① 在选取的12个社区中有3个社区补充了一定数量的在社区公共空间的随机拦访，主要是由于这些社区中外来住户较多，住户之间的信任度较低，入户调查的拒访率很高。

② D市共有本科院校12所，本调查涉及D市全部3所“211”高校，其中1所为“985”高校。

岁，年龄最大的84岁（见表6-3）。对年龄的统计分析还要考虑不同受访群体之间的差异。这是由于网民的年龄结构特征普遍呈现年轻化的趋势。

表6-3　调查样本中年龄的描述性统计

年龄描述	全样本	D市市民	D市大学生	普通网民	Z市市民	M市市民
最小值(岁)	17	17	19	18	19	21
最大值(岁)	84	84	35	76	64	64
平均值(岁)	34.75	41.66	23.24	34.29	32.83	33.03
标准差(岁)	11.375	15.028	2.252	8.445	7.734	6.184
有效样本(个)	1192	340	127	315	206	204
缺失(个)	16	8	8	0	0	0
样本数(个)	1208	348	135	315	206	204

从图6-3可以看出，网民群体中将近六成的人集中在26~35岁年龄段。而通过实地调查得到的D市市民的样本在各个年龄段的分布比较均匀，并且56岁及以上的中老年群体占比明显高于在线调查样本。

具体而言，D市通过线下调查获得的市民数据中年龄最小的17岁，年龄最大的84岁，平均年龄41.66岁（见表6-3）。网络调查样本中年龄最小的18岁，年龄最大的76岁，平均年龄仅为34.29岁，远远低于线下调查样本的平均年龄，且在普通网民、Z市市民和M市市民之间差异不大。线下样本在年龄分布上具有更广泛的代表性（见图6-3）。D市大学生群体年龄均值为23.24，标准差为2.252，离散程度较低，样本主要为在校大学生。

受教育程度在不同的调查类型中存在较大差异。这是由于网民、大学生等被调查对象本身即具有自选择性，比如大学生的学历都在本科及以上，如果把大学生样本加入则拉高了总样本受教育的整体水平，而对网络的熟练使用也受到受教育水平的限制。因此表6-4统计了总样本的受教育程度，同时又对网民和D市实

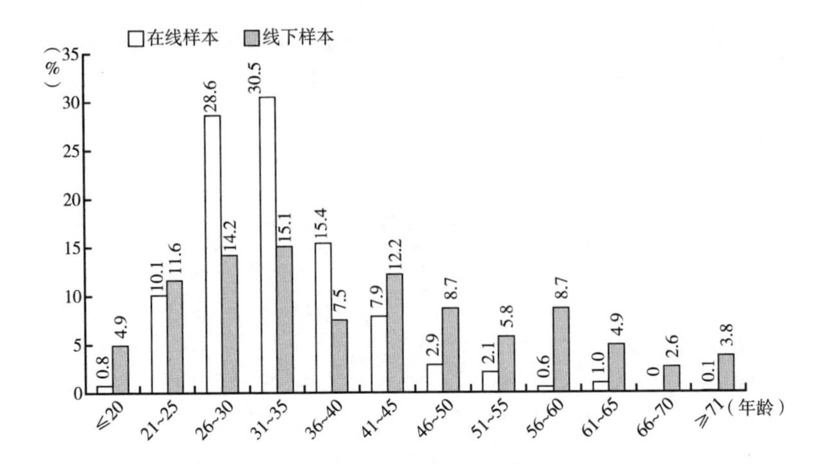

图 6－3 受访对象年龄分布

注：在线样本包括全国网民、Z 市市民和 M 市市民三个样本的加总，样本总数为 $N=725$。线下样本为 D 市市民，样本数 $N=348$（其中 8 人未填写年龄数据）。由于 D 市大学生为特定群体，年龄分布集中在 19～25 岁之间，因此 D 市大学生样本未被纳入年龄分布的分析。

地调研的样本进行了对比。从表 6－4 可以看到，总样本中有 56.5% 的人拥有大学本科受教育水平，而网民中这一比例高达 65.7%。在实地调查的 D 市市民样本中，具有大学本科教育水平的人数只占 26.7%，而有 1/5 的受访者只拥有初中及以下的文化程度。

表 6－4 调查样本受教育程度描述统计

单位：%

受教育水平	总体情况[a]（$N=1208$）	网民调查[b]（$N=725$）	D 市市民（$N=348$）
初中及以下	6.0	0.9	19.5
高中、中专	11.2	5.2	27.0
大专	18.5	19.3	22.3
大学本科	56.5	65.7	26.7
研究生	7.8	8.9	4.5

注：a. 总体情况是针对网民样本（$N=725$）、D 市市民（$N=348$）、D 市大学生（$N=135$），因此样本总数为 $N=1208$。b. 包括全国网民、Z 市市民和 M 市市民三个样本的加总。

可见，网络调查虽然可以得到一些有益的分析结论，但是在受教育水平、年龄结构等方面并不一定能代表更广泛的公众特征。

调查询问了受访者的个人月收入水平。由于大学生受访群体绝大部分没有个人收入，90.6%的大学生受访者表示个人月收入水平在2000元以下，因此大学生群体没有被纳入收入水平的统计描述之中。从图6-4可以看出，在所有受访对象中（有效 $N=1061$），个人月收入水平基本呈现正态分布的趋势：中间收入段的分布相对集中，如5001~8000元收入的人数最多，占全体受访者的26.1%，而个人月收入水平2000元以下和10000元以上的受访者分布相对较少，均在10%左右。

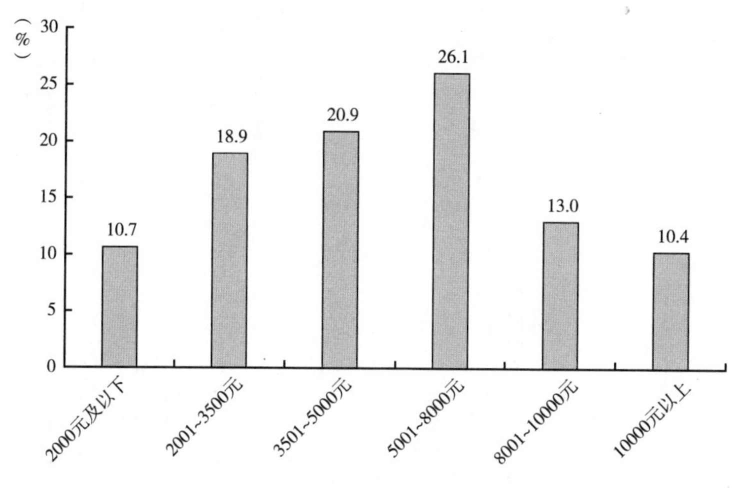

图6-4　受访对象个人月收入水平分布

注：排除D市大学生群体后共有1073个样本，其中12人未填写个人月收入的相关数据，因此有效样本为1061人。

收入分布在线下调查样本和在线调查样本之间表现出较大差异（见图6-5）。(a) 图反映了D市市民的个人月收入水平分布，77.7%的人报告个人月收入在5000元及以下，收入分布偏向较低水平。(b)(c)(d) 三图分别表现了Z市、M市和全体网民的个人月收入分布。这三类群体的收入分布比较类似，三成左右的受访者月收入水平在 5001 ~8000 元之间，和 D 市市民的收入水平分布相比，更加偏向中高收入水平。

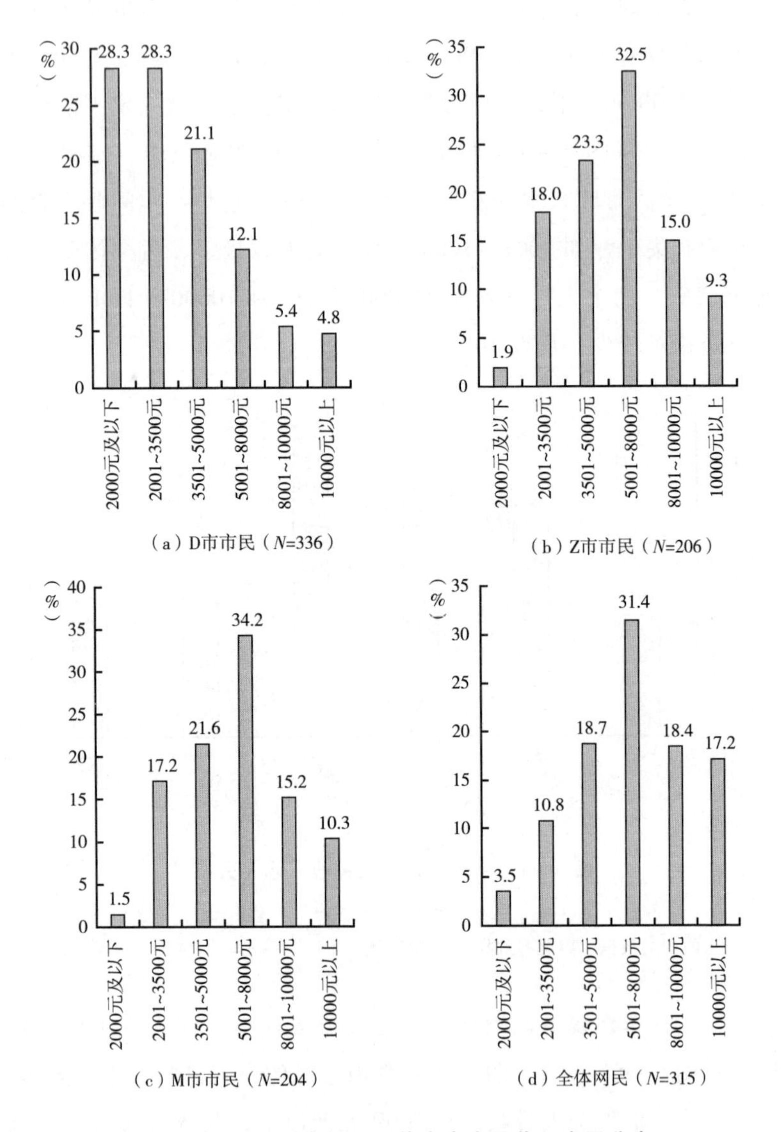

（a）D市市民（N=336）

（b）Z市市民（N=206）

（c）M市市民（N=204）

（d）全体网民（N=315）

图 6－5　受访对象不同群体中个人月收入水平分布

注：（a）图中 D 市市民共 348 人，其中有 12 人未填写个人收入的相关数据，因此有效样本为 336 人。

家庭特征也可能成为影响风险感知进而影响公众态度因素之一。比如，家中有孩子的受访者常常倾向于对风险更加敏感。因此本调查也简单收集了受访者的家庭信息。从受访者的婚姻家庭状况来看，全体有效样本中70.2%的人已婚，57.9%的受访者家中有0~15岁的孩子。如果排除掉D市大学生群体，已婚比例达到78.7%，家中有0~15岁孩子的受访者比例为63.6%。

四 关键变量的测量和描述性统计

（一）公众对邻避设施的接受度

本章实证研究中的被解释变量为公众对待PX项目态度，对应的问题是“您对本市建设PX项目持何种态度”，选项按照五点式量表，从坚决反对、反对、中立、支持到坚决支持分别计1~5分，得分越低越倾向于反对PX项目，总样本中公众态度的平均值为2.18，总体上倾向于反对PX项目选址（见表6-5）。

表6-5 调查样本主要变量的描述性统计

主要变量	N	最小值	最大值	平均值	方差
公众态度	1208	1	5	2.18	1.138
风险感知	1208	1.47	4.82	3.6998	.57033
政府信任	1208	1.00	5.00	3.1241	.65682
程序公正	1208	1.00	5.00	3.5893	.92456
国家收益	1208	1	6	3.22	1.166
地区收益	1208	1	6	2.80	1.236
个人收益	1208	1	6	2.32	1.221

（二）风险感知的测量

拟分析的自变量包括“风险感知”、“政府信任”、“程序公正”和“公众感知到的收益”。这些因素与邻避设施选址决策模式密切相关。其中“风险感知”反映公众对PX项目发生事故的概率、负面影响以及总体担心程度。调查问卷根据科学界比较普遍的认识以及在 PX 事件中广为流传的风险信息编制了 PX 项目的风险描述（见附录一问题 12），由公众对这些描述表达看法。如，“PX 属于微毒物质”是化学领域专家的共识。技术专家认为芳烃系列包括苯、甲苯、邻二甲苯、间二甲苯、对二甲苯（PX），其毒性是依次降低的。对二甲苯属于低毒类化学物质（陈永杰、王昊，2011）。而有关 PX 的致癌性则依据了国际癌症研究机构（IARC）的分类，IARC 将对二甲苯列为“第三类致癌物”，即现有证据不能证明其对人类致癌（杜燕飞，2014），同被列入“第三类致癌物”的还有生活中经常接触到的咖啡和咸菜。因此，问卷中也编制了“PX 的致癌性与咖啡、咸菜等物质相同”的题项。这些问题既是公众风险感知关注的重要方面，同时又有相对统一的专家共识，为公众风险感知的准确性提供了判断的依据。

风险感知的测量采用五分制。选项分为“完全不同意”、“不同意”、“中立”、“同意”和“完全同意”五个选项，依次计 1～5 分。大部分题项正向描述了 PX 项目的风险，如“PX 有剧毒”等题项，得分越高说明公众感知到的风险水平越高。而个别题项描述了 PX 项目的相对安全性，比如“PX 属于微毒物质”“PX 项目生产一般安全性很高”“PX 的生产不会产生废水废气”等，因此，得分越高（即“完全同意”）说明公众感知到的 PX 风险越低。为了使综合生成“风险感知”的指数具有一致性，数据处理对描述 PX 安全性的题项采用了反向计分，这样，综合起来看，“风险感知”得分越高表示公众感知到的 PX 风险越高。

从表 6－6 可以看出，公众对 PX 项目可能造成的环境风险感知程度最高，如“PX 的生产可能散发出毒气，严重污染空气”“PX 的生产可能严重污染周边水环境”“PX 形成的环境污染在短期内是难以消除的”三项均值分别为 3.95、4.03 和 4.05。

表6-6　风险感知分项测度统计

风险感知信息	个案数	最小值	最大值	平均值	标准差
1. PX有剧毒	1185	1	5	3.73	1.117
2. PX属于微毒物质(反向计分)	1180	1	5	3.00	1.186
3. PX的毒性和汽油、柴油差不多(反向计分)	1168	1	5	3.29	1.111
4. PX极易燃烧爆炸	1174	1	5	3.77	.931
5. PX的可燃性和煤油差不多(反向计分)	1160	1	5	2.85	1.047
6. PX致癌的可能性很大	1174	1	5	3.86	1.048
7. PX的致癌性与咖啡、咸菜等物质相同(反向计分)	1164	1	5	3.25	1.174
8. PX极有可能导致不孕不育	1168	1	5	3.77	.966
9. PX极有可能导致胎儿畸形	1170	1	5	3.81	.981
10. PX项目生产一般安全性很高(反向计分)	1175	1	5	3.28	1.143
11. PX的生产不会产生废水废气(反向计分)	1178	1	5	3.72	1.199
12. PX的生产可能散发出毒气，严重污染空气	1178	1	5	3.95	.990
13. PX的生产可能严重污染周边水环境	1174	1	5	4.03	.948
14. PX形成的环境污染在短期内是难以消除的	1172	1	5	4.05	.956

测度风险感知的题项一共14项，这14个项目的可靠性Cronbach's alpha = 0.849。个别题项采用了反向计分法，如“PX属于微毒物质”等，表6-6中的相关项已经经过反向计分处理，所有14项的计分方向一致，得分越高代表感知到的风险水平越高。模型中将所有这些测度“风险感知”的题项进行了加总平均，合成一个变量，这个变量的平均值为3.6998（见表6-5），说明公众总体上感知到的风险水平很高。

（三）社会信任的测量

信任是社会互动中的重要条件，但是相关研究在界定和测度信任方面难以形成统一的标准。因此，本研究结合现有文献对信任的研究基础，试图从多角度测度社会信任。总体上看，信任可以划分为个体对不同主体的信任，在邻避设施选址的背景下，关键的行动主体包括中央政府、本地政府、邻避项目建设企业、相关领域的专家以及民间组织，还包括不同形式的媒体。在本调查所收集的数据中，在关键行动主体方面，公众对民间环保组织的信任度最高，对 PX 项目建设方的企业信任度最低。从信息来源看，公众最信任亲朋好友传递的有关 PX 项目的信息，体现了社会关系中强联系的信息作用，公众其次信任微博和网络论坛中发布的信息，而对手机短信的信任度最低（见图 6－6）。

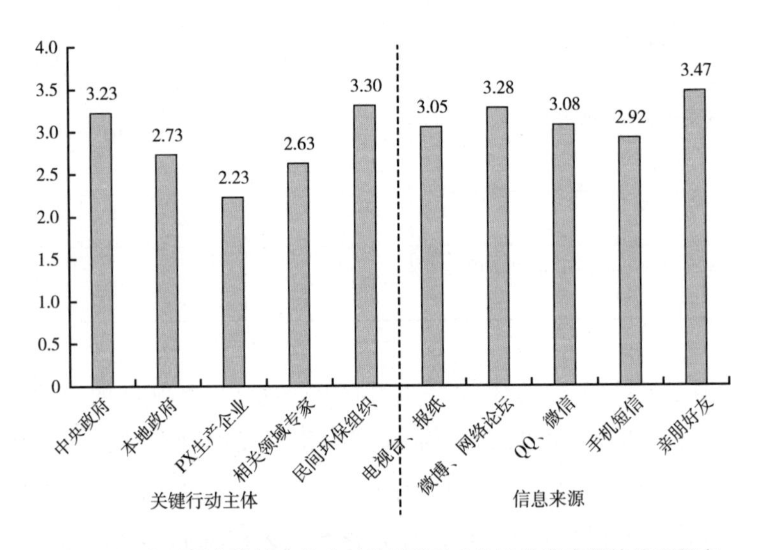

图 6－6　邻避设施选址中公众对关键行动主体和信息来源的信任程度

从信任的范围来看，信任还可以划分为一般信任（general trust）和具体信任（specific trust）（Renn，2008）。在邻避设施选址的背景中，具体信任就表现为公众在邻避设施选址这一具体问题上是否信任相关主体的决策或传播的信息，而一般信任则表现为对相关主体的总体可信度的评价。本研究中仅对本地政府信任进行了一般性和特殊性的测量。一般信任表述为“在大部分公共问题的决策上，您是否信任本市政府”，而特殊性信任表述为“在PX项目的相关信息方面，您在多大程度上同意以下说法：我信任本地政府”。在5点量表下，一般信任的均值是3.05，而特殊信任的均值是2.73。这表明，公众对本地政府一般信任度和在邻避设施选址决策上的特殊信任度存在差异。可见，在特定风险决策中，公众对地方政府的信任度降低。

本研究主要考察邻避设施选址的决策模式，在垃圾处理、石化项目等大部分邻避设施①选址的情形中，地方政府都是主要决策者。“政府信任”变量特指公众对当地政府的信任程度，具体地说就是对当地市级政府的信任程度。测量“政府信任”的题项包括一般信任、对PX项目决策的信任、对政府工作的满意度等，从“完全信任”到“完全不信任”采用1～5分5点计分法，模型中采用了这些题项得分的算术平均数。“政府信任”的平均值为3.1241（见表6－5），略微偏向于不信任。

（四）程序公正的测量

“程序公正”是描述决策模式的一个重要变量。本研究借鉴了其他同类研究中的做法，设计了科学勘测、征求意见、信息公开、诉求表达等题项测量选址过程的公正程度，采用李克特5点量表测量受访者对各种程序公正描述的认同度。因此，调查问卷实际上测量的是公众感知到的程序公正程度。完全同意计1分，完全不同意计5分，综合平均分为3.01，说明公众感知到的决策

① 在核电站等国家战略性邻避设施的选址中，中央政府主导选址决策。

程序居于中间水平。测量程序公正的 5 个题项、均值和标准差统计如表 6－7 所示，cronbach's α = 0.905，说明程序公正测量题项的一致性水平很高。实证模型中对所有题项采用算术平均的方法形成对“程序公正”的衡量。

表 6－7　程序公正的测量

不同题项	个案数	平均值	标准差
PX 项目的选址经过了科学的勘测	1181	3.03	1.066
PX 项目的建设进行了严格的环境影响评价	1181	3.03	1.120
PX 项目的建设广泛听取了老百姓的意见	1183	2.97	1.359
PX 项目的信息对老百姓是完全公开的	1184	2.94	1.348
老百姓有正常渠道表达对 PX 项目的反对意见	1184	3.06	1.216
有效个案数(成列)	1163		

（五）收益感知的测量

“感知到的收益”变量回应了邻避选址研究中的一个重要观点，即选址中的风险和收益是不对称的（Kunreuther，Fitzgerald，Aarts，1993）。本研究在调查中区分了公众感知到的 PX 项目对国家、地方和个人家庭层面带来的收益，分别采用李克特 5 点量表，得分越高代表公众感知到的收益越高。从总体上看，公众感知到的 PX 项目对国家、地方和个人家庭层面的收益是逐级递减的（见表6－8）。为了体现这种差异性，后续分析将三个层次的收益感知作为独立的解释变量进行处理，而没有将三个层次的测量合并成整体的收益感知变量。由于经济补偿可以改变个体感知到的收益结构，本研究还假设了几种不同的经济补偿政策，研究货币化经济补偿对公众接受度的影响。有关经济补偿政策的测量将在本章第六节“政策工具有效性”中加以介绍。

表6-8　收益感知的测量

不同题项	个案数	平均值	标准差
您认为PX项目的建设对国家经济发展是否必要？	1098	3.12	1.082
您认为在D市建设PX项目对本市经济发展是否必要？	1103	2.67	1.129
您认为在D市建设PX项目是否会给您个人和您的家庭带来好处？	1122	2.18	1.090
有效个案数（成列）	1022		

表6-9报告了主要变量之间的相关关系。各个自变量与被解释变量“公众态度”之间具有显著相关性，可以进行下一步的回归分析。

表6-9　主要变量的相关性

主要变量	公众态度	风险感知	政府信任	程序公正	国家收益	地区收益	个人收益
公众态度	1	-.538**	.118**	.521**	.399**	.480**	.519**
风险感知	-.538**	1	-.069*	-.533**	-.306**	-.386**	-.444**
政府信任	.118**	-.069*	1	.067*	.064*	.084**	.082**
程序公正	.521**	-.533**	.067*	1	.366**	.460**	.484**
国家收益	.399**	-.306**	.064*	.366**	1	.643**	.441**
地区收益	.480**	-.386**	.084**	.460**	.643**	1	.580**
个人收益	.519**	-.444**	.082**	.484**	.441**	.580**	1

注：表中的相关系数为斯皮尔曼相关系数。

**，相关性在0.01的水平上显著（双尾检验）。

*，相关性在0.05的水平上显著（双尾检验）。

第三节　公众接受度的总体表现及差异

公众接受度（public acceptance）是理解公众态度和行为的关键，是制定面向公众的、可执行的邻避决策的基础。本节将“公众接受度”作为主要关注的被解释变量（independent variable），直接测量公众对邻避设施的接受程度，而不是对某项技术或建设需求的接受度，这样的分析结果具有更加直接的决策参考价值，这是由于对某些技术和建设需求的认可并不一定带来本地的支持。比如，有文献指出公众对风能的接受度既存在“社会差距”，又存在“个体差距”：“社会差距”表现在公众对发展风能的合理性和必要性高度认可，但是风能在现实中的应用水平仍然很低；“个体差距”表现为个体从总体上支持风能建设，但是拒绝在自己的社区中建设风场（Bell，Gray，Haggett，Swaffield，2013）。因此，调查问卷借鉴了 Jenkins - Smith and Kunreuther（2001）测量公众接受度的方法，直接询问“您对本市建设 PX 项目持何种态度”，备选项是：坚决反对、反对、中立、支持和坚决支持，分别按 1 ~ 5 分计分，分数越高代表公众对 PX 设施选址的接受度越高。

同时，本章的量化研究部分将邻避设施具体化为 PX 项目设施。这是由于邻避设施的接受度在不同类型的项目中差别很大，而 PX 项目建设在我国的邻避冲突中具有典型意义。PX 项目在地方经济中具有带动产业、创造就业、增加税收等显著的发展效应（Liu，Liao，Mei，2018）。但是，我国 PX 项目选址并不顺利，2007 年以来我国多地相继爆发 PX 选址的抗议事件，PX 项目的风险通过此起彼伏的抗争活动、媒体报道和公众争论而被放大，最后形成了对 PX 项目的“污名化”（stigma），PX 项目成为公众话语中争论的焦点。本研究拟对 PX 项目的公众接受度展开深入研究，因此采用了多城市、多时点的系列调查，不仅能考察 PX 项目的总体接受度，而且为观察公众接受度的群体差异和地区差异创造了机会。当然，尽管 PX 事件在中国的邻避运动中具有标志性意义，但是对公众接受度的研究还应扩展到更多类型的邻避设施，还需要在不同类型的邻避设施之间展开公众接受度的对比。这是今后的实证研究需要努力的方向。

现实中，公众对邻避设施的接受度存在差异。这些差异可能是由于不同人群本身的环境观念不同而造成的。比如，Xiao，Dunlap，Hong（2013）以“中国综合社会调查”（CGSS，Chinesc General Social Survey）为基础发现具有受教育程度较高、男性、政府职员、大城市居民以及党员等身份特征的人口对环境问题的担忧程度更高。公众接受度的差异也可能是邻避设施所在地区或邻避设施的类型而决定的（Liu，Liao，Mei，2018）。本章的定量研究聚焦在PX项目的公众接受度上，但是收集了大学生群体和普通市民、拟建项目周边居民和已建项目周边居民、已建项目的不同城市居民等多元化数据，为研究公众接受度的差异提供了可能。对公众接受度差异的研究有利于制定分类施策、差别沟通的选址策略。

一　公众接受度的总体分析

本研究在2013～2014年间针对邻避设施公众态度展开了4次问卷调查，共获得1208个有效样本。表6－10显示了公众对本市建设PX项目接受度的总体情况及历次调查的差异。从总体上看，公众对PX项目持“坚决反对”态度的人数占34.3%，持反对态度的占32.6%，两项汇总占66.9%，未表现出明确反对态度的共占33.1%。这表明，超过三成的受访者能够接受在本地兴建PX项目。

表6－10　邻避设施公众接受度的总体分析

公众态度	全样本	D市市民	D市大学生	Z市市民	M市市民	普通网民
坚决反对(%)	34.3	39.9	38.1	27.2	36.8	29.2
反对(%)	32.6	33.5	35.1	25.7	35.8	33.2
中立(%)	21.1	16.8	23.1	23.8	17.6	25.6
支持(%)	9.6	8.1	3.0	18.9	8.3	8.6

续表

公众态度	全样本	D市市民	D市大学生	Z市市民	M市市民	普通网民
坚决支持(%)	2.4	1.7	.7	4.4	1.5	3.4
有效样本(个)	1191	346	134	206	204	301
缺失(个)	17	2	1	0	0	14
样本数(个)	1208	348	135	206	204	315

值得注意的是，公众对PX项目的接受度在不同的调查中表现出较大差异。这可能是由调查途径以及调查时间和地点的不同所引起的。比如，D市的公众调查采取了由访员入户调查的形式，而其他3次调查均为网络调查。从表6－10可以看出，D市公众对本地邻避设施的反对率最高，无论是普通市民还是大学生，对PX项目的反对率都高达73%左右，高于平均水平6个百分点以上。

尽管针对Z市市民、M市市民和普通网民的调查都采取了网络调查的形式，但是3次网络调查的结果也具有较大差异。Z市市民的反对比例为52.9%，低于全样本平均水平14个百分点。Z市在调查展开时已经建成PX项目将近1年，在调查实施之前的8个月已建成的PX项目曾经发生一起爆炸事故，造成附近村庄部分房屋玻璃受损，但并无人员伤亡。该事故经媒体报道后在全国范围内引发了公众对PX项目的高度关注。这表明Z市尽管已经建成并发生过安全事故，但是公众对PX项目的反对程度在本研究收集的数据中仍然是最低的。

全国范围内的普通网民对PX项目的反对比例为62.4%。对普通网民的调查在2013年8月实施。从2007年厦门PX事件到2013年8月之间，我国大连、宁波、昆明、成都等地相继爆发了几起影响较大的PX事件①。PX项目在中国成为尽人皆知的“危

① 详见第三章第二节。

险”的代名词，PX 项目也成为我国备受关注的邻避设施。特别是 2013 年 5 月昆明和成都都发生了 PX 事件并引起舆论的热议。因此，在本研究对普通网民展开调查的前后正是广大公众对 PX 项目以及其他邻避设施高度关注的时期。在网络调查的 Z 市、M 市和普通网民的 3 组数据中，M 市市民的反对比例最高，为 72.6%，接近 D 市的线下调查结果。这在一定程度上是由于 M 市的调研离当地发生 PX 事件的时间较为接近。2014 年 3 月底，M 市发生了较大规模的群众抗议 PX 事件。本研究在大约 1 周后对 M 市网民展开了调查，此时仍处于该事件的余波之中，因此，公众态度受到 PX 事件和公共舆情的影响，反对倾向较高。

二　公众接受度的群体差异

公众对邻避设施的接受度可能存在群体差异，这种差异可能受到性别、年龄、受教育程度、收入和家庭状况的影响。本研究利用 4 次调查的综合数据对公众接受度的群体差异展开分析。

表 6 - 11 的结果显示，除了普通网民的子样本，公众对邻避设施的接受度没有表现出显著的性别差异。在普通网民的子样本中，男性对 PX 项目的反对率为 67.7%，而女性对 PX 项目的反对率仅为 52.4%，低于男性反对率 15.3 个百分点。卡方检验结果表明，这种性别差异是显著的（$\chi^2 = 10.310$，$p = .036$）。在其他几个子样本中男女群体对邻避设施的接受度并没有显著差异。

表 6 - 11　邻避设施公众接受度的性别差异分析

公众态度	全样本		D 市市民		D 市大学生		Z 市市民		M 市市民		普通网民	
	男	女	男	女	男	女	男	女	男	女	男	女
坚决反对(%)	34.3	34.1	38.9	41.4	34.7	42.4	26.0	29.1	38.5	33.8	31.3	25.2
反对(%)	33.2	31.8	33.2	34.5	36.1	33.9	26.0	25.3	33.8	39.2	36.4	27.2
中立(%)	20.6	22.0	15.9	19.0	23.6	22.0	24.4	22.8	20.0	13.5	22.7	31.1
支持(%)	9.6	9.3	9.8	4.2	4.2	1.7	18.9	19.0	6.2	12.1	8.1	9.7

续表

公众态度	全样本		D市市民		D市大学生		Z市市民		M市市民		普通网民	
	男	女	男	女	男	女	男	女	男	女	男	女
坚决支持(%)	2.3	2.8	2.2	0.9	1.4	0.0	4.7	3.8	1.5	1.4	1.5	6.8
有效样本(个)	753	431	226	116	72	59	127	79	130	74	198	103
缺失(个)	24		6		4		0		0		14	
样本数(个)	1208		348		135		206		204		315	
χ^2	.805		4.223		2.046		0.334		3.835		10.310	
渐进显著性（双侧检验）	.938		.377		.727		.988		.429		.036	

从年龄差异来看，反对率最高人群集中在36～45岁和56岁及以上年龄组，反对率分别为71.0%和71.6%。25岁及以下年龄组反对率最低，为63.5%。26～35岁和46～55岁年龄组反对率分别为66.1%和66.2%，略低于平均水平67.0%。但卡方检验表明这种年龄差异并不显著（χ^2 = 25.303，p = .065），因此，年龄对公众接受度的影响还有待进一步的实证研究。

表6－12　邻避设施公众接受度的年龄差异

公众态度	年龄分组(岁)					总计
	25及以下	26～35	36～45	46～55	56及以上	
坚决反对(%)	28.2	34.3	40.3	33.7	35.8	34.3
反对(%)	35.3	31.8	30.7	32.5	35.8	32.6
中立(%)	25.4	20.5	18.9	27.8	11.1	21.1
支持(%)	9.5	9.9	9.2	4.8	13.6	9.6
坚决支持(%)	1.6	3.5	.9	1.2	3.7	2.4
有效样本(个)	252	537	238	83	81	1191
缺失(个)						17
样本数(个)						1208
χ^2						25.303
渐进显著性（双侧检验）						.065

受教育程度影响个体对技术知识的理解和判断能力，从而影响个体风险感知。本研究的数据显示，研究生水平的人群对PX项目的反对率最高，为76.8%（见表6-13），高出平均水平10个百分点，与其他教育程度群体的反对率存在显著差异（χ^2 = 24.352，p = .018）。其他组别的公众接受度没有显著差异，接近全样本平均水平。

表6-13 邻避设施公众接受度的受教育程度差异

公众态度	受教育程度分组				总计
	高中及以下	大专	大学本科	研究生	
坚决反对(%)	38.2	31.9	33.1	40.0	34.3
反对(%)	27.9	35.2	32.5	36.8	32.5
中立(%)	21.1	21.3	22.7	9.5	21.1
支持(%)	9.9	6.5	10.4	10.5	9.7
坚决支持(%)	2.9	5.1	1.3	3.2	2.4
有效样本(个)	204	216	671	95	1186
缺失(个)					22
样本数(个)					1208
χ^2					24.352
渐进显著性(双侧检验)					.018

本研究还检验了婚姻状态和家庭子女状态对公众接受度的影响。已婚和未婚受访者对邻避设施的接受度并未表现出显著差异。调查问卷询问了受访者“您家中是否有0~15岁的孩子”，由于D市大学生样本中九成的受访者未婚未育，因此没有被纳入这个问题的分析。其他四组市民群体仅在M市市民群体中，是否有孩子对公众接受度产生显著影响（χ^2 = 9.895，p = .042）。有0~15岁孩子的受访者反对率较低，为70.7%，没有孩子的受访者反对率相对较高，达到81.1%。D市、Z市和普通网民对邻避设施的接受度不受是否有孩子这一因素的影响。

本调查还询问了受访者上月的个人收入。对收入的分析表明，不同收入组之间的受访者表现出的邻避设施接受度并无显著差异（$\chi^2 = 25.637$，$p = .372$）。

邻避问题的核心是邻避设施“不要建在我家后院”，因此本地是否具有已经建成或者即将兴建相关邻避设施可能对公众态度产生重要影响。在本研究中，D 市、Z 市和 M 市都已经建成了 PX 项目，并在不同的时期发生过抗议 PX 项目的邻避抗议。尽管如此，仍有部分市民在调查中表明自己并不清楚本地是否有 PX 项目，或者错误地认为本地没有邻避设施。

和 D 市、Z 市以及 M 市不同，普通网民的样本是通过在线随机抽样产生的，受访者所在的城市并不一定建设了 PX 项目。调查数据显示，受访者中超过一半的人（51.1%）认为所在城市已建或拟建 PX 项目，21.6% 的受访者表示不清楚本市是否有 PX 项目，27.3% 的受访者认为所在城市没有 PX 项目。调查结果显示，受访者是否了解本市有 PX 项目对其邻避设施接受度存在影响。表 6－14 表明知道本市已建或拟建 PX 项目的受访者对邻避设施的反对率最低（44.5%），持中立态度的人比例最高，占 38.9%。这可能是由于公众对已建或拟建的项目感到木已成舟，反对的作用十分有限，也可能是由于在已建或拟建的地区，公众对 PX 项目的风险有更加客观的评价。对本市是否有 PX 项目不太清楚的人群对邻避设施表现出较高的反对率（74.6%），而在认为自己城市中没有 PX 项目的人群中，反对率高达 87.1%，这表明目前没有 PX 项目的城市市民不愿意改变现状，试图通过投反对票来阻止 PX 项目的入驻，这提示了 PX 项目选择新址的高风险。卡方检验表明，公众接受度的这种差异是显著的（$\chi^2 = 52.176$，$p = .000$）。这种显著差异只在网民群体中观察到。D 市、Z 市和 M 市都建有 PX 项目且由于 PX 项目引发过影响较大的群体性事件，这些城市中的受访者对本地是否有 PX 项目的了解程度对接受度没有产生明显的差异化影响。

表6－14　普通网民邻避设施接受度的差异

公众态度	据您了解，您所在城市是否建设了或即将建设PX项目			总计
	是	否	不太清楚	
坚决反对（%）	20.9	37.7	39.0	29.3
反对（%）	23.6	49.4	35.6	33.2
中立（%）	38.9	5.9	18.6	25.6
支持（%）	13.4	3.5	3.4	8.6
坚决支持（%）	3.2	3.5	3.4	3.3
有效样本（个）	157	85	59	301
缺失（个）				14
样本数（个）				315

第四节　影响公众接受度的主要因素及路径

一　影响公众接受度的主要因素

本节采用线性回归技术分析影响公众态度的主要因素。首先以总样本进行了线性回归分析。回归模型的基本参数如表6－15所示。由表6－15可知，回归方程的 $R^2=0.444$，说明回归方程可以解释公众接受度变异的44.4%。

表6－15　总样本线性回归模型的基本参数

模型	R	R方	调整后R方	估计的标准误
1	.666[a]	.444	.441	.851

注：a预测因子包括常量、个人利益预期、信任、国家利益预期、风险感知、程序公正、城市利益预期。

表6－16报告了总样本线性回归模型的系数及其显著性。由表6－16可知，所有自变量均对因变量具有显著影响。具体而言，风险感知能够负向预测公众接受度（$\beta=-0.275$，$p<0.001$），感

知到的风险越高越倾向于反对 PX 项目选址，并且这种负向作用是所有影响因素中最强烈的因素。这个结果说明公众抗议在很大程度上仍然是由感知到的风险所决定的。对公众态度产生正向影响的因素有政府信任（$\beta=0.055$，$p<0.05$）、程序公正（$\beta=0.193$，$p<0.001$）、国家利益预期（$\beta=0.081$，$p<0.01$）、城市利益预期（$\beta=0.114$，$p<0.001$）、个人利益预期（$\beta=0.197$，$p<0.001$）。其中影响较大的是公众感知到的 PX 项目带来的个人收益以及程序公正。因此，通过改进 PX 项目选址决策模式，让公众分享 PX 项目建设所带来的收益可以提升公众对 PX 项目的接受度。推动程序公正的努力也将为成功选址做出贡献。

表 6－16　总样本的线性回归模型

自变量	非标准化系数		标准化系数	t	显著性
	β	标准误	β		
常数	2.345	.283		8.299	.000
风险感知	-.549	.053	-.275	-10.430	.000
政府信任	.095	.037	.055	2.534	.011
程序公正	.238	.034	.193	7.016	.000
国家利益预期	.079	.028	.081	2.845	.005
城市利益预期	.105	.029	.114	3.587	.000
个人利益预期	.184	.026	.197	6.969	.000

注：因变量为“公众对 PX 项目的接受度”。

为了反映各种影响因素在不同群体中的作用程度，表 6－17 报告了在 5 类受访群体中运行上述线性模型的结果。实证结果显示，影响公众接受度的因素在不同群体中的作用有所不同。但是综合来看，风险感知、程序公正和个人利益预期在大部分模型中都具有显著性，且程序公正和个人利益预期等的影响方向与总模型相同。而在大学生群体中，其对国家和城市利益的预期都对邻避设施的接受度具有显著正向影响，这与其他群体模型中的表现相比令人印象深刻，这表明拥有高等教育水平的青年群体在承担公共责任方面表现得更为积极。

表6-17　不同群体中公众态度影响因素的差异

自变量	(1) 总样本	(2) 全国网民	(3) D市市民	(4) D市大学生	(5) Z市市民	(6) M市市民
N	1208	315	345	135	206	204
风险感知	-.275**	-.209**	-.322**	.106	-.443**	-.399**
政府信任	.055*	-.040	.136*	.010	.018	-.045
程序公正	.193**	.193**	.051	-.200*	.213**	.171*
国家利益预期	.081**	.108	.157*	.224*	-.027	.053
城市利益预期	.114**	.116	.052	.234*	.138*	.123
个人利益预期	.197**	.132*	.191**	.012	.189**	.184**
R方	.444	.314	.434	.316	.697	.603
调整的R方	.441	.301	.424	.284	.688	.591

注：①表格中报告的是模型中的标注化系数；②**. 在0.01的水平上显著；*. 在0.05的水平上显著；③模型（2）~（6）的详细结果见附录二。

对比以上不同模型中的实证分析结果可以得到以下几条结论：第一，在所有影响公众态度的因素中，风险感知的影响是第一位的，几乎在所有模型中都是显著的（除模型（4）之外），对公众态度产生负向影响，即感知到的风险水平越高，越倾向于反对选址。第二，程序公正对公众态度产生显著正向影响，其影响的效应仅次于风险感知，这一结果也是十分稳健的（除模型（3）之外）。第三，公众所感知到的PX项目能为个人带来的收益产生的影响处于第三位（除模型（4）之外），其作用方向是正向的，符合分析框架的预期，即感知到对个人收益越高，越倾向于支持PX项目选址。但个体所感知到的PX项目对国家和当地收益所产生的影响并不明确。值得注意的是，大部分文献中提到的政府信任在风险管理中的影响，在本节的实证分析中并未得到十分一致的结果，在模型（1）和（3）中政府信任和公众接受度呈现显著正相关关系，而在其他模型中没有表现出显著性。

综合起来看，公众态度的形成实际上具有十分理性的个体角度的“风险－收益权衡”，这提示切实有效的风险沟通、改变公众对PX项目中风险和收益状况的基本认知，有助于推动PX项目的选址。程序公正在PX项目中所产生的影响表明公众对PX项目的反对态度有一部分是由于决策程序缺乏公正性，或者至少在公众看来缺乏公正性而造成的。那么，改进决策程序、鼓励公众参与，将有助于提升公众对邻避设施的接受度。

二 影响公众接受度的路径分析

依据本章所建立的分析框架（见图6－1和图6－2），线性回归分析初步辨识了影响公众态度的核心要素。但是现实中各种因素的相互影响可能十分复杂，比如程序公正可能对政府信任产生影响，也可能影响公众风险感知。本节试图通过结构方程模型进一步分析风险感知、程序公正、政府信任等因素对公众态度的影响机制。本研究中的“公众态度”“风险感知”“政府信任”“程序公正”等变量都具有难以直接测量以及难以避免主观测量误差的基本特征。结构方程模型（structural equation modeling，简称SEM）能对难以直接观测的潜变量进行处理，并可以将难以避免的误差纳入分析。结构方程模型结合了线性回归和因子分析的特性，具有以下优点：（1）通过多指标测量，准确有效地探索潜变量，同时避免了多元回归分析中自变量的多重共线性问题；（2）从测量模型和结构模型两个层次对误差进行分析，较大地增强了统计效率；（3）在一个系统中分析变量间的因果关系，对变量间相互作用机理进行了深层次分析；（4）模型设计中蕴含了系统化的专业知识，突破了传统的依赖数理角度而寻找变量关系的局限，模型拟合更为合理。在邻避态度形成机制的研究中，结构方程模型是一种被广泛采用的定量研究方法（Sjoberg，Drottz - Sjoberg，2009），其有效地描绘了各种影响因素发生作用的路径。

结构方程模型包括：①测量模型，反映潜变量和可测变量之间的关系；②结构模型，反映潜变量之间的结构关系。结构方程模型一般由三个矩阵方程式代表：

$$\eta = B\eta + \Gamma\xi + \zeta \quad (1)$$

$$Y = \Lambda_y \eta + \varepsilon \quad (2)$$

$$X = \Lambda_x \xi + \sigma \quad (3)$$

其中方程（1）为结构模型，η 为内生潜变量（被解释变量），ξ 为外源潜变量，η 通过 B 和 Γ 系数矩阵以及误差向量 ζ 把内生潜变量和外源潜变量联系起来。方程（2）和方程（3）为测量模型，X 为外源潜变量的可测变量，Y 为内生潜变量的可测变量，Λ_x 为外源潜变量与其可测变量的关联系数矩阵，Λ_y 为内生潜变量与其可测变量的关联系数矩阵。通过测量模型，潜变量可以由可测变量来反映。表 6 - 18 列举了本节分析中的所有外源潜变量及其测量变量。在本节的模型中，内生潜变量即“公众接受度”（英文变量名：attitude）。

表 6 - 18　结构方程模型中的潜变量和测量变量

潜变量	测量变量	英文变量名	在问卷中对应的问题
风险感知	发生概率	probability	您认为 PX 项目发生事故并对环境和健康造成危害的可能性大吗?
	影响后果	impact	您认为 PX 项目对环境和健康造成的危害有多严重?
	担心程度	concern	您对 PX 项目可能造成的危害感到担心吗?
对当地政府的信任程度	一般信任	gentrust	在大部分公共问题的决策上，您是否信任本地政府?
	特殊信任	ltrust	在 PX 项目的相关信息方面，您是否信任本地政府
	满意度	gensati	在大部分公共事务的管理上，您对本市政府的工作感到满意吗?

续表

潜变量	测量变量	英文变量名	在问卷中对应的问题
程序公正	科学勘测	fairness01	PX 项目的选址经过了科学的勘测
	严格环评	fairness02	PX 项目的建设进行了严格的环境影响评价
	征求意见	fairness03	PX 项目的建设广泛听取了老百姓的意见
	信息公开	fairness04	PX 项目的信息对老百姓是完全公开的
	诉求表达	fairness05	老百姓有正常渠道表达对 PX 项目的反对意见

表 6－19 报告了作为解释变量的三个潜变量的信度系数，可以看出三个潜变量的 Cronbach's α 系数和折半信度系数都超出了 0.7 的标准，表明测量题项的设计具有较好的信度。

表 6－19　主要潜变量测量的信度系数

潜变量	Cronbach's α 系数	折半信度系数
风险感知	0.881	0.789
政府信任	0.790	0.801
程序公正	0.812	0.746

在文献梳理的基础上，本节所运行的结构方程模型如图 6－7 所示，试图验证“风险感知”“政府信任”“程序公众”对“公众态度”的影响，以及三个潜变量之间相互影响的关系。该模型的拟合参数如表 6－20 所示，整体适配度指数均满足可接受水平，整体拟合度较好。

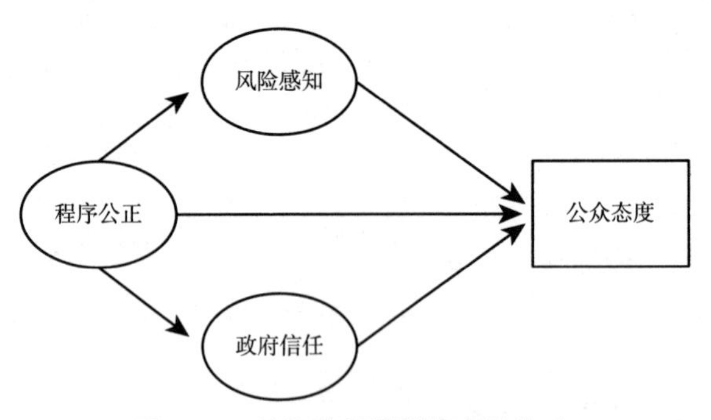

图 6－7　结构方程模型的变量关系

表 6-20　SEM 整体适配度的评价指标体系及拟合结果

项目	χ2	df	χ2/df	GFI	RMR	CFI	IFI	RFI	NFI
模型参数	127.163	48	2.649	0.938	0.076	0.957	0.957	0.907	0.933
可接受水平				>0.90	接近 0	>0.90	>0.90	>0.90	>0.90

结构方程模型分析的结果呈现在图 6-8 中。首先，在直接影响中，风险感知的影响是最主要的，影响系数为 -0.66。公众对当地政府的信任程度对态度的影响系数为 0.24，但程序公正①对

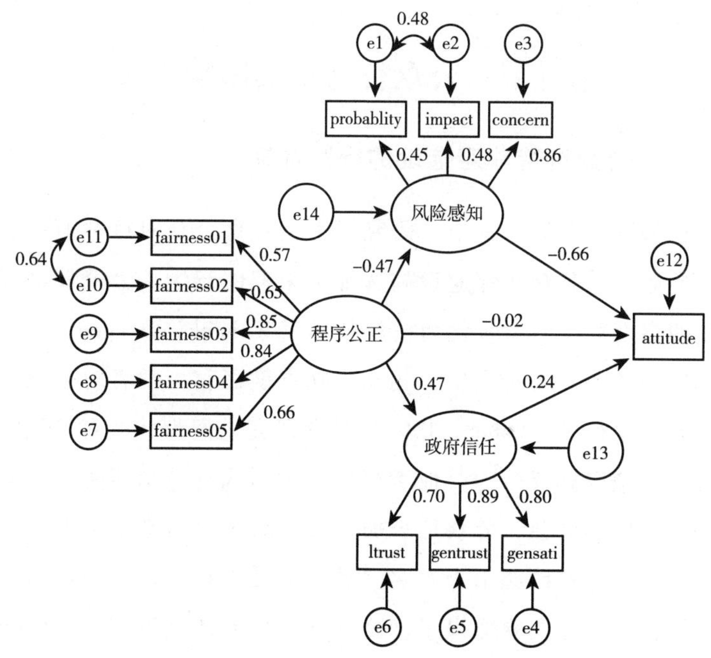

图 6-8　结构方程模型的分析结果

说明：图中英文变量名对应表 6-18 的各项测量变量。"attitude" 为内生潜变量，即公众接受度。

① 为了使实证结果便于解读，在模型计算过程中对原始计分进行了反向编码，因此，实证模型中，"程序公正" 变量得分越高，代表公众感知到的程序不公正水平越高。

公众态度的直接影响则十分微弱（-0.02）。其次，尽管程序公正对公众态度的影响弱小，但是通过对“风险感知”和“政府信任”的间接影响作用与公众态度的机制十分明显，影响系数分别为-0.47和0.47。再次，在程序公正的所有测量变量中，作用最为明显的是“征求意见”（fairness03）和“信息公开”（fairness04），两者的路径系数分别为0.85和0.84。这反映出当前公众对改进决策程序的最为迫切的诉求，即需要启动规范畅通的征求意见程序、保证信息公开和决策透明来推动程序公正。

第五节　公众行为及其影响因素

一　公众对待邻避选址的行为选择

在邻避冲突的文献中，研究者不仅考察公众对待邻避设施的态度，还关注公众在邻避设施选址中采取的行为。公众反对邻避设施的态度并不一定转化为抗议行动（Wolsink，Devilee，2009）。在邻避问题的实证研究中，相比公众态度而言，学者对公众行为的研究要少得多。Lober（1995）试图研究人们为什么对垃圾处理设施选址采取抗议行为，他考察了三种形式的公众行为：公众是否参与选址听证会、公众是否加入某一组织反对选址以及公众是否在反对选址的请愿书上签名。其研究结果显示，公众反对行为的水平比反对态度要低得多，公众感知到的选址过程公正性对以上三种邻避抗议行为都起到抑制作用。从加强社会治理、维护社会稳定的角度出发，对邻避争议中公众反对行为进行研究尤为重要。本节借助调查数据对邻避冲突中可能的典型行为进行了分析。

问卷调查中1208个受访者中共有1080人填写了有关反对行动的信息，其余128人表达出对邻避设施的支持或坚决支持的态度。调查问卷根据观察设置了多种可能的反对行为，如到基层部门反映意见、与项目方沟通协商、通过媒体曝光以及街头抗议等，这些行为有的倾向于温和的沟通，有的倾向于激烈的抗议。受访者根据自身情况可以选择一种或多种行为表达方式，见表6-21。

表6-21 邻避设施选址中的行为表现

单位：%

公众采取的行为	否	是
在网络上发表反对选址的意见	62.5	37.5
向新闻媒体曝光	69.6	30.4
向亲朋好友宣传危害	71.5	28.5
到信访部门反映情况	74.2	25.8
到居委会、街道办事处反映情况	78.6	21.4
走上街头抗议	88.2	11.8
直接找项目建设方沟通	91.1	8.9
到政府部门静坐请愿	91.6	8.4
不采取任何行动	93.0	7.0
组织示威游行	94.3	5.7
在公众场合散发传单	95.4	4.6

注：有效样本数为1080。

从表6-21的结果可以看出，网络表达和通过媒体曝光是公众最为广泛采用的两种反对行为。这些行动在上一章的杭州九峰案例中得到印证。在杭州九峰事件中，微博平台成为最主要的公众意见载体，公众在网络空间表达个人情感和政治态度，这些情感和态度通过网络互动和裂变传播迅速，放大了社会风险，对网民情绪和社会稳定产生了重大影响（方爱华，2015）。在互联网高度发展的社会中，网络参与已经成为公众试图影响公共政策和公共生活的重要方式（李丁、张华静、刘怡君，2015）。

“向亲朋好友宣传危害”“到信访部门反映情况”“到居委会、街道办事处反映情况”“直接找项目建设方沟通”等行为方式都体现了公众沟通的视角，采用这些行为方式的比例分别达28.5%、25.8%、

21.4%和8.9%。这表明公众在采取非理性抗议行为之前存在巨大的协商空间，特别是公众对信访部门、政府基层组织给予较高希望，为公共部门收集公众意见、及时化解矛盾提供了有利条件。

值得注意的是，公众选择“走上街头抗议”的比例并不低（11.8%），这在一定程度上与我国频发的邻避事件相吻合。在我国的法律环境下，街头抗议的参与成本和风险都很高，也不符合大部分中国人的行为规范。但是，如果受到环境风险的威胁，公众仍有可能选择街头抗议的方式向决策部门施压，最终达到维护环境安全的目的。

为了进一步厘清影响公众反对行为的各种因素，本节采用二项Logistic模型对邻避冲突中3种代表性反对行为展开分析。这3种代表性反对行为分别是“在网络上发表反对选址的意见”“到信访部门反映情况”“走上街头抗议”。这3种行为在调查样本中均有相对较高的选中率，分别为37.5%、25.8%、11.8%（见图6-9），且代表了几种不同的行为方向，既有借助现代技术表达意见的方式，也有传统的与政府部门沟通的方式，最后也有少量采取过激行为的可能性。

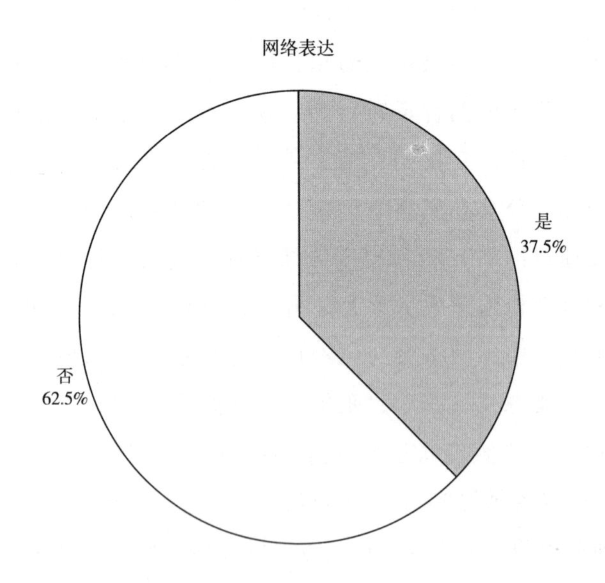

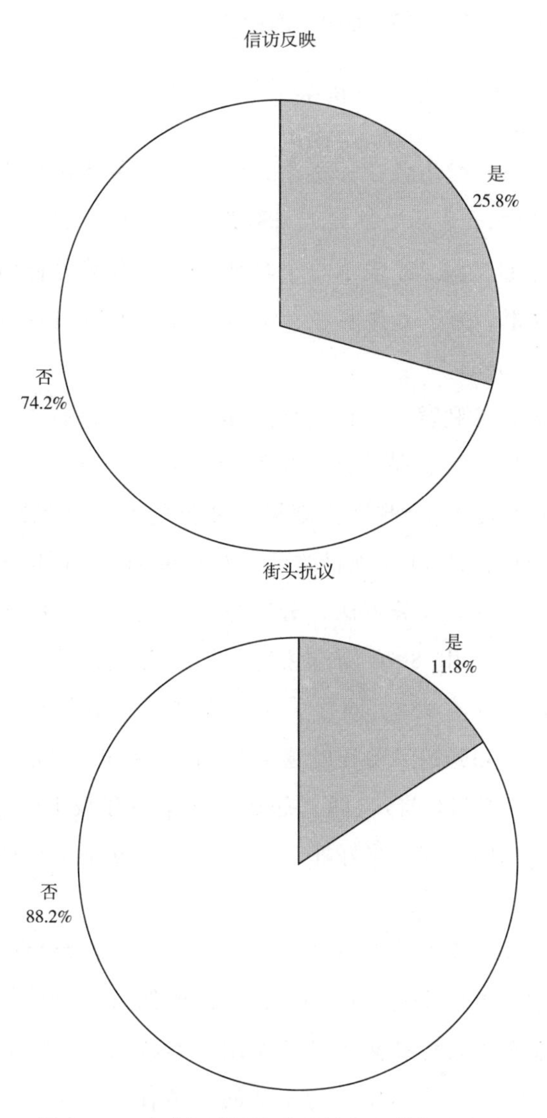

图 6-9 反对邻避设施选址的代表性行为占比

二 影响公众行为的主要因素

由于被解释变量为“是/否”采取某种行为的二分变量，数据分析采用了如下的二项 Logistic 回归模型：

$$ln\left(\frac{p}{1-p}\right)=\beta_0+\beta_1 X_1+\cdots+\beta_k X_k, k=1,2,\cdots,j$$

该模型考察受访者在邻避冲突中采取某种反对行为的主要影响因素。其中，p 表示个体完成采取某种反对行为的概率，$X_1, X_2 \cdots X_k$ 表示 k 个自变量，β_k 表示每个自变量对采取某种行为的回归系数，β_0 为截距。为了方便解释，本节报告了由回归系数转化的概率比（odds ratio）。

在“风险－利益－信任”的分析框架下，影响公众行为的因素可以从风险感知、利益感知和程序公正等几个方面去考察。其中，风险感知由 14 个测度主观风险评价的题项（见附件一第 12 题）综合而成，这 14 个项目的可靠性 Cronbach’s alpha =. 849，采用了算数平均分的计分方法，分数越高表达感知到的风险程度越高[①]。程序公正由 8 项测量指标综合而成，这 8 项指标的 Cronbach’s alpha =. 985，同样采用了算数平均分的计分方法，分数越高表达感知到的风险程度越高[②]。利益感知只考虑了个体利益感知（附件一第 11 题），即“您认为在本市建设 PX 项目是否会给您个人和您的家庭带来好处”，分数越高代表感知到的个体或家庭收益越高。

除此之外，模型还考虑了性别、年龄和受教育程度等人口学特征。其中，男性比例为 63.6%，女性比例为 36.4%。受教育程度简化为非高等教育和高等教育两组，本科以上学历为高等教育水平，占 64.7%，非高等教育水平的受访者 35.3%。其他定序和定距变量的描述统计见表 6－22。

---

① 个别题项已经过反向计分处理，保证了风险感知的测量是同方向的，即风险感知的分数越高，代表感知到的风险水平越高。

② 已经过反向计分处理。

表6－22　公众行为解释变量的描述性统计

变量	个案数	最小值	最大值	平均值	标准差
年龄(受访当年)	1192	17	84	34.75	11.375
风险感知	1087	1.79	5.00	3.5973	.6124
个人收益感知	1122	1.00	5.00	2.18	1.090
程序公正	1179	1.00	5.00	3.0505	1.018
有效个案数	1005				

注：本表中风险感知、程序公正、个人利益感知的特征值与表6－5中的数值有出入，主要是由于公众行为数据的样本点没有进入本表的描述。而表6－5是针对全样本点的描述。

分析结果如表6－23所示。在网络表达、信访反映和街头抗议3个模型中，风险感知、个体收益感知和程序公正感知对公众行为的解释均具有显著性，且表现出比较接近的影响模式。其中风险感知的影响最为引人注目。在“网络表达”模型中，风险感知水平每升高一个等级，采取网络表达行为的概率是上一等级的2.330倍。风险感知对信访反映和街头抗议的行为同样显著，概率比分别为1.896和2.413。个体收益感知和程序公正感知对公众的反对行为均产生显著的负向影响。当个体收益感知上升一个等级的时候，网络表达、信访反映和街头抗议行为的发生率分别为较低一等级的79.7%、85.8%和73.2%。程序公正感知每上升一个等级，网络表达、信访反映和街头抗议行为的发生率分别为较低一等级的76.1%、68.9%和65.7%。

表6－23　邻避冲突中影响公众行为的因素分析：二项logistic回归模型

自变量	网络表达		信访反映		街头抗议	
	概率比	标准误	概率比	标准误	概率比	标准误
男性(参照组＝女性)	1.144	.150	.906	.161	.749	.220
年龄	.973***	.008	.988	.009	.990	.012
非高等教育(参照组＝高等教育)	.872	.168	.676*	.184	1.502*	.234

续表

自变量	网络表达		信访反映		街头抗议	
	概率比	标准误	概率比	标准误	概率比	标准误
风险感知	2.330***	.138	1.896***	.147	2.413***	.208
感知到的个体收益	.797***	.065	.858*	.071	.732**	.118
程序公正	.761***	.072	.689***	.077	.657***	.104
常量	.257*	.670	.250	.730	.041**	1.033
Pseudo R^2	.145		.100		.086	
χ^2 /df	149.657/6***		100.110/6***		85.828/6***	
-2 对数似然估计	1125.434		1010.216		608.597	

注：* $p \leq 0.05$，** $p \leq 0.01$，*** $p \leq 0.001$。

人口学特征变量只在个别模型中表现出显著作用。比如，年龄对公众采用网络表达行为产生显著负向影响。这是由于年龄大的人在接触和运用网络方面受到限制。在街头抗议模型中，相对于高等教育人群而言，非高等教育人群走上街头抗议的概率要高出50.2%，这可能是由于不同受教育程度的人群在主观规范上存在差别。而“信访反映”模型中，教育程度的影响作用刚好相反，非高等教育人群组采用信访反映的概率仅为高等教育人群组的67.6%。这说明在寻找制度化表达渠道方面可能存在知识差距。这两个模型的结果也可能具有内在联系，比如高等教育人群可能有更多的渠道表达意见，因此选择走上街头抗议的可能性也就大大降低。性别在三个模型中都没有表现出显著影响。

本节借助调查数据对公众在邻避冲突中可能采取的反对行为进行了初步分析。研究表明，“风险-利益-信任”的分析框架对公众行为仍有较强的解释力，其中风险感知的影响最为强烈。

第六节　政策工具的有效性

现有的实证研究对政策工具有效性的直接证据还比较缺乏。

本节在“风险－利益－信任”的理论框架下考察了风险管理、经济补偿和程序公正3种政策工具对公众接受度的影响。调查问卷通过假定的应用相关政策工具的情形下询问公众对邻避设施的接受度①，对解决邻避冲突中常用的政策工具的有效性展开了初步探索。

一　风险管理工具的有效性

公众对邻避设施的反对态度来源于对安全、环境和健康风险的担忧。邻避设施的潜在风险一部分是由技术本身的特性决定的，诸如垃圾处理、核废料存储等设施本身就具有一定的危险性，另一部分风险来自邻避设施管理和运行中的漏洞，公众对政府监管部门和项目运行企业按照技术标准运行设施缺乏信任。因此，加强风险管理成为化解邻避矛盾的根本要求，如果无法从根本上控制风险，那么其他政策工具的有效性都将无从谈起。保障安全是解决邻避问题的首要条件。

本研究分别考察了政府和企业采取风险管理措施对民众接受邻避设施程度的影响。针对政府的风险管理，问卷询问受访者“如果政府承诺加强安全监管，严格防范事故，您是否会支持在您所在的城市建设PX项目”，针对企业的风险管理，问卷询问受访者“如果PX生产企业采用最先进的安全生产技术，您是否会支持您所在的城市建设PX项目”，该问题的选项为“坚决反对”、“反对”、“中立”、“支持”和“坚决支持”，分别以1～5分计分（见附录一），分数越高代表支持度越高。

从表6－24的描述性统计分析可以看出，在有效调查样本中，政府和企业风险管理均明显地提升了公众对邻避设施的接受度。公众对本市建设PX项目的接受度初始水平为2.13，倾向于

① 见附录一问题19～26。

反对邻避设施的建设。政府和企业采取风险管理措施之后，公众的接受度分别提升了 0.39 和 0.51，达到 2.52 和 2.64，均超过了 5 分制的中值水平。由于调查中对公众态度的测量采用了 5 分制李克特量表，这一变量为定序变量，因此需要采用非参数的方法比较风险管理前后公众接受度差异的显著性。通过配对样本的秩和检验，政府和企业的风险管理措施对公众接受度造成的影响均具有显著性（$Z_{政府} = -12.544$，$p = .000$；$Z_{企业} = -15.507$，$p = .000$），统计推断结果表明风险管理政策工具从总体上看也是显著有效的。

表 6－24　风险管理政策工具的有效性

公众态度	个案数	最小值	最大值	平均值	标准差
您对本市建设 PX 项目持何种态度	1191	1	5	2.13	1.067
如果政府承诺加强安全监管，严格防范事故，您是否会支持在您所在的城市建设 PX 项目？	1182	1	5	2.52	1.120
如果 PX 生产企业采用最先进的安全生产技术，您是否会支持您所在的城市建设 PX 项目？	1182	1	5	2.64	1.120

风险管理政策工具的有效性在调查的各个子样本中都有所体现（见表 6－25）。特别是企业风险管理的有效性比政府风险管理措施有效性更高，这种趋势在所有子样本中都是一致的。这说明在公众的视角下，企业是安全生产的责任主体，企业在邻避设施的运行中承担更大的风险管理责任。企业向公众证明拥有安全运行的技术水平和管理能力是消除公众风险担忧的主要措施。政府的监管能力提升也将增强公众对邻避设施的接受度。同样地，配对样本的秩和检验表明，政府和企业加强风险管理对提升公众接受度的作用在各个子样本中都是显著的。

表6-25　风险管理政策工具有效性的差异分析

公众态度	全样本	D市市民	D市大学生	Z市	M市	普通网民
初始水平	2.13	1.98	1.93	2.48	2.02	2.24
政府风险管理	2.52 (0.39)	2.24 (0.26)	2.32 (0.39)	2.90 (0.42)	2.61 (0.59)	2.60 (0.36)
企业风险管理	2.64 (0.51)	2.39 (0.41)	2.64 (0.71)	3.00 (0.52)	2.69 (0.67)	2.67 (0.43)

注：括号中的数字代表政府或企业风险管理条件下相对于初始条件下公众接受度的提升程度。

深入观察风险管理政策工具有效性的结构差异可以发现，政府和企业加强风险管理明显地提升了公众对邻避设施的支持水平，从原有的9.6%的水平上分别提升了7.0和12.5个百分点（见图6-10），其中企业风险管理对公众接受度的提升作用尤为明显。

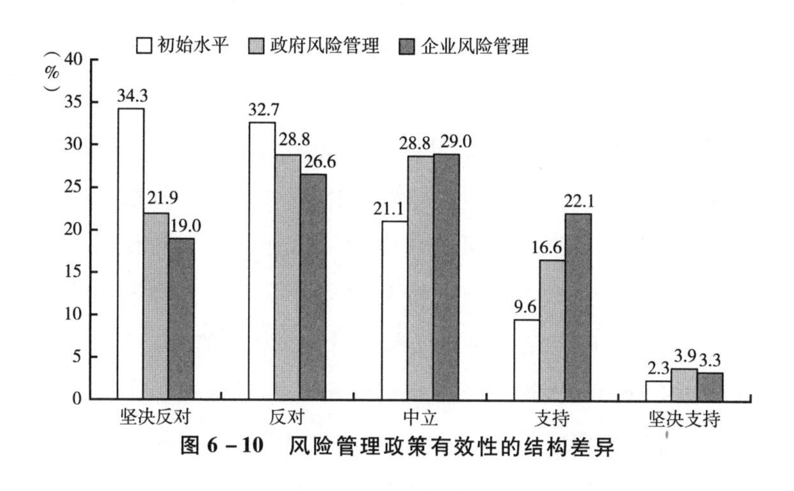

图6-10　风险管理政策有效性的结构差异

对风险管理政策工具有效性的讨论具有现实意义。在上一章的案例研究中，阿苏卫案例、杭州九峰垃圾焚烧发电厂案例都通过改进项目设计的技术标准有效降低了周边公众的抗议。比如，北京阿苏卫垃圾焚烧项目的早期设计中拟采用“循环流化床”方式的焚烧炉，飞灰较多，而在改进的设计方案中采用了先进的“炉排炉”焚烧炉，能更加有效地控制飞灰。阿苏卫项目中，政府对环境风险规制的标准也有所提升，将每立方米烟气二噁英的含量控制在0.1纳克TEQ/m^3以内（参见第五章第二节表5－4）。风险管理是政府和企业应对邻避问题时首先要考虑的政策工具，是解决邻避问题的基本前提，只有将邻避风险控制在合理的、可接受范围内才能从根本上解决选址的合法性问题。

二　经济补偿工具的有效性

邻避冲突本质上是由邻避设施的负外部性引起的，是一种典型的市场失灵问题。因此，经济学家建议将经济补偿作为化解邻避冲突的一种政策工具（Kunreuther，Easterling，1996）。在实践中，经济补偿也确实作为一种政策工具在邻避问题中被广泛采用（Nieves，Himmelberger，Ratick，White，1992；Chiou，Lee，Fung，2011）。然而，研究者对经济补偿政策工具的有效性仍然争论不休。

邻避问题中的经济补偿具有多种形式。根据补偿对象不同，经济补偿可以划分为社区间接补偿和个体/家庭直接补偿；根据补偿内容的差异，经济补偿可以划分为货币补偿和实物补偿；根据补偿方案的决定方式不同，经济补偿又可以划分为政策性补偿和协商性补偿①。本研究仅讨论了针对个体/家庭的直接货币补偿，将货币补偿分为一次性补偿和持续性补偿两种方式。在一次性补偿中，调查分别假定了1万元、3万元、10万元三种标准，在持续性补偿中，调查则分别假定了每人每月100元和每人每月500元两种标准②。所有补偿方案都假定受访者在拟建邻避项目的周边

① 具体讨论见本章第一节。

② 问卷中的措辞见附录一第22～26题。

3公里范围以内，这一假定与实践中补偿方案的规定基本接近，只有在邻避项目一定范围内的受影响群体才有可能获得经济补偿。

从表6－26的分析结果可以看出，几乎所有不同形式、不同标准的经济补偿政策都产生了适得其反的负面效果。在全体样本中，一次性补偿1万元、3万元和10万元的政策使得公众对邻避设施的接受度分别下降了0.25、0.21和0.02，而每人每月100元和500元的连续性补偿也分别使公众接受度下降了0.29和0.16。经济补偿的负面效果几乎在所有子样本中都能观察到。从表6－26还可以看出，随着一次性补偿标准不断提高，负面效应逐步降低。连续性补偿中，每人每月补偿500元比每人每月补偿100元的负面效应相对缓和，这说明补偿水平的高低对接受度有影响。

表6－26　经济补偿政策在不同子样本中的效果分析

样本组别	初始接受度	一次性补偿			连续性补偿	
		1万元	3万元	10万元	每人每月100元	每人每月500元
全样本	2.13	1.88 (－0.25)	1.92 (－0.21)	2.11 (－0.02)	1.84 (－0.29)	1.97 (－0.16)
D市市民	1.98	1.71 (－0.27)	1.70 (－0.28)	1.79 (－0.19)	1.68 (－0.30)	1.71 (－0.27)
D市大学生	1.93	1.65 (－0.28)	1.63 (－0.30)	1.78 (－0.15)	1.63 (－0.30)	1.74 (－0.19)
Z市	2.48	2.17 (－0.31)	2.25 (－0.23)	2.49 (0.01)	2.14 (－0.34)	2.38 (－0.10)
M市	2.02	1.86 (－0.16)	1.97 (－0.05)	2.22 (0.20)	1.89 (－0.13)	2.05 (0.03)
全体网民	2.24	2.00 (－0.24)	2.04 (－0.20)	2.28 (0.04)	1.89 (－0.35)	2.05 (－0.19)

注：括号中的数字代表经济补偿条件下相对于初始条件下公众接受度的变化程度。

配对样本的秩和检验结果表明，经济补偿所造成的接受度下降在大部分情况下都具有显著性。只有个别情景中的补偿效应不具有显著性，如在D市大学生、Z市和M市的子样本中，一次性补偿标准达到10万元时，补偿产生的接受度差异不具有显著性。在M市的子样本中，连续性补偿标准达到每人每月500元时，补偿产生的接受度差异也不具有显著性（见表6－27）。尽管经济补偿有效性的实证证据存在模糊性，但基于本研究的调查数据可以肯定的是，直接的货币补偿在提升公众接受度方面不仅于事无补，反而适得其反，在解决邻避问题的政策运用中应当慎重考虑。

表6－27　经济补偿政策工具有效性的统计检验

样本组别	Z值及显著性	一次性补偿			连续性补偿	
		1万元～初始	3万元～初始	10万元～初始	每人每月100元～初始	每人每月500元～初始
全样本	Z^{a}	-8.793^{b}	-7.240^{b}	$-.740^{b}$	-9.566^{b}	-5.305^{b}
	渐近显著性	.000	.000	.459	.000	.000
D市市民	Z^{a}	-5.332^{b}	-5.282^{b}	-3.321^{b}	-5.346^{b}	-4.965^{b}
	渐近显著性	.000	.000	.001	.000	.000
D市大学生	Z^{a}	-3.353^{b}	-3.558^{b}	-1.838^{b}	-3.649^{b}	-2.314^{b}
	渐近显著性	.001	.000	.066	.000	.021
Z市	Z^{a}	-3.819^{b}	-2.811^{b}	-1.208^{c}	-5.028^{b}	-2.691^{b}
	渐近显著性	.000	.005	.227	.000	.007
M市	Z^{a}	-4.164^{b}	-3.131^{b}	$-.008^{c}$	-4.575^{b}	-1.378^{b}
	渐近显著性	.000	.002	.994	.000	.168
全体网民	Z^{a}	-2.707^{b}	-1.056^{b}	-2.521^{c}	-2.330^{b}	$-.128^{c}$
	渐近显著性	.007	.291	.012	.020	.898

注：a. 威尔科克森符号秩检验；b. 基于正秩；c. 基于负秩。

由于直接经济补偿的受益对象是个体或家庭，因此有文献指出个人或家庭的经济收入条件可能影响经济补偿政策的效果。一般的预期是低收入的个人或家庭由于对货币支付具有迫切需求，可能同意以牺牲环境和健康安全为代价而接受经济补偿，从而使经济补偿政策表现出正向效果，即有利于化解邻避矛盾。而高收入个人或家庭表现出强烈的健康和安全需求而不是货币需求，因此倾向于拒绝货币化补偿。正是基于这种假设，成功的邻避选址常常遵循“最小抵抗路径”（the path of least resistance）原则（Bullard，1983），最终落址在收入水平较低、缺乏政治行动能力的地方和社区①，造成风险分配的不平等，并引发了大量有关“环境正义”（environmental justice）的讨论（Bullard，1996）②。例如，日本核设施选址补偿的实证研究表明，低收入群体比高收入群体更可能接受补偿（Lesbirel，2003）。因此，有必要对经济补偿在不同收入组③中的作用展开研究。

首先，在本研究收集的数据中，不同收入组群体对邻避设施的初始态度并未表现出明显差异。表 6-28 是根据不同收入组统计的受访者对邻避设施接受度的初始水平，从中并没有观察到收入水平越高的群体对邻避设施的反对程度越高的趋势，也无法观察到相反的趋势。

表 6-28　不同收入组的受访者对邻避设施接受度的初始水平

单位：%

收入分组	坚决反对	反对	中立	支持	坚决支持	小计
2000 元及以下	34.5	32.7	21.3	8.8	2.7	100.0
2001~3500 元	29.6	36.7	19.6	11.6	2.5	100.0
3501~5000 元	31.3	33.6	19.7	11.7	3.7	100.0
5001~8000 元	38.1	31.1	20.2	8.8	1.8	100.0
8001~10000 元	31.9	29.0	22.4	14.5	2.2	100.0
10000 元以上	36.1	29.6	24.1	7.4	2.8	100.0
有效样本（$N=1045^a$）	33.7	32.4	20.8	10.5	2.6	100.0

注：由于 D 市大学生群体中 90.6% 的受访者收入水平在 2000 元及以下，因此在进行收入组分析时没有考虑大学生群体，有效样本数为 1045。

① 在西方国家中，邻避设施常常落址在少数人种聚居的地区。

② 更多关于“环境正义”的综述研究可参见 Agyeman（2016）。

③ 样本中收入组分布的描述性统计见图 6-4。

其次，从经济补偿政策的效果来看，一次性补偿和连续性补偿几乎对各个收入组的影响都是负面的，导致了公众接受度相对于初始水平有不同程度的下降。但在一次性补偿达到10万元时，补偿政策对5001～8000元收入组和8001～10000元收入组中的公众接受度有轻微提升作用（见表6－29）。这种经济补偿政策的负面效应与前述分析是一致的。而且，表6－29也并没有证据表明经济补偿政策的效果在高收入组中更强，或者是相反。综合表6－28和表6－29的结果可以看出，经济补偿政策效果并未受到收入水平高低的影响。这表明，随着我国经济发展和收入水平的不断提高，公众的主要诉求聚焦在环境、安全等更高层次的生活质量要求上，对直接货币化补偿政策的排斥是普遍的。同时，在我国的政治环境下公众的政治权力相对均衡，不会像西方国家那样出现所谓的“最小抵抗路径”的环境不公现象。可见，试图通过货币补偿换取公众支持的做法并不可行，合理的经济补偿政策只能作为其他政策工具的有益补充。

表6－29　经济补偿政策在不同收入组中的效果分析

收入水平	初始水平	一次性补偿			连续性补偿	
		1万元	3万元	10万元	每人每月100元	每人每月500元
2000元及以下	2.12	1.85（－0.27）	1.89（－0.23）	2.02（－0.10）	1.86（－0.26）	1.88（－0.24）
2001～3500元	2.21	1.98（－0.23）	1.94（－0.27）	2.10（－0.11）	1.91（－0.30）	1.99（－0.22）
3501～5000元	2.23	1.90（－0.33）	1.98（－0.25）	2.18（－0.05）	1.86（－0.37）	2.01（－0.22）
5001～8000元	2.05	1.89（－0.16）	1.92（－0.13）	2.16（0.11）	1.84（－0.21）	2.03（－0.02）
8001～10000元	2.26	2.04（－0.22）	2.11（－0.15）	2.36（0.10）	1.98（－0.28）	2.20（－0.06）
10000元以上	2.11	1.81（－0.30）	1.94（－0.17）	2.07（－0.04）	1.78（－0.33）	1.87（－0.24）

注：括号中的数字代表经济补偿条件下相对于初始条件公众接受度的变化程度。

总体上看，经济补偿政策在解决邻避问题中的作用仍有待深入研究。这是由于现有的针对经济补偿政策有效性的研究设计都过于简化，如本研究中只对直接的货币补偿展开研究，且补偿的形式是由研究者主观假定的。这种研究设计具有较大的局限性。实际上，经济补偿在解决邻避问题时不仅具有合理性，而且十分必要，其关键在于要采取复合式邻避补偿方案，不仅要考虑经济补偿的标准，还需要对补偿对象、方式、时机和期限有明确规定，更为重要的是如何确定经济补偿方案，这个过程离不开公众参与和多方协商（刘冰，2019）。因此，现有的实证研究未能提供一致的经济补偿有效性的证据，并不代表经济补偿政策本身无效，而很有可能是补偿方案的设计并不完善。这表明在实践中并不能因噎废食，简单地将经济补偿排除在备选政策工具之外，而应该根据科学的风险－收益分析的结果设计合理的补偿标准，同时通过协商谈判形成共识导向的补偿方式和范围，并辅以风险管理的政策工具，只有这样，才能共同发挥出降低邻避抗议的积极作用（Chiou，Lee，Fung，2011）。杭州九峰垃圾焚烧发电厂选址经验也表明基于社区的实物型集体补偿在推动邻避项目的成功落址中发挥了重要作用。未来需要更多地实践探索复合型经济补偿政策在邻避决策中的应用。

特别值得注意的是，经济补偿政策的有效性是与特定的邻避风险相匹配的。已有大量文献指出，在一些特定风险的邻避项目中，再高的补偿都无济于事。在一些核废料处理设施的选址中，公众直接拒绝参与经济补偿的谈判（Sigmon，1987）。这表明经济补偿不是“万能药”，通过花钱买支持率更是行不通。经济补偿政策的作用是有限度的，只有邻避风险在可控、可接受范围之内，才存在通过经济补偿缓解邻避矛盾的协商空间。

三　程序公正工具的有效性

邻避冲突的爆发到底是由于“不安全”还是“不公正”？这

一争论在邻避问题的实证研究中始终存在。尽管在具体的邻避项目中，风险感知和公正感知可能交织在一起共同影响公众对待邻避设施的态度，但是近年来越来越多的实证结果表明，公众参与的缺乏、信息不公开等选址程序问题是产生邻避抗议的主要原因（Liu，Liao，Mei，2018）。那么旨在加强公众参与、保障程序公平的政策工具是否有助于提升公众对邻避设施的接受度？本研究对此展开了调查。问卷中提出“如果政府保证公开透明原则，广泛听取公众意见，您是否会支持在您所在的城市建设PX项目”，这里，公开透明原则和听取公众意见都是“程序公正”的具体体现。该问题的选项为“坚决反对”、“反对”、“中立”、“支持”和“坚决支持”，分别以1~5分计分（见附录一），分数越高代表支持度越高。公众接受度的初始水平仅为2.13分，偏向于拒绝邻避设施。而在假定保证程序公正的条件下，公众接受度的平均得分为2.66分，比初始水平提升0.53，总体上偏向支持邻避设施的建设。对不同城市调查群体的分析还可以发现，程序公正在M市对公众接受度的提升最为明显，相较于初始水平提升了0.74（见表6-30）。如前所述，M市的调查是在该市发生较大影响的邻避事件后1~2周展开的，这在一定程度上表明当邻避矛盾已经激化时，程序公正可能是公众诉求的焦点，有效的对话沟通将明显提升公众对邻避设施的接受度。

表6-30　程序公正条件下公众接受度与初始水平的均值比较

公众态度变化	全样本	D市市民	D市大学生	Z市	M市	普通网民
初始水平	2.13	1.98	1.93	2.48	2.02	2.24
程序公正	2.66	2.37	2.55	2.99	2.76	2.73
接受度上升程度	0.53	0.39	0.62	0.51	0.74	0.49
有效样本数 N	1191	345	129	206	204	291

公众接受度的结构分析表明，假定的公开透明和合理的公众参与程序明显地降低了坚决反对的比例，从初始水平的34.3%下降到18.9%，“支持”和“坚决支持”的比例总共上升了13.3个百分点，持中立态度的公众比例也上升了8.8个百分点（见图6-11）。调查结果表明，程序公正极大地提升了公众对邻避设施的接受度。

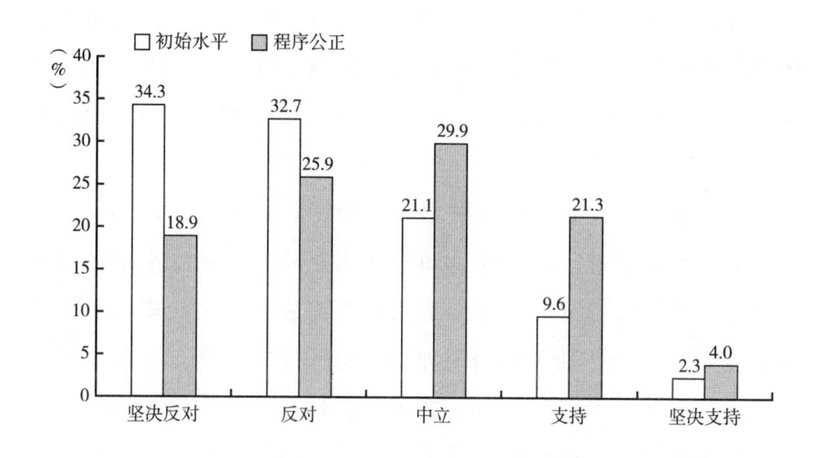

图6-11　程序公正对邻避设施接受度的影响

值得注意的是，这里的研究设计是在问卷调查中嵌入了假定的程序公正的条件，主要反映了程序公正中信息公开和听取公众意见的部分，尚未考察公众参与决策等内容。未来的研究中要单独测量程序公正作为一种政策工具的效果，可以通过实验的方法。这种实验既可以是自然实验，也可以是实验调查。自然实验可以选取选址背景大致相同而决策程序截然不同的地区展开对比研究，也可以通过在同一地区实施沟通和参与等程序的前后展开对比研究。实验调查则需要涉及合理的干预条件对被试人群展开问卷调查。以实验为基础的研究设计将更加有助于揭示程序公正对公众接受度的影响。

第七节　主要结论及政策含义

一　实证研究的主要结论

本章在“风险－利益－信任”的理论框架下，对邻避冲突中的公众态度和行为展开了实证研究，重点考察了与邻避决策模式相关的关键因素，并初步观察了政策干预条件下公众态度和行为的变化，试图分析不同政策工具在引导公众态度和行为方面的有效性。

在公众态度方面，调查数据表明超过三成的受访者不反对在本地兴建邻避项目，但在地区间存在明显差异，接受率最高的地区接近一半受访者不反对在本地兴建邻避项目，接受率最低的地区仅为27%。在本研究重点观察的PX项目中，受教育程度较高的受访者的反对率较高。本地是否已经兴建了邻避项目对公众态度产生重要影响。在已经兴建了邻避项目的城市中，公众接受度比在尚未兴建邻避项目的城市中要高。在所有影响公众态度的影响中，风险感知的影响是第一位的，对公众接受度的负面影响在所有模型中都是显著的。程序公正和个人收益感知对公众接受度产生显著正向影响，但个体所感知到的PX项目对国家和当地的收益所产生的影响并不明确。在大部分文献中提到的政府信任对邻避态度的影响，在本章的实证分析中并未得到十分一致的结果。结构方程模型分析结果表明，风险感知和政府信任对公众接受度分别产生负向和正向直接影响，程序公正对公众接受度的直接影响比较微弱，但是通过对“风险感知”和“政府信任”的间接影响作用与公众态度的机制十分明显，作用最为明显的是“征求意见”和“信息公开”。

在行为方面，对邻避设施持有反对意见的公众会选择从温和到激烈的多种方式表达反对意见，其中公众广泛采用的方式是“在网络上发表反对选址的意见”、“向新闻媒体曝光”、“向亲朋好友宣传危害”、“到信访部门反映情况”以及“到居委会、街道办事处反映意见”等，而公众采取激烈抗议行为的比例并不高。这表明在引发激烈社会矛盾之前，邻避决策部门仍有足够的“窗口期”对公众态度和行为加以引导。与公众态度方面的研究结果类似，风险感知对公众行为的负面影响最为强烈，个体收益感知和程序公正不同程度地降低了公众反对行为的发生。不同群体在行为选择上存在差异，其中特别值得注意的是，尽管接受较高教育水平的个体对邻避设施感受到更高水平的风险，但是他们在采取反对行动方面同接受较低教育水平的群体相比则要理性得多，倾向于选择温和的意见表达方式。

在政策工具的有效性方面，基于“风险－利益－信任”的理论框架，本章通过嵌入问卷中的政策假设重点分析了风险管理、经济补偿和程序公正 3 种政策工具对公众邻避态度的影响。政府和企业对邻避设施采取风险管理措施之后，公众对邻避设施的接受度显著上升，在原有的总体上呈现反对倾向的基础上突破转折点，扭转为对邻避设施的支持倾向。以公开透明和公众参与为重点的程序设计也显著地提升了公众对邻避设施的接受度。但是，经济补偿政策在本研究中总体上表现出负面影响，无论是一次性补偿还是持续性补偿，无论补偿的金额如何变化，公众对拟建邻避设施的接受度不升反降（针对部分人群的高频补偿除外），这表明在解决邻避冲突中使用直接的货币补偿政策工具要十分谨慎。

二　理论贡献和政策含义

本章的实证研究是在“风险－利益－信任”理论框架下展开的整体性研究，其研究结果也特别强调“政策组合”在化解邻避冲突中的重要性。尽管本章分别研究了风险管理、经济补偿、程序公正几种关键政策工具对公众态度可能产生的影响，但是应该看到在实践中多种政策工具是组合发生作用的。比如杭州九峰垃圾焚烧发电厂从“邻避”到“迎臂”的转变过程说明了风险管理、经济补偿和公众参与共同发挥了积极作用[①]。同时，多种政策工具理应是融会贯通、配合使用的。比如，在采用经济补偿政策的过程中就应该引入利益相关者参与机制，对补偿形式和标准展开充分协商，补偿主体和补偿对象间的直接谈判为有效、可执行的补偿方案提供了可能性。而在设计公众参与的过程时也应当考虑参与的具体内容，其中对补偿标准的协商、对风险管理的要求都应成为公众参与过程中讨论的重要议题。因此，试图通过某一种政策工具化解邻避冲突是不现实的，“风险－利益－信任”框架提出了邻避决策中值得关注的重要方面，风险管理、经济补偿和程序公正并不是相互排斥的，而是相互包容、相互促进的，化解邻避冲突应该多管齐下。从整体上理解“风险－利益－信任”框架，并设计出多种政策组合的应对邻避冲突的方案是本书的核心。

从本章的实证结果中可以非常明确地看到，影响公众态度的两组最重要的变量是“风险感知”和“程序公正”，这说明公众对 PX 项目持有反对态度并不是非理性地盲目反对，而是理性分析的结果，这就有力地驳斥了“邻避主义”所提出的自私狭隘的解释，决策部门必须将推动选址的努力尽快集中到选址决策模式的转变上来。影响公众态度的路径分析提示了改进选址决策模式的突破口，即在决策过程中加大与公众的双向沟通，既要加大对公众的信息公开，同时又需要发展有效的途径倾听公众意见。对决策程序的改进也会在一定程度上改变公众的风险感知和对当地政府的信任态度。

本章的实证研究还揭示公众态度和行为之间的转化关系：公

① 详见第五章第五节。

众对邻避设施的反对态度并不必然转化为具体的反对行为。采取反对行动的个体也通常采用网络表达、媒体曝光、到有关部门反映情况等温和理性的方式，采取激烈抗议行为的倾向并不强烈，这与许多以中国背景下的研究结果是高度一致的（王婕、戴亦欣、刘志林、廖露，2019）。这表明公众从持有反对态度到采取抗议行动之间存在巨大的干预和引导空间，这为协商沟通和政策改进提供了较为充裕的“窗口期”。上一章中杭州九峰事件等因邻避决策而引发群体性事件表明，对公众反对意见的滞后响应最终会酿成群体性事件的爆发。在网络普及的条件下，互联网社交平台具有匿名性、传播快、影响广泛的特征，成为公众表达反对意见的首选。除此之外，新闻媒体、政府有关部门都可以了解公众的反对意见，邻避决策部门应该充分利用多种渠道及时收集和研判公众意见，并充分利用“窗口期”及时回应社会关切，预防和化解社会矛盾。

三　研究局限和未来议题

本章的实证研究在“风险 - 利益 - 信任”的框架下为解决邻避冲突提供了经验证据，但是仍然存在诸多不足，主要表现在以下三个方面。

第一，本章所研究的邻避设施类型具有局限性。本章的研究只针对石化设施中的 PX 项目展开调查。PX 项目在我国邻避运动发展过程中具有代表性意义，一方面是由于 PX 设施选址引发了多起邻避抗议，另一方面是由于 PX 项目具有发展意义，在“利益 - 风险”权衡中具有典型性。正是由于 PX 项目本身所具有的特殊性，本章的研究结论主要反映在发展性邻避设施中的意义。而实践中还会出现其他多种类型的邻避设施选址问题，比如以核电站为代表的战略性邻避设施（郭跃，2020），以及以垃圾处理设施为代表的公益性邻避设施。不同类型的邻避设施不仅在风险性质上存在差异，而且在选址决策和执行过程中利益相关者的结构也有所不同，这就造成了邻避问题及可能的表现形式的差异。比如，王婕、戴亦欣、刘志林、廖露（2019）比较了垃圾处理场、廉租房项目、大型工业基地和大型基础设施的公众接受度，结果表明，居民对大型工业基地的容忍度最低，对廉租房项目的宽容度最高。可见，试图仅从一类邻避设施的研究中窥见多种邻避设施可能引发的问题是不现实的。未来的研究应该选取在风险、收益和信任程度上存在差异的多种类型的邻避设施展开多层次的比较研究，从而得出更全面的、对公众态度和行为的认知，并精准地实现分类施策。

第二，对政策工具有效性的研究设计尚需改进。本研究侧重静态条件下公众态度和行为的测量及分析，同时也指出公众态度是可以通过特定的政策工具加以干预和引导的。本研究通过嵌入问卷中的假定政策情形对政策工具的有效性展开了初步研究。受调查问卷的局限，各种政策工具的特征难以充分展现，只能体现某个维度上的特征，比如经济补偿政策仅仅设计了货币补偿的形式，而实践中的经济补偿政策可能是经过充分协商谈判后以社区为对象的货币补偿和实物补偿的组合。这就导致了本研究得出的结论有局限性，比如只是研究了货币补偿在解决邻避冲突中可能产生的负面效应，而经济补偿政策的设计在针对个体的货币化补偿之外还存在广阔的操作空间。这种复杂政策工具的效果在未来可以通过精细设计的实验方法得以研究。

第三，本研究中对邻避行为的探讨还十分粗浅。本章的研究指出公众从持反对态度到实施抗议行为会经历一个酝酿和激发的过程。在这个过程中，邻避决策部门、邻避项目建设方有很大的空间展开风险沟通和政策协商。但是公众从持反对态度到实施抗议行为，其转化的触发机制或化解机制尚未明晰。在未来的研究中，一方面可以借助计划行为理论（TPB，Theory of Planned

Behavior）等行为研究的范式对个体因素展开更深层次的研究，另一方面还需要增加群体效应、媒体信息、环境约束等变量，观察在具体社会情境中邻避抗议行为的发生和演变，从而为预防邻避问题引发的社会风险提供源头治理的政策建议。值得注意的是，“风险感知”并不仅仅是由官方主导的信息所改变的，还受到广泛社会因素特别是大众媒体的塑造，“风险的社会放大”框架对此进行了系统的理论分析（Kasperson，Kasperson，Pidgeon，Slovic，2003），大众媒体在多大程度上影响以及如何影响“风险感知”需要更多的实证研究，但是这超出了本研究界定的分析范围，笔者将在今后的工作中进一步展开研究。

第七章
改进邻避决策模式的国际经验

邻避问题是工业化和城镇化进程中不可避免的问题。西方工业化国家从 20 世纪 70 年代起持续经历着邻避设施选址冲突的困扰，无论是理论界还是实践界都为缓解选址压力而持续努力，贡献了丰富多元和不断创新的选址方式，同时也产生了一些选址失败的深刻教训。本章总结了西方发达国家和新兴工业化国家中的选址经验和教训，以期对改进我国的选址决策模式提供借鉴。

第一节　西方国家中邻避问题的产生和演变

早期的邻避设施选址是一个纯粹的技术问题，选址程序遵循由技术专家主导的科学理性，综合考虑的因素包括地理地形条件、经济发展条件、人口稠密度、生产要素的可得性、交通便利性、土地成本、劳动力素质和成本等。基于技术和经济因素的分析，技术专家可以完成最优化的选址方案，并获得监管部门的批准。但是，由于逐步建成的邻避设施产生了公众可感知到的负外部性，从 20 世纪 60 年代开始，美国公众反对在自己所在城市或社区建设垃圾填埋场、有毒废弃物处理厂等污染型设施的环境抗争运动此起彼伏。为了避免公众的抗议，降低选址的成本，大部分国家都采用了秘密封闭的“决定 - 宣布 - 辩护” （DAD，Decide -

Announce－Defend）选址模式（Kasperson，2005）。在60～70年代中，邻避设施选址逐步从技术问题转化为公众高度关注的社会问题，是选址问题显性化、社会化的萌芽阶段。

80～90年代，工业化国家中发生的一系列社会变革使邻避设施选址的问题更加复杂化，邻避问题演化为不同价值观、不同利益群体之间更深层次的辩论和斗争。首先，随着生活水平的提高，许多国家的公众对环境和健康风险更为敏感，特别是对后果严重、非自愿承担的风险存在严重的抵触情绪，环境抗议运动开始表现出长期化、组织化的特征，一批环境保护领域的非政府组织为"邻避运动"推波助澜。其次，接二连三发生的震惊世界的安全生产事故，如1984年印度博帕尔毒气泄漏、1986年切尔诺贝利核泄漏事故等，使公众对有害设施的危险后果有了直观认识。化工厂、核设施等邻避设施经历了"污名化"（stigma）的过程，公众对政府环境监管和企业运行管理的信任水平急剧下降。最后，民主化浪潮高涨，决策理性化和透明化成为主要趋势，公众参与公共决策的诉求增加、渠道增多，公众利益得到了更为强有力的表达。这一时期最具标志性的事件是1987年启动的美国尤卡山作为核废料永久存储库的选址事件，该事件引发了历史上经历时间最长、耗资最昂贵的选址大辩论（Saha，Mohai，2005），最终在2009年耗费了90亿美元之后以选址失败而告终。"尤卡山计划"显示出高风险设施选址中的高度复杂性。在政治民主和邻避设施选址问题日益复杂的背景下，原有的DAD模式已难以奏效，大部分选址机构开始对所有利益相关者的利益进行综合考量，特别是扩大了公众参与的范围、拓宽了公众参与的渠道。这一阶段是邻避设施选址问题的发展时期，选址冲突开始触及程序公正和环境正义等价值理念（Kasperson，2005）。

21世纪以来，邻避设施选址实践进入蜕变阶段。一方面邻避问题表现出政治、经济、社会发展多重利益的相互交织，邻避设施选址开始触及“现代化社会的中枢神经”（Edelstein，2004）；另一方面，选址程序出现了新的特点，表现为选址机构与公众的沟通与合作走向深入、权力分享和公平谈判、经济补偿措施得到广泛运用、开始尝试自愿/竞标选址等新模式（Lesbirel，Shaw，2005）。在不断改进的邻避决策模式下，一些国家获得了较为成功的选址实践，如瑞典成功为低水平放射性废料的永久存储设施确定了选址（Lidskog，Sundqvist，2004），荷兰等国家的新能源设施选址也只遭遇了较低程度的公众抵抗，这说明邻避设施选址模式的改善取得了一定的成效。但是，邻避冲突仍难以从根本上消除，随着技术发展，新型的邻避设施不断出现，邻避问题将在整个工业化和现代化进程中长期存在。

第二节　著名的“选址法则”：程序公正和结果公正

面对邻避设施选址的现实困境，为了寻求一个更公正、更明智、更可行的选址模式，美国在1990年举行了一次全国性的邻避设施选址的研讨会。在这次会上，来自多个领域的政府官员和专家学者共同制定了14条邻避设施选址的指导原则（见表7-1），并在实践中得到广泛应用。

表7-1　美国研究者构建的“设施选址法则”

编号	选址法则	英文表述
1	程序公正方面的法则	Procedural Steps
1.1	构建广泛参与的过程	Institute a Broad - Based Participatory Process
1.2	寻求共识	Seek Consensus
1.3	努力发展信任	Work to Develop Trust
1.4	通过自愿的过程寻找可接受的选址	Seek Acceptable Sites through a Volunteer Process

续表

编号	选址法则	英文表述
1.5	考虑一个竞争的选址过程	Consider a Competitive Siting Process
1.6	设定一个现实可行的时间表	Set Realistic Timetables
1.7	在所有时间段都对多种方案保持开放	Keep Multiple Options Open at All Times
2	结果公正方面的法则	Desired Outcomes
2.1	在现状是不可接受的方面达成共识	Achieve Agreement That the Status Quo is Unacceptable
2.2	选择能解决问题的最佳方案	Choose the Solution That Best Addresses the Problem
2.3	保证执行严格的安全标准	Guarantee That Stringent Safety Standards will be Met
2.4	充分说明设施的所有负面影响	Fully Address All Negative Aspects of the Facility
2.5	改善选址社区的状况	Make the Host Community Better off
2.6	制定应急预案	Use Contingent Agreements
2.7	努力实现地理上的公正	Work for Geographic Fairness

资料来源：Kunreuther，Fitzgerald and Aarts（1993）。为了便于理解，中文解释以意译为主。

“选址法则”分为“程序公正”和“结果公正”两个方面。涉及“程序公正”的法则包括：构建广泛参与的过程、寻求共识、努力发展信任、通过自愿的过程寻找可接受的选址、考虑一个竞争的选址过程、设定一个现实可行的时间表以及在所有时间段都对多种方案保持开放。表7－2介绍了各条法则的具体内容。

表7－2　程序公正法则的具体内容

编号	程序公正法则	具体内容
1.1	构建广泛参与的过程	所有受影响群体的代表都应该参与选址的过程，参与形式可以是由代表反映意见或者设立建议委员会
1.2	寻求共识	要求投入大量时间进行谈判，需要协调人的支持；可以通过寻找构建问题的新方式或者对利益权衡的不同方式来处理差异问题

续表

编号	程序公正法则	具体内容
1.3	努力发展信任	重建信任的一个方法是承认过去的错误，避免过于夸张的无法兑现的承诺
1.4	通过自愿的过程寻找可接受的选址	鼓励社区、区域或州自愿参加潜在设施的选址
1.5	考虑一个竞争的选址过程	提供多于一个位置的选址方案
1.6	设定一个现实可行的时间表	设定和强制一个现实的选址时间期限
1.7	在所有时间段都对多种方案保持开放	提供多种选址方案

“结果公正”的法则包括：在现状是不可接受的方面达成共识、选择能解决问题的最佳方案、保证执行严格的安全标准、充分说明设施的所有负面影响、改善选址社区的状况、制定应急预案和努力实现地理上的公正（见表7－3）。这些措施体现了两条主要的思路：一是风险减缓（mitigation）思路，即通过严格的风险监管和加强应急准备尽可能降低负面影响发生的概率以及减轻可能造成的负面后果；二是通过经济补偿、社区建设等交换形式尽可能解决风险和收益分布不对称的矛盾。

表7－3　结果公正法则的具体内容

编号	结果公正法则	具体内容
2.1	在现状是不可接受的方面达成共识	设施的建设是必需的
2.2	选择能解决问题的最佳方案	向公众提供多种选址方案的清单（包括不建设该设施的情景）
2.3	保证执行严格的安全标准	实施减缓措施，比如改变设施的设计、采用替代技术、完善操作过程的修改、培训操作人员等

续表

编号	结果公正法则	具体内容
2.4	充分说明设施的所有负面影响	各种形式的补偿或者收益分享协议，包括房屋价值保障、突发事故的赔偿支付
2.5	改善选址社区的状况	回馈社区，可以表现为捐赠、房产税减免、在同一区域中不再建设其他邻避设施的承诺
2.6	制定应急预案	应急预案需要考虑突发情况，如果碰到事故、服务中断、标准变化，或者关于风险的新的科学信息出现，邻避设施运行和管理的相关主体应该做什么。应急预案应该描述行动的触发机制、采取行动的责任、提供保障的方式、具体的应急措施，对受负面影响的人提供补偿等
2.7	努力实现地理上的公正	地理公平的原则认为要建设几个小型设施以平均分散影响，而不是建设一个单独的大型设施

第三节　美国邻避设施选址实践

在过去的30多年中，美国低风险设施选址取得了一些成功经验。Kunreuther, Fitzgerald and Aarts（1993）提供了一个在美国亚利桑那州为区域性固废填埋场选址的成功案例，取得成功的重要原因是通过公众参与强化了社会信任。1984年，亚利桑那州的马里科帕县（Maricopa）拟建一个占地100英亩的固废填埋场，但是初期所有的选址方案都遭到反对。选址主体启动了公众参与程序，成立了市民建议委员会。市民建议委员会对本地居民、农场社区和其他利益相关方有广泛的代表性。经过两年时间，政府官员与公众就许多争议问题达成共识。5年的公众广泛参与的结果是获得了一个垃圾填埋场的成功选址，设计寿命是50年。

明尼苏达州的明尼阿波利斯市在1980～1989年间，成功为多处垃圾焚烧炉确定选址，并且没有引起严重的社会抗议。研究者认为选址成功的主要因素也应该归结为广泛的公众参与。决策者在风险沟通的过程中向公众证明了现有的选址是最好的设计方案，因此获得了广大公众的支持（Kunreuther，Fitzgerald，Aarts，1993）。

但是美国高风险或者具有高度争议的邻避设施选址实践并不是十分成功。比如低放射性废弃物存储库的选址就遭到严重阻碍。除了在新墨西哥州有一处处理军事废料的设施之外，美国在最近几十年中想要建设低放射性废弃物存储库的努力都归于失败。在纽约州低放射性废弃物存储库选址的案例中，政府官员聚焦于正面的社会经济收益，忽略了公众争议和放射性废弃物的特殊影响，选址过程也以失败而告终。前文提到的“尤卡山计划”旨在为核废料永久性存储库确定选址的努力也在经历了数十年的政治博弈和90亿美元高昂花费之后归于失败。可以说，美国核废料存储库的选址是所有邻避设施选址中花钱最多而收效甚微的典型代表。美国的研究者认为，采用自上而下的、“技术化的”方法来筛选邻避设施的可能选址是不合适的（Freudenburg，2004）。最终，选址过程导致了一定程度的社会抗议。在公众的心目中，社会经济影响被排除在公共决策考虑之外，邻避决策的合法性受到严重质疑。

在传统的自上而下的邻避决策模式多次失灵之后，美国开始广泛推行协商式邻避决策模式。美国威斯康星州提供了一个通过立法保障选址协商过程的成功案例。同美国其他地方一样，在20世纪70~80年代，威斯康星州也在垃圾处理设施、危险物存储设施等邻避项目的选址上备受困扰。1981年，威斯康星州颁布了一项有关邻避设施选址的地方性法律，试图在垃圾和其他危险废弃物处理设施的建设与市民可承担的风险之间寻求平衡。该法律对州政府与邻避项目拟建地政府、项目方和周边居民等利益相关主体赋予了明确的权利和义务。

在规范政府行为方面，该法律要求州政府对邻避项目展开技术评价并发放许可证。项目拟建地政府的主要任务是组织协商/仲裁选址过程。在美国的政治体系中，当地政府（local government）对本地事务具有较大的自主权。在邻避设施落址的问题上，当地政府往往与州政府意见不一致。州政府承担全州范围内垃圾处理设施的规划和布局任务，而当地政府出于对本地环境和利益的考虑，常常否决州政府提议的规划方案，州政府在邻避设施布局上的决定权较小。因此该法案明确了州政府和当地政府的角色，要求当地政府从全州公共利益的角度考虑邻避设施的选址，但是赋予了当地政府组织协商/仲裁的权力，使当地政府能够代表本地市民参与协商和谈判，应对邻避设施对选址社区可能产生的经济、社会、环境和其他方面的影响。协商/仲裁过程是可选项，取决于受影响的当地政府是否选择行使他们与项目发展商谈判的权利。这项法律突出地体现了冲突解决的有关理论成果，如在选址过程中特别强调的协商和仲裁都是冲突解决理论提出的化解矛盾的主要途径，在美国环境立法体系中也得到广泛应用。

这一法律的颁布实施使得威斯康星州的垃圾处理厂等邻避设施的选址实践获得突破性进展。1982～1988 年，在威斯康星州所有垃圾处理和危险废弃物存储项目的新建和改扩建计划中约有2/3的项目进入了协商/仲裁过程，其中有 28 个垃圾处理设施和 4 个危险废弃物存储设施通过协商/仲裁达成协议，也有个别项目通过协商/仲裁程序被关闭和取消，但是这些邻避决策并未引起激烈的地方性抗议事件（Nieves，Himmelberger，Ratick，White，1992）。威斯康星州通过立法改进了邻避设施选址的决策模式，一方面在垃圾处理设施的选址上取得突破，另一方面缓解了由于邻避抗议而产生的社会风险。

此后，威斯康星州一直沿用以协商/仲裁为主要特征的邻避设施选址决策程序。这种决策模式不仅具有事前防范风险的功能，也具有事后化解矛盾的作用。1992年，威斯康星州的戴恩郡（Dane County）[①] 及周边郡县因垃圾处理能力不足，急需扩建垃圾填埋场。在该郡经营垃圾填埋场的布朗宁菲利斯实业公司（Browning－Ferris Industries，BFI）提议扩建该企业旗下的麦迪逊普雷利填埋场并接收城市垃圾（解然、范纹嘉、石峰，2016）。周边利益相关者对这一扩建计划表达出强烈抗议。当地居民担心垃圾填埋场会造成交通拥堵和产生臭气等。附近的戴恩郡地区机场则担心垃圾填埋场会吸引更多的鸟类，威胁飞机的正常起降。位于垃圾填埋场扩建区仅有4700英尺（约1.4千米）的美国家庭保险公司由于可能直接遭受环境污染影响，起诉了BFI公司，并在威斯康星州议会大厦组织了抗议活动。

当选址陷入僵局时，当地政府建立了“城市垃圾处理设施选址地方委员会”（以下简称“地方委员会”），推动选址进入协商/仲裁过程。“地方委员会”由受影响的利益相关方派出代表，与项目发展商（BFI）进行协商。地方委员会成为垃圾填埋场选址协商/仲裁过程的临时组织，督促各方就选址中的分歧和矛盾展开谈判，强制双方进行面对面对话。地方委员会还负责安排公开的听证会，并作为公共监管机构对双方谈判进行监督。若监管人员认为任何参与方不合作、不作为，他们则可以通过地方委员会对其进行仲裁或采取其他相关处理。地方委员会的仲裁权是保障决策效率的重要手段，防止协商过程演变成旷日持久的低效率谈判。

通过将近4个月的多方协商，BFI公司、美国家庭保险公司双双做出让步，推动协商产生了积极成果。在最终协议中，BFI公司将扩建其垃圾填埋场，但同时承诺：仅接收多余的工业垃圾，不接收可能吸引鸟类进而对当地机场造成威胁的城市生活

① 戴恩郡位于威斯康星州南部，州首府麦迪逊市就位于戴恩郡。

垃圾；限制垃圾填埋场的高度及每日卡车来回运输垃圾的次数；对周边区域进行绿化建设；建立利益相关方协商小组，小组由BFI公司、美国家庭保险公司以及其他临近居民代表构成；监管未来与该填埋场扩建的相关活动。从地方委员会的建立到1993年2月达成最终协议，BFI公司的垃圾填埋场扩建选址共耗时8个月左右时间，达成的最终协议不仅缓解了城市垃圾处理能力不足的燃眉之急，而且实现了风险管控、运行监管、环境绿化等多方共赢。

在这一成功案例中，地方委员会是合作治理的临时机构，是负责协商/仲裁的主体，促使多方合作建立了以共识为导向的选址决策机制，并拥有监督和仲裁的权力，对各利益相关方以协商方式化解邻避冲突具有约束力，有效地打破对抗的僵局，促使各方做出让步，最终形成了一个多方可接受的选址决策。

威斯康星州的协商/仲裁选址过程在制度设计上有所创新，在实践中取得理想效果，主要归功于以下几个方面：一是通过立法保障多方合作治理。协商/仲裁是最常用的两种冲突解决方法，威斯康星州将协商/仲裁过程写入法律，保障利益相关方通过合作达成共识。二是建立地方委员会作为合作治理的载体。协商/仲裁过程具有多种组织形式，但是需要保证组织过程的公正性。威斯康星州探索了以“地方委员会”为主体的组织形式，地方委员会中的代表来自所有利益相关方，具有相对平等的谈判权力，使得协商能在公平公开的环境中展开，是多方利益能充分表达的重要安排。三是利用仲裁权保障协商效率。协商谈判和决策效率存在张力，以寻求共识为目标的协商过程不仅耗费时日，而且可能由于谈判各方坚持本位主义而使谈判陷于破裂，最终导致决策效率低下。在威斯康星州的实践中，地方委员会拥有的仲裁权形成了对谈判各方的约束力，为选址决策的效率保驾护航。

第四节　瑞典核废料存储库成功选址的经验

同其他国家令人沮丧的实践相比，瑞典在核废料管理问题上取得了重大成功（Lidskog，Sundqvist，2004），在国内选定并建造了低放射性、中等放射性核废料的永久性存储库以及高放射性核废料的临时性存储库，这些存储库已投入运行，并没有受到全国性和地方性的强烈抗议。瑞典在 1965 年开始发展核电。瑞典核废料存储库的选址工作于 20 世纪 80 年代开始启动，经过漫长的勘察和论证，目前世界上唯一获得成功选址的核废料永久性存储库落户福斯马克（Forsmark，Sweden）。这一选址规划经过了 20 年的前期研究和反复论证。存储库对核废料采取了地质存储的方法，将其装入铜制的容器中，储存在地下 500 米深的岩石层中。瑞典福斯马克核废料存储库建设方案于 2011 年 3 月提交瑞典放射物安全管理总局（Swedish Radiation Safety Authority，SSM）和土地环境建设法庭（Land and Environment Court）并开始建设，预计在 2025 年开始存储核废料。

瑞典的核废料存储库选址是由一家企业负责运行的，即瑞典核燃料和废料管理公司（Swedish Nuclear Fuel and Waste Management Company，SKB）。核废料存储库项目是瑞典当时最大的环境保护项目。瑞典在 1977 年通过立法规定从事核电生产的企业有责任承担核废料的管理。在这一法律的约束下，瑞典的 4 家核电企业共同出资建立了 SKB。SKB 在地质勘测方面采取灵活的策略，但在存储技术方面始终坚持最初的选择。这样，SKB 的适应行为是战略层面的，并没有对开放的谈判和重大变化保持开放。

Lidskog and Sundqvist（2004）的研究表明，瑞典成功的经验是企业在以其为主导的选址过程中有意识地适应和满足了公司外部行动者的需求。同时，无论外界如何质疑核废料的存储技术，核废料存储技术一经选定就没有再变化过，基于科学评价的坚持最终赢得了信任。

瑞典成功的经验还表明社会信任是邻避设施选址成功的一个重要因素。一项研究对欧洲 15 个核电大国进行调查，发现公众对核电企业和政府监管部门的平均信任水平分别是 10.2% 和 27.0%，而瑞典公众的这两项信任度达到了 36.2% 和 59.5%，其在所有被调查的 15 个国家中是最高的（Lidskog，Sundqvist，2004）。SKB 的工作都是围绕建立信任而展开的。SKB 始终没有开放对技术概念的评价，但公众参与和透明性处于中心地位。公众支持和政治接受对方案的执行十分关键。这就说明选址决策应该在更广泛的社会背景中考虑，比如生态的可持续性、公平的风险分布、经济的现实性等。所以良好的邻避决策不仅是技术上可行的，还必须是政治上可接受的。

总的来说，瑞典的选址模式采取了“灵活的、渐进的方式”，提升公众对设施安全的信任度，以及公众对政府监管核废料处置项目能力的信任度。尽管瑞典政府在核废料的管理中很好地适应了不同利益相关方的需求，但是利益相关者的参与是有限度的，尚未进入开放谈判和主导风险决策实质性变化的阶段。

第五节　东亚国家邻避设施选址实践

文化背景是塑造公众对邻避设施态度的重要因素之一。日本、韩国与中国在文化上同根同源，其选址方面的实践具有更加贴近的借鉴意义。

Aldrich（2005）研究了日本政府在战后的核电站选址中所起的作用，指出了柔性和适应性决策机制在邻避设施选址决策中的局限。日本政府在邻避设施选址战略方面精心设计，目标是改变公众偏好，减少公众抵抗。日本不仅摸索出化解核电站和其他大型设施选址冲突的战略，还在实践中不断改进完善。研究者认为日本的政治领导人没有被公众意见所左右，他们反过来会试图改变公众意见。这种观点在日本核电站选址案例中得到了印证。日本政府在具体的选址问题上通过各种政策工具建构市民的偏好，还代表着与私人企业进行谈判的权威。最后，尽管日本的都道府[①]通过建立柔性的、适应性的机制以实现选址的目标，但是在过去的10年中，日本市民还是阻止了很多选址项目。

日本还是在选址冲突中使用经济补偿策略最为频繁的国家之一。Lesbirel（1998）认为，邻避设施选址中的经济补偿工具在日本的发展非常先进、应用非常广泛。日本的选址实践出现了大量通过补偿提升当地接受度的方法。法律认可社区和设施所有者之间就选址进行的协议谈判。在日本，选址中的经济补偿以及就补偿展开的谈判都是选址方案的必要组成部分（Ohkawara，1996；Lesbirel，1998）。但尽管采取了这些补偿工具，日本对邻避设施选址的抵制似乎一直都在增长。

韩国曾经以本地公投的形式为低水平放射性废物处置设施进行选址。2005年，在4个候选城市中进行了竞争激烈的本地公投之后，一个低水平放射性废物处置设施落址于庆州市。在做出这一决定之后，庆州市及周边居民发生了抗议。这个案例说明即使是采用公投这种直接民主的形式所形成的选址决策仍然有可能引发争议。Kim and Kim（2014）的研究认为是行政区划内和行政区划间的“空间政治”造成了这种选址争议。

第六节　西方国家选址经验对我国的启示

不同国家的社会和文化背景各不相同，公众对邻避设施形成

① 都道府县是日本的行政划分。根据日本地方自治法，日本的市町村是“基础的地方公共团体”，而都道府县是“包括市町村的广域地方公共团体”。

的风险感知差别也很大。比如 Teigen，Brun，Slovic（1988）通过对挪威、美国和匈牙利等国公众对各类风险感知的比较指出，挪威人对大部分危险的风险感知程度都低于美国公众，但是比匈牙利公众感知水平稍高。在健康风险方面，美国人更担心的是农业中使用的化学物质，挪威人担心的是麻醉剂引起的健康风险，而匈牙利人担心日常生活中的风险。正是因为风险感知的差别，西方国家的经验并不一定完全适用于我国，西方的邻避决策模式也不能生搬硬套。尽管如此，对西方国家选址经验进行一般性的总结仍然对我国的选址实践具有启发意义。

西方国家的选址实践表明，选址冲突与经济发展呈现正相关关系，邻避设施所带来的风险是工业社会自反性的产物。我国正在经历新一轮的经济增长时期，在今后的 20 ~ 50 年中，邻避问题可能仍然十分突出。以 PX 项目为例，2015 年我国对 PX 的总需求量约 2070 万吨，生产能力预计为 1430 万吨，产量远不能满足国内实际生产的需求（崔小明，2012）。近两年来，PX 新增产能集中投放，但国内 PX 市场供需矛盾依然突出。从产业发展和市场需求的角度看，无论 PX 项目在我国如何被“污名化”，该项目的建设都是势在必行的。同时，随着城镇化速度加快，“垃圾围城”的现象日益严重，我国在“十三五”期间规划新增生活垃圾无害化处理能力 50.97 万吨/日（包含“十二五”续建 12.9 万吨/日），设市城市生活垃圾焚烧处理能力占无害化处理总能力的比例达到 50%，东部地区达到 60%[①]。根据国家有关要求[②]，我国多省份编制了本地区生活垃圾焚烧发电中长期专项规划，从公开发布的规

① 国务院：《“十三五”全国城镇生活垃圾无害化处理设施建设规划》，2017。

② 国家发展改革委等五部门于 2017 年 12 月 12 日联合印发《关于进一步做好生活垃圾焚烧发电厂规划选址工作的通知》（发改环资规〔2017〕2166 号），要求全国各省份在 2018 年底前编制完成本地区省级生活垃圾焚烧发电中长期专项规划。

划看，我国2021～2030年规划的垃圾焚烧设施合计191座，仍将处于一个垃圾焚烧设施建设的稳步增长期。严峻的选址形势要求我国从西方实践中吸取经验，尽快探索有效的选址模式。

一　构建具有中国特色的公众参与程序

为公众提供意见表达的机制是缓解社会紧张的一条重要途径。近年来，我国公众对邻避设施选址的抵抗成为一个突出的社会问题，这主要是由于在我国的选址模式中，决策者与公众的沟通还不够深入，选址方案确定以后才向社会公布，公众感到邻避设施是外部力量强加的而非自愿接受，感到共有的社区权利被侵犯。再加上我国是在经济转轨和社会转型的大背景下快速推进工业化进程，累积起来的贫富不均现象十分严重，对邻避设施选址的抗议往往产生非理性化和泛政治化的倾向（张效羽，2012）。因此，借助西方经验和我国的社会政治背景构建具有中国特色的公众参与程序刻不容缓。

首先，必须致力于构建公共决策平台。西方实践中所采取的听证会、市民委员会等形式可以为我国所用，同时我国还应发挥独具特色的政治体制的优越性，充分调动人大和政协的力量，使之成为公众意见表达的重要渠道。公共决策模式必须确立各级人大、政协的法律权责范围及议事程序，既能够保证各方意见充分表达，也能够保证决策的效率，还需要提升人大和政协组织的议事能力和扩充专业知识，提高科学决策的能力。重构公共决策模式，吸引公众充分参与，构建各种价值观念与利益诉求充分表达和理性博弈的平台，是解决邻避设施选址冲突的根本性制度保障（薛澜，2013）。其次，与西方国家相比，我国的环境保护组织发展较晚，公共部门应不断引导公众参与邻避选址决策，鼓励公众从选址早期开始参与决策，大力培育和支持环保领域的非政府组织，赋予公众参与选址决策的经济资源和技术手段，让公众参与走上组织化、理性化的途径。最后，我国必须依托完备的法律体系为公众参与提供制度保障。相关法律要在环境管理的法律法规中进一步确立公民的环境权，保障公民知情权，建立公民表达机制，健全公民监督机制，完善公民诉讼机制。

二　强化具有严格标准的安全监管体系

邻避设施的安全运行是消除社会紧张、提升公众信任的根本途径。现有的选址实践关注如何能让邻避设施成功落地，围绕选址成功做短期性的说服工作，而事实上，长期的公众支持是通过良好的安全记录建立起来的，只有不断被证实邻避设施运行安全，公众的疑虑才能被彻底打消。我国的风险监管体系环节相对薄弱，管理机构的权力有限，人员编制短缺，许多监管职能流于形式。因此风险监管应该根据政府角色转变和政府职能要求而大大强化。这一方面需要进一步强化安全监管机构的权力，为实现监管职能配备充足的人力、物力和财力，另一方面还要动态更新监管的技术标准，采用相对严格的技术标准。

三　发展开放客观的风险沟通策略

风险沟通是邻避设施选址的一个薄弱环节。风险沟通不足造成的后果是公众对潜在风险存在非理性认知，对具有大概率、高影响的重大风险视而不见，对一些并不严重的风险却有“妖魔化”倾向。邻避决策者应通过有效的风险沟通策略消除公众的这种风险感知偏差。首先，决策部门应当在选址早期占据风险沟通的主动权。研究表明，信息披露的时机对决策过程的效果产生重要影响（Ingram，Ullery，1977）。信息提供得越早，它就越有可能对决策产生较大的影响。其次，风险沟通者必须向公众提供科学客观的风险证据。这就需要沟通者审慎地采信各种风险分析和评估的技术分析结果，反复推敲各种证据的一致性，建立逻辑严密的沟通方案，不能出现前后矛盾的结论和证据，还需要针对不同的公众群体使用便于理解的解说方式。最后，风险沟通者应当对邻避设施的潜在风险有充分的说明，并辅之以可靠的安全技术。为了避免公众的过度担心，风险沟通者倾向于弱化风险描述。这实际上是一种不明智的沟通策略。在信息高度开放、快速流动的传播环境中，有关设施的危险信息不可能完全封锁，避而不谈、含糊其词只会把公众推向邻避决策的对立面。因此，风险沟通的重点应该在应对风险的保障措施，而不是回避风险的客观存在。

邻避设施选址冲突是世界各国面临的共同难题。西方国家的邻避设施选址实践说明，保证“程序公正”和“结果公正”是成功选址的关键要素。不同国家的文化背景差异也要求各国根据国情特点采取合适的邻避设施选址策略，我国应该借鉴西方国家邻避设施选址的基本经验，立足本国国情和公众风险感知特点，发展独具特色的邻避设施选址策略，与世界其他国家一起共同面对邻避设施选址难题。

第八章 基于协商合作的邻避决策模式优化路径

基于本书对邻避问题理论分析和实证研究的基本结论，本章重点阐述基于协商合作的方式优化邻避问题决策模式的路径。协商式邻避决策模式提升了决策的合法性，将从可操作性、可接受度等方面改进决策质量。本章继续沿用“风险 - 利益 - 信任”的基本理论分析框架中分析邻避问题决策模式的三个基本维度，基于控制风险容忍度、协调多元利益诉求和构建动态信任机制的目标，提出邻避问题决策模式应当具有开放性、交互性和适应性等基本特征。在此基础上，本章分析了邻避决策的主体和结构，提出了各类行动主体的行为导向，从建立领导力、合法性和信任度三个方面提出过程性目标，最后就优化邻避决策模式的能力要求和制度保障展开分析。总体而言，本章强调以协商合作为基础的邻避决策模式，借助合作治理的基本理论提出优化邻避决策模式的路径，这些主张对其他类型的风险治理乃至更广阔的跨界公共问题都有启示作用。

第一节 邻避决策的基本维度和特征

一 邻避决策的基本维度

本书提出的“风险 - 利益 - 信任”理论框架是从邻避研究的

文献中提炼的基本维度，并在本土化的实证研究中得以验证。风险、利益、信任三个维度的综合影响决定邻避设施的社会接受度，这是本书的基本结论，也构成了优化邻避决策模式的三个基点。“风险－利益－信任”这一理论框架描述了邻避决策在风险、利益和信任方面需要考量的主要内容。风险管理从主观和客观的角度控制风险，风险控制和沟通政策是提升邻避项目接受度的基本前提；经济补偿调节利益相关者对利益的感知程度，复合型补偿政策是提升邻避项目接受度的重要工具；而在建立信任方面，多元参与和协商决策是优化邻避决策模式的根本出路（见图8－1）。

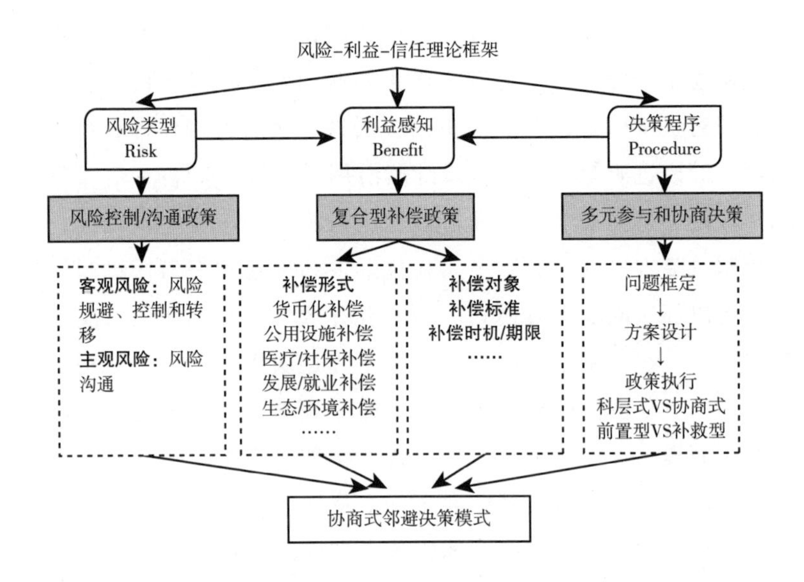

图8－1　协商式邻避决策模式的基本维度

（一）风险管理

邻避决策中的风险管理既包括对客观风险的控制，又包括对主观风险所进行的沟通。客观风险控制的策略随着风险性质的不同而有所不同。Renn（2008）根据风险产生的因果关系是否明确，将风险分为简单性风险、复杂性风险、不确定性风险和模糊性风险。简单性风险具有明确的因果关系，且影响机制常常表现为线性影响；复杂性风险中的因果关系也比较确定，但是存在多种因素会对风险后果产生影响，且这些因素之间存在交互作用；不确定性风险无法断定确切的因果关系，风险决策需要考虑对风险-收益的权衡；当现有知识对风险产生的原因模糊不清、存在争议的时候，模糊性风险就会产生（Renn，2008）。事实上，基于这种分类方法，大部分邻避设施的客观风险处于复杂性风险水平，比如垃圾处理设施等，产生风险的因果关系尽管复杂，但是相对明确。邻避设施中的不确定性风险和模糊性风险是不太常见的[①]。尽管邻避设施选址中争议很多，但是从科学知识的角度来看，邻避设施产生的风险是比较明确的。争议大多是由于主观风险感知而产生的，后文会讨论消减风险感知差异的沟通策略。

控制复杂性风险的策略主要是降低损害的可能性，限制总体风险水平。从客观风险的角度观察，邻避设施的风险主要是安全生产的风险和环境污染的风险。邻避设施本身的运行存在一定的危险性，在风险控制措施薄弱的情况下邻避设施发生泄漏、爆炸等事故可能对周边居民的健康和人身安全造成威胁。而如果风险监管措施不力，企业的风险管理技术水平不高，邻避项目在运行中会产生废水、废气违规排放等环境风险。因此针对复杂性风险，风险控制的主要目标是建立有效的、充分的保护措施。邻避决策可以选用的主要分析工具是风险-风险权衡[②]、成本有效性分析以

① 在一些特殊的邻避设施中，客观风险可能上升为不确定性风险和模糊性风险，比如新兴能源设施的风险。以二氧化碳捕获和封存技术为例，这一技术的认可度和接受度都存在争议，科学界对该技术的安全性论证尚不充分，其安全措施的可靠性也缺乏具体的观察数据。这里的风险是由现有知识不足而引起的，且在科学界存在争议，具有较大的模糊性。我国现阶段问题突出的垃圾处理设施、石化项目等风险的因果关系是相对明确的，大部分处于复杂性风险的范围之内。

② 风险-风险权衡（risk-risk tradeoff）要求在邻避决策中充分考虑控制目标风险可能带来的其他方面的风险，在这些风险之间展开权衡。

及风险－收益分析等。

在邻避决策中，控制复杂性风险通常要考虑四个步骤：设定风险控制的目标、制定备选方案、权衡利弊以及协商需求（Renn，2008）。一是设定风险控制的目标。邻避项目的主要风险是复杂性风险，因果关系尽管复杂，但是相对明确，风险控制的主要目标是建立充分有效的保护措施。二是制定备选方案。邻避设施体现出的复杂性风险要求对所有风险因子展开分析，从源头上控制风险，阻断风险传递的因果链条。比如邻避设施可能产生废气排放等，这就需要从废气产生的原因、控制废气污染的措施等方面制定详细的风险防控计划。三是在备选方案中权衡利弊。由于邻避设施风险复杂，任何一项方案难以尽善尽美，因此需要权衡利弊，在各种方案中甄选出可行方案，将风险控制在公众可接受范围。四是考虑协商需求。解决邻避设施的客观风险，通常需要公共部门、企业和技术专家之间沟通协商。技术专家提供风险控制的技术方案，企业核算各种方案的经济成本，而公共部门根据公共安全和公众可接受度提出风险控制目标。

引发邻避事件的一个更复杂的因素是风险感知的差异。在大部分邻避设施中，技术专家和公众的风险感知存在巨大差异，公共决策部门、企业和周边居民对风险的评价也存在巨大差异。邻避设施的风险感知存在三重障碍①，风险沟通应该针对具体障碍制定沟通策略。我国的邻避决策案例分析表明，“不知晓”“不理解”“不信任”的风险认知障碍在邻避项目的风险沟通中都不同程度地存在。以 PX 项目为例，一些公众在问卷调查中表示对 PX 了解甚少，这说明风险沟通的渠道未能接触广泛的公众。在沟通方式上，公众对有关 PX 项目的沟通内容常常产生误解。比如，科学界和媒体为了表现 PX 项目的低致癌性，将 PX 与咸菜、咖啡等

① 参见图 2－1。

物质类比，这些物质都被归为没有确定证据具有致癌性的物质。但是由于公众对咸菜、咖啡本身的风险缺乏准确认知，误以为咸菜、咖啡等都可能是高致癌物，结果将PX也误认为是高风险物质。这表明，在特定邻避设施的风险沟通上，沟通者需要从理解受众心智的角度设计沟通方案（Morgan，Fischhoff，Bostrom，Atman，2001）。

在邻避设施的风险沟通上，更严重的问题来自对沟通者的不信任。公众质疑官方或项目建设方提供的风险沟通信息和依据，信息高度开放的网络环境不仅使公众能低成本、高效率地获取信息，也为个体之间的信息传递创造了条件，形成了“人人都是自媒体”的沟通环境，也造成了公众对信息源的信任度下降。这种状况可以通过沟通形式的创新部分地得到解决，比如本书第五章介绍的多个垃圾处理设施的选址中采用了互动式沟通、体验式沟通等方式，公众眼见为实、亲身体验，收到了良好效果。但是从长远来看，邻避决策主体还需要建立信任机制，提升风险沟通的效果。

（二）利益协调

在利益协调方面，经济补偿应该成为邻避决策的重点考量。尽管本书的定量研究未能证明直接经济补偿对提升邻避设施接受度的正面作用，但是案例研究表明，以社区为对象的实物补偿对化解邻避冲突具有积极作用，特别是以长期发展为目标的地方性开发和政策保障成功将“邻避”设施转变为“邻利”设施。现有的关于经济补偿的文献得到的证据也并不一致，但是经济补偿仍然是解决邻避问题的一个备选工具，应该成为邻避决策的一个基本维度。这是由于邻避问题可以理解为负外部性导致的市场失灵，以“看得见的手”弥补市场失灵是一种常见的解决负外部性的政策方案。

补偿政策设计是否完善是影响补偿效果的内部因素，设计的主要内容包括补偿形式、对象和标准、时机和期限等，其中补偿形式最为关键，是影响公众态度偏向的重要因素（Kermagoret，Levrel，Carlier，Dachary－Bernard，2016）。

各种补偿形式本身具有不同的作用机制。作为一种经济学思路，早期的邻避补偿政策侧重于直接的货币补偿，直接调整个体或家庭的收益。在理论模型中，补偿标准是基于精确的福利损失计算而确定的。但现实中，货币补偿的精确计算面临障碍，如信息不完全、潜在健康风险难以货币化、受影响人群难以界定等，这些障碍对确定补偿标准和对象造成了技术困难。

在道德分析层面，货币补偿被批评为“收买人心”（bribe）。经济落后地区倾向于在接受货币补偿的条件下接受邻避设施，这种方式以牺牲环境权而获取短期收益，从而破坏了环境正义的原则。这些理论难题在实践中常常以尖锐的负面效应呈现出来。台湾在1987～1991年经历了以补偿金为核心的邻避抗争阶段，现金补偿不但没有解决问题，反而出现了漫天要价和社会失序的局面（Shaw，1996）。2012年的宁波PX事件中，对拆迁补偿范围的争议成为群体性事件的导火索。尽管如此，仍然有不少证据说明货币补偿有效提升了居民对邻避设施的接受度，这大部分发生在具有较低风险的邻避设施选址情景中（Jenkins－Smith，Silva，1998）。

对货币补偿的反思，使得相关方针对邻避补偿跳出了个体福利计算的窠臼，由向“个体补偿”转向向“社区补偿”，如进行社区公用设施（如学校、公园、道路）投资、生态修复等，社区补偿在一定程度上克服了被认作“收买”和“不当交易”的问题。但是，社区补偿对个体和家庭而言是一种间接补偿，个体的利益感知比较微弱，难以产生明显的邻避选址支持效应。除补偿形式、对象和标准外，补偿时机和期限也是补偿政策的重要组成部分。研究者认为，补偿应该出现在邻避选址讨论的后期，应当在风险控制完成之后推出补偿政策，补偿期限应该覆盖邻避设施运行的全周期。

（三）建立信任

信任是影响公众邻避态度的重要因素。本书的实证研究表明，公众对政府的信任对邻避设施接受度具有显著正向影响（见第六章第四节）。这一结论与许多西方文献的研究是相同的（Pijawka，Mushkatel，1991；Flynn，Burns，Mertz，Slovic，1992；Kunreuther，Slovic，MacGregor，1996）。同时，还有一些文献从相反的角度证明了社会不信任造成风险沟通困难，成为相关利益方反对邻避设施的主要原因（Kasperson，Golding，Tuler，1992；Tuler，Kasperson，2014）。本书的实证研究区分了公众对政府的一般信任和特殊信任，结果表明，对政府的特殊信任，也就是对具体邻避决策情境中的政府行为的信任对公众邻避态度产生影响，特殊信任度越高，公众越倾向于接受邻避设施选址决策。我国背景下的最新研究也得出了类似的结论（张郁，2019）。Bord and O'Connor（1992）的准实验研究更加具体地证明了公众对政府控制风险能力的特殊信任与否是影响公众态度的最主要因素。

本书进一步对公众邻避态度形成的路径分析表明，程序公正是促进公众对政府信任的关键因素。程序公正既可以降低公众对邻避风险的感知度，又可以提升公众对政府的信任度，从而降低公众对邻避设施的抵触程度。本书的这些基本结论意味着设计公正的决策程序将从根本上缓解邻避矛盾。

相较于在发达国家中引发高度争议的核废料存储库选址、新能源设施选址等问题，我国一些传统工业项目选址更具有普遍性，而从工业技术的成熟度来讲，大部分工业项目的风险相对可控，不确定性程度较低。大多数情况下，引发矛盾的诱因不是项目本身，而是决策的过程。缓解争议应当将目光转向选址决策过程，致力于提高决策的透明度和开放性。选址决策机构及时改变决策模式，将普通公众、环境组织等社会力量纳入风险治理的框架中，展开有效的风险沟通和对话，对选址决策进行共同商议和论证，将为我国经济社会发展所急需的工业项目、公共设施的选址探索成功的道路（刘冰，2016）。

回顾我国大部分邻避设施选址决策过程，传统的DAD（Decide - Announce - Defend，决定 - 宣布 - 辩护）决策模式仍未彻底转变。选址方案被确定后才向社会公布，公众感到邻避设施风险是外部力量强加的非自愿承担的，感到共有的社区权利被侵犯，是选址失败甚至引发群体性事件的主要原因（王佃利、徐晴晴，2012）。本章研究结果的政策导向是十分鲜明的：开放选址决策过程，搭建公共决策平台（薛澜，2013），在必要的、合适的决策阶段引入有序的公众参与。以公众参与促进信任被视为凝聚社会认同、推动社会稳步发展的有效经验（龚文娟，2016）。这种参与是以对话和协商为基础的（张乐、童星，2015），在公众参与中应就风险评估、风控措施、经济补偿、备选方案等实质性的政策议题展开圆桌会议，研究创新性的解决方案，增进相互了解和集体学习（刘冰，2016）。

二　模式特征

（一）开放性：利益相关者的有序参与

优化邻避决策模式首先要从封闭式决策转向开放式决策。这是邻避问题本身所具有的知识复杂和价值多元特征的内在要求。邻避决策要保持决策主体的开放性，要求利益相关主体有序参与决策。当前，我国的邻避决策在主体开放性方面既有不足，也有优势。不足主要表现在公众参与渠道有限、参与程度不高，这一方面是由于公众参与机制尚不健全，另一方面是由于公众参与的时间和经济成本都很高，因此只有在自身利益受到威胁的时候才主动表达意见。同时，公众意见是分散的，对决策的参与常常需要推选意见代表并付出组织成本。而我国邻避决策的优势刚好体现在具有人大代表、政协委员等正式化的民意代表，大大节省了组织成本。在某些邻避事件中，人大代表、政协委员都积极地表达公众意见，发挥了沟通桥梁的作用。因此，我国优化邻避决策模式应充分发挥制度的优越性，一方面鼓励正式代表最大限度地集中反映公众意见，另一方面公共决策部门应将各方意见切实吸纳入决策方案。

邻避决策要保持决策过程的开放性，为利益相关者的全程参与提供机会。邻避决策过程可以分为界定问题、多元协商、决定方案和执行反馈等多个环节[①]。一种误解是认为邻避决策程序只需要在多元协商环节向利益相关者开放就够了。实际上，利益相关者需要在邻避决策的全过程中有序参与。有研究表明，利益相关者尽早地参与决策过程有利于提升邻避设施的社会接受度（Wong，2016；Zhang，Xu，Ju，2018）。而一些邻避决策常常倒置了参与过程，在邻避设施遭到抗议后才被迫向利益相关者开放决策过程的参与。在参与环节认识上的另一个误区是认为邻避选址确定之后，利益相关者的参与就不是必需的了。这种误解忽视了风险感知和利益诉求的多变性。实际上，利益相关者对于邻避设施的态度是动态变化的（Zhang，Xu，Ju，2018），政策执行方式也不断对公众态度产生影响，邻避决策需要在全项目周期中保持不同程度的开放性。

邻避决策要在决策内容上保持开放性。邻避决策的内容并不仅仅是为规划中的项目确定一个选址。选址能否被接受取决于风险控制程度、经济补偿力度和公众信任程度。因此，风险管理、经济补偿和公众参与都构成了邻避决策的主要内容，邻避决策是就与拟建项目相关的所有关键点的决策，做出合理的

① 见本章第三节。

资源配置及相对公平的风险分配。在每一项决策内容之中，决策者还要细化具体的操作方案，比如经济补偿方案就需要对补偿对象、标准和方式进行决策，参与方案就需要界定主要的利益相关者、参与方式、边界和规则。可见，邻避决策是一个系统工程，在这个系统工程中，大部分内容都与不同的利益相关者密切关联，因此，利益相关者应该对决策的重要内容参与讨论。

邻避决策的开放性还表现在结果的开放性上。传统的邻避决策将拟定的选址方案当作唯一的、不可更改的政策方案，这实际上已经预设了邻避决策的结果。这种强预设极大地限制了参与和协商的空间。参与和协商的过程是一个发现多元价值和寻求共识的过程，知识交流和社会学习为创造新的政策方案提供了可能。结果的开放性并不等于没有结果约束，大部分邻避设施都是基于地方发展和公共目的而提出的，常常在选址和建设方面具有迫切性。因此，邻避决策者对决策结果应该具有基本的方向和预期，而不是在压力事件下无原则地妥协。结果的开放性就是要以解决公共问题为根本目的，对决策的结果留有调整空间，比如选址空间可调整、环境标准可提升、建设时间可协商等等，对决策过程中出现的新情况保持适应。

在网络社会中，公众意见表达已经呈现为开放表达。信息技术对个体的赋能使得“网络问政”成为意见表达的开放渠道，创新了利益相关者参与的形式，也为更广泛地纳入利益相关者提供了可能性（Nabatchi，Mergel，2010；Zheng，2017）。社交媒体中针对特定邻避设施的讨论和公众意见可以通过数据挖掘和聚合的方式呈现多元诉求。随着信息技术的发展，利益相关者参与的门槛和成本下降了，但是对公共部门运用技术手段获取公众意见的能力要求提高了。随着信息技术的飞速发展，网络参与为邻避决策的开放性提供了更大的可能。

（二）交互性：知识创新和价值凝聚

知识复杂和价值多元是邻避决策面临的主要挑战。交互性强调的是多元主体在知识和价值上的深度交流与相互理解，这是协商合作的根本目标。要实现这一目标，首先要在决策形式上保持互动。在保证决策的开放性之后，各类主体所掌握的信息、所持有的立场就会显现出来，公共决策部门就可以掌握多样的利益诉求。但意见和诉求的汇总并不会直接提升邻避决策的质量。在异质性甚至是冲突性的观点和诉求中，寻找或创造多方可接受的政策方案才能从根本上改进决策质量。这就需要邻避决策具有交互性。

交互性是指知识不仅突破个人或组织的边界流动，价值不仅得以体现，而且知识和价值的交流促进了共同理解，最终形成共同动机和公共行动的基础。在阿苏卫案例[①]中，通过双向沟通，公众理解了政府的出发点是解决垃圾围城的公共问题，政府则理解了公众对潜在环境风险的切实担忧。在互动过程中，公众和政府的共同目标都是维护人民的根本利益，创造更加美好的城市环境，而不是对某些社区或个体强加公共责任，更不是人为地制造风险。这种相互理解促成了双方的合作行动，而不是对抗。

知识交流、价值表达是交互的基础，知识创新和价值凝聚才是交互的根本目的。交互的标志性成果就是在利益相关主体之间建立相互理解，并愿意对达成共识而做出适当让步。以邻避决策为例，技术专家对大部分邻避项目的风险评估相对较低，但是公众感知到的风险水平很高，其中一个原因是一些风险被社会放大。比如垃圾焚烧产生的空气污染可能造成的健康危害在信息传播中被放大，PX 项目的风险在中国则被“污名化”。不同行动主体将这种认知的差异坦诚地表现出来并不能带来共识，只有理性地考

① 参见第五章第二节。

察各方所掌握的证据，做出理性的分析，才有可能推动可靠的知识在相关主体中扩散。同样地，多元主体将各自的利益表达出来也不必然带来决策的进步，而是要通过价值的凝聚才能达成共识。这些都对邻避决策模式提出了交互性的要求。

特别值得强调的是，邻避设施选址等冲突性风险问题的决策所要求的“相互理解”（mutual understanding）和“共同理解”（shared understanding）既有区别又有联系。“共同理解”通常是指有一套共同的价值目标，引导行动主体趋近共同价值（Ansell，Gash，2008），而“相互理解”强调不同主体之间意见分歧的时候对他人的利益、观点和立场表示尊重和尝试理解的能力（Emerson，Nabatchi，Balogh，2012），在促进“相互理解”的过程中，决策模式的交互性至关重要，其是通过主体之间反复互动而促成的。一旦形成了对邻避问题的共同价值认识，那么多元主体就可以将这种共同价值当作“共同理解”的目标。在推动“共同理解”的过程中，引导和说服是推动决策落地的主要努力。

（三）适应性：邻避决策模式的自我调适

公共管理领域的研究表明，公共决策模式应具有适应性。弹性化政府治理理论指出，政府要有适应环境变化的能力（盖伊·彼得斯，2015）。合作治理理论也表明：多部门构成的治理共同体一方面会对外部环境产生影响，改变或重塑外部环境；另一方面也根据外在环境进行自身的调适，更好地适应外部环境（Emerson，Nabatchi，Balogh，2012）。在对争议性问题展开决策时，决策模式的适应性显得尤为重要。本书中对多起邻避事件的分析结果都表明，邻避决策模式随着公众诉求的变化而发生了适应性调整。一个明显的表现就是公众意见被纳入决策考量范围，利益相关者获得参与决策和监督执行的权力。适应性调整的决策模式最终汇集了多方意见，达成多方共识，做出多方可接受的邻避决策。而相对封闭和僵化的决策模式要么进一步陷入选址困境，要么彻底妥协放弃选址，垃圾处理、废弃物处置等公共问题被搁置，出现政府、市场、社会“共输”的局面。

邻避决策模式的适应性可以从三个层面展开观察：决策模式与外部环境的调适、决策模式内部结构的调适、决策模式运行机制的调适。

首先是决策模式与外部环境的调适。外部环境包括当地的社会经济条件、文化传统、已有的社会资本以及现存的法律和制度环境。从总体上看，我国邻避决策模式的调整就是人们对健康、环境、安全的要求日益增加，对公平正义的呼声日益增强的结果。同时，外部环境的差异使得具体的邻避决策模式具有高度的地方性特征，难以统一设计。值得注意的是，邻避决策模式调整也可能重塑外部环境，比如，在邻避运动发展的过程中，我国社会稳定风险评估制度逐步建立，公众参与制度更加完善，这都从实质上改变了外部制度环境。

其次，邻避决策模式的适应性表现为决策内部结构的调整。主体的多元化是结构调整的明显表现。适应性邻避决策模式要求内部结构是可以调整的，能够吸纳必要的利益相关主体，并且利益相关主体能有效参与到邻避决策的过程中去。同时，主体的内部关系也是可以调整的。比如，原有的邻避决策模式大多由规划建设主管部门牵头，邻避选址被视为一个单纯的城市规划问题。但是，邻避问题的复杂性所蕴藏的社会风险要求多部门联动，既有经济发展部门、城市规划部门，又有维护社会稳定的部门。邻避决策模式是一个实现多部门保障的综合决策模式。从单一部门决策到多部门联动，从具体部门牵头到综合部门统筹，这些都表明了邻避决策模式的内部结构具有适应性，能根据问题的复杂程度进行适应性调整。

最后，邻避决策模式的适应性表现为决策运行机制的调整。邻避决策的程序公正与公众信任密切相关。决策程序的重构是优化决策模式的一个重要方面。一个公认的看法是环境影响评估和社会稳定风险评估都应该作为邻避选址决策的前置程序，这也是最容易产生争议并引发冲突的关键点。信息披露的时机可能会影响其对决策过程的效用（辛方坤，2018）。风险沟通、公众参与的节点等都需要在决策过程中精心设置，同时要根据不断变化的外部环境和内部诉求进行灵活调整。

第二节　邻避决策的主体及其角色定位

一　政府：决策的科学化和民主化

面对多元化的社会环境，传统的信任基础已被严重削弱，政府一元化的决策模式无法延续，需构建各种价值观念与利益诉求充分表达和理性博弈的平台，推动决策的科学化和民主化是解决选址冲突的关键（薛澜，2013）。邻避设施选址问题具有深度不确定性和利益多元化的双重特征，科学的决策方法正是要尽可能明晰各种不确定性，而民主的决策程序正是要解决利益多元化的矛盾。

（一）科学化："利益－风险"综合权衡

本书中所分析的PX项目选址案例是当地政府在经济发展和环境安全之间进行权衡的典型例子，其他类型的邻避设施选址决策（如垃圾处理设施、核电站等）也具有类似的特点。这些设施从整体上为社会带来的公共利益和经济效益显而易见，同时，这些设施可能对环境、健康造成的负面影响也不容忽视。邻避运动的兴起意味着"GDP导向"并不是衡量决策成功的唯一标尺。即便是出于发展本地经济、增加就业、提高收入的良好愿望，但若不顾及普通公众对健康和安全的需求，这种充满善意的决策不仅得不到公众支持，甚至还造成官民对抗，引发社会风险。因此，决策的科学化从根本上说是对"利益－风险"的综合权衡，既不是不顾风险，强行上马，也不是不顾发展，一闹就停。任何将一个包括发展、安全、环境保护在内的重大决策缩小为仅关注某一个方面的做法都是行不通的。

坚持正确决策需要科学依据。当前我国的部分邻避设施选址案例中，选址决策往往缺乏充分的科学论证，决策者在民意的抗议下缺乏坚守决策的底气，没有科学可信的论证过程，决策者也无法有效地实现公众沟通，丧失了公众信任，这是当前我国选址冲突陷入了“一闹就停”这一怪圈的重要原因。

“利益－风险”的综合权衡是以科学评价作为基础的。一方面，政府对涉及地方经济社会发展具有深远影响的重大项目必须通过可靠的“成本－收益分析”测算出项目为国家、当地和普通居民各自带来的收益，而不是通过粗略的估算或直觉来衡量当地的收益，更不能忽略了对普通公众收益的考量。另一方面，邻避决策必须引入科学的方法来处理不确定性。不确定性广泛地存在于公共讨论、政策分析、规章制定的过程中，决策者常常认为自己能准确地理解和预测世界，但事实是那些忽视物质世界中不确定性的政策常常会导致令人失望的技术、社会和政治后果（Morgan，Henrion，Small，1990）。

在现有的邻避设施选址程序中，重大项目投资必须进行的环境影响评估（简称“环评”）是实现科学决策的一个重要环节。而目前部分环评报告尚未充分应用科学的风险分析工具，使得环评报告的公信力大打折扣。其背后的一个重要原因可以归结到现有的决策体制上。我国的环境监管体系并不是垂直到底的监管体系，地方环保局隶属于当地政府，难以作为独立的机构进行客观的风险评估和监管。可见，推动选址决策的科学化既涉及方法上的问题，也涉及制度层面的深层次问题。

（二）民主化：“决策者－公众”双向互动

环境抗议事件重演导致邻避项目难以上马。项目能不能上马不仅仅取决于科学解释、环境评价、审批程序、信息公示等等。如果协商基础上的民主决策缺失，科学意见不被重视，项目程序流于形式，信息公示只是立此存照，民众抵触情绪会累积，不信任将成为预定立场，民众通过合理诉求无法抵制项目，就可能走向极端。邻避设施选址的案例研究说明，选址冲突产生的一个原因是邻避设施的潜在风险被不恰当地放大，造成决策者的技术判断和公众的风险感知出现巨大差异。决策者通过技术评估认知到的风险和公众通过社会棱镜看到的风险具有迥然不同的性质。

对邻避设施选址问题的思考触动了国家社会经济发展优先性的战略安排，促使政策制定者在经济发展和环境安全之间做出谨慎的权衡。可接受范围内的公众抵抗是意见表达的一种形式，为广泛的政策批评提供了一个制度化的平台，从长期来看，其是推动政策学习和政策变迁的原动力（Owens，2004）。搁置争议既不能有效解决现实问题，也失去了政策反思和学习的机会。

弥合这种风险感知上的差距成为改进公共决策模式的方向之一。实现这种弥合的途径无非是在决策者和公众之间搭建桥梁，应该包括两个相辅相成的环节："公众走向决策者"和"决策者走向公众"。前者是各国邻避运动中所高呼的"公众参与"，后者在我国表现为非常具有中国特色的"群众路线"。

（三）公众参与：公众走向决策者

邻避设施选址的案例研究表明，决策者对公众态度的忽略或者误判可能引发广泛的社会风险。公众参与是否有助于提升公众对程序公正的认识？为什么公正对政府决策的满意度如此重要？Herian et al.（2012）的研究发现，公众参与的确有助于提升公众对程序公正的认知，对于那些对政府制度的了解相对不确定的人来说，公众对程序公正的认知与公众对政府的总体评价有很强的关系。公众参与可以使公共决策更符合公民偏好的价值基础，可以降低公众对政府的不信任，也可以使政府获得更高的公众支持率。因此，公众参与既是扩大人民民主、提高公民政治参与积极性的前提，也是推进公共决策科学化民主化的保障（朱旭峰，2011）。许多风险决策的复杂性和不确定性常常意味着协商的范围必须非常大，这就需要提升决策过程的透明度，拓展对话的范围，让公众参与进来，各利益相关者之间通过开展充分积极的对话、交流与协商来达成共识、促进信任。

如果公众参与的大门被关闭，那么民间的反对意见就有可能通过街头抗议等极端的方式发泄出来。在风险治理的框架下，公众及其他利益相关者都有权参与到风险决策过程中来，这就对政府提出了一个挑战，即如何构建有效的对话平台。决策者应尽早告知并吸纳公众参与选址，而且这种行为应该贯穿选址决策过程的始终。总的说来，信息提供得越早，它就越有可能对决策的实质产生较大的影响。信息消费者，不论是风险承担者还是风险管理者，都在早期更容易接受信息。邻避设施选址问题从根本上说是发展与安全之间的权衡问题，在不同价值观和利益多元化的背景下，解决此类问题必须从根本制度安排上提供一个基础的公共政策平台，把社会抗争变成社会对话与社会协商，把不同意见的表达从街头示威转变为公共决策审议会上理性地分析和辩论。这个平台就是各级人大和政协，其合法性和权威性是受到宪法保证的（薛澜，2013）。

首先，必须确立各级人大、政协的法律权责范围，什么样的事情应该提交哪一级别的人大、政协讨论。地方人民代表大会在地方治理体系中发挥着对重大政策进行利弊权衡并决断的重要作用，政协也发挥着重要的民主协商作用（薛澜、张帆、武沐瑶，2015）。其次，应该确定人大、政协的议事程序，使之既能够保证各方充分发表意见，同时也能够保证决策的效率（薛澜，2013）。如果人大、政协真正能够成为公众各种意见的表达平台，那么就会有更多的民众积极参与到人大代表和政协委员的选举或提名过程中，就会有更多的公众监督本选区人大代表和政协委员在重大公共政策问题上的意见和投票，从而形成良性反馈。最后，人大和政协代表的议事能力和专业知识也需要不断提升。人大和政协可以为不同的专门委员会组建具有专业知识的助理团队。

总而言之，面对新的发展环境和社会诉求，政府行政管理模式必须从传统的单向“管治型”转向现代化的公共“治理型”。这一转变有赖于相应的制度建构，需要将包括城市规划“公共参与”在内的社会过程纳入法制轨道，从而切实推进“民主执政”和“依法执政”（赵民、刘婧，2010）。

（四）群众路线：决策者走向公众

与公众参与同等重要的是决策者主动走向公众，一方面了解公众看待风险的态度，另一方面正确引导公众的风险感知。决策者若脱离群众将有可能严重误判一项政策的社会影响力，缺乏坚实的群众基础也将使政策执行遭遇巨大障碍。西方社会科学中所描述的决策过程包括信息采集、议程设定、政策策划、政策确定、政策实施、政策评估等几个阶段，其中每一个环节都需要决策者主动与公众进行互动沟通，围绕社会关切和社情民意做出科学决策。事实上，西方理论中所阐述的这些决策需求在我国长期革命斗争和经济建设过程中已经得到全面总结和广泛推广，被凝聚为“一切为了群众，一切依靠群众，从群众中来，到群众中去”的群众路线①。

① 1943年6月，毛泽东在《关于领导方法的若干问题》中提出：“从群众中集中起来又到群众中坚持下去，以形成正确的领导意见，是基本的领导方法。”1956年9月，中共八大对党的群众路线又进一步地发展和完善，第一次将“群众路线”写入党章：“中国共产党的一切主张的实现，都要通过党的组织和党员在人民群众中间的活动，都要通过人民群众在党的领导下的自觉的努力。因此，必须不断地发扬党的工作中的群众路线传统。”党的十八大修正后的党章指出：“党在自己的工作中实行群众路线，一切为了群众，一切依靠群众，从群众中来，到群众中去，把党的正确主张变为群众的自觉行动。”这是迄今为止中国共产党对群众路线做出的最准确、最完整、最规范、最权威的表述。

群众路线是一个十分具有中国特色的公共决策传统，不仅遵循了决策科学的基本规律，而且十分有助于公共决策者的理解运用。以习近平同志为核心的新一代党的领导集体敏锐地意识到领导干部对群众路线的偏离是威胁党的生命力和执政力的关键问题，坚持党要管党、从严治党，在全党自上而下地开展群众路线教育实践活动[①]，坚决反对形式主义、官僚主义、享乐主义和奢靡之风，着力解决关系群众切身利益的问题，将解决生态环境、食品药品安全、安全生产、社会治安、执法司法、征地拆迁等损害群众利益的问题列为群众路线教育的重点任务。群众是直接受到公共政策影响的个体，公众参与在一定程度上建立了利益诉求的表达机制。而从另一个角度讲，领导干部有责任有义务深入群众、深入基层了解情况，在充分调研的基础上进行科学决策。只有长期坚持群众路线的决策方法，才能保证公共决策的科学性和可行性，增强政府的公信力。

群众路线的决策模式调转了参与的方向，要求决策者主动、持续地深入群众。公众参与模式主张把民众请进来，而群众路线模式敦促决策者走出去，虽然两种模式的着眼点不同，但在听取民意、吸取民智方面，它们具有异曲同工之妙（王绍光，2010）。在吸纳西方公众参与公共决策经验的同时，我国的公共决策模式应该切实贯彻群众路线，在对充满不确定性的公共风险管理中探索出具有中国特色的公共决策模式。

总之，风险社会公共治理的重塑，除了有赖于政府治理模式的变革外，更重要的还在于利益相关者的充分参与以及对风险分担者责任的明确界定。为了达到权责一致的要求，即各利益相关者和风险分担者维护权利和承担责任的一致，应该从确

① 2013 年 4 月 19 日，中共中央政治局召开会议，决定从 2013 年下半年开始，用 1 年左右时间，在全党自上而下分批开展党的群众路线教育实践活动。

定公众的基本信息权利入手，从根本上提升治理和决策过程的透明度。为了有效规避风险、合理配置利害，决策主体必须主动提供信息，确保其他利益相关者和风险分担者的信息获知权利。这并非单纯满足尊重公众自由选择等理念上的要求，高度的透明度意味着风险共担，信息公开也是由风险社会的本质所决定的。

二　企业：安全运行和社会责任

从长远来看，为了破解邻避设施选址困境，企业必须承担起安全运行和社区建设方面的责任。风险社会中技术风险的加剧很大程度上是受市场利益驱使的企业逐利行为的结果，即企业行为的外部效应。产权界定、市场化改革以及政府的规制并不能完全消除企业逐利行为的外部效应，道德层面社会责任意识的强化仍然是对现代企业的基本要求。将企业主体诉求纳入公共治理过程中必须体现出除了利润以外的企业社会责任，加强企业的自我行为规范。

PX 项目是整个石化产业链中的重要一环，许多国家在大力发展石化产业的过程中，都把 PX 项目当作重中之重。这些工厂之所以能建在居民区附近，一个重要原因是这些工厂重视安全环保，并善于与周围社区和民众沟通。在日本，大型化工企业非常善于“亮相”：出光千叶炼油厂堪称“花园式炼油厂”，在工厂附近就是大公园，即使走近了，人们也几乎闻不到异味，工厂与居民区只有一河之隔，宽约 20 米。对于所在社区的公益活动，化工企业更是不遗余力。日本 JX 公司把自己加油站收入的 0.01% 用于支持周边社区绿化，出资成立中小学，邀请孤儿观看棒球比赛，开放公司的体育设施给周边居民使用，组织员工去周围社区打扫卫生等。企业发展必须考虑到附近居民的感受，并承担社会责任。

三　公众：理性感知和有序参与

在一个风险社会中，公众必须学会正确认识风险、评估风险并做出适当的行为反应。公众必须学会在环境损害和发展停滞等不同风险之间进行权衡。公众应对风险的意识、态度、方式和能力对于提高风险社会公共治理的绩效起着至关重要的作用。如果没有公民个人基于个体利益和责任的认知而积极地关注和参与公共事务，所谓利益和风险责任的分担就会流于形式而失去其最直接的核心基础。因此，风险治理要求提高公民个人的责任感、风险意识和风险识别能力。

公众为了提高对公共决策的影响力，应该培育社会资本，通过更多的非政府组织参与到公共治理过程中来。作为连接公共权力（政府）和私人领域（市场/企业、个人）的中介，非政府组织不仅扮演着弥补“市场失灵”和“治理失灵”所造成的诸多公共事务治理领域空缺的角色，还扮演着企业社会责任、专家信誉和政府职责监督者的角色。更重要的是，以非政府组织为主体构成的公民社会还是培育社会信任和美德的场所，也有利于提升公众参与的能力，为国家的正常运行和社会的成功转型提供持久的支持。

四　科学共同体：客观独立的风险评估

传统的专家通过同行评议过程和正式发表的研究文章著作来分享信息和知识，但是，当今世界对风险专家的传统角色变得不那么友好了。首先，公众对风险专家的信任程度下降，认为专家在对风险进行科学评估的过程中失去了客观的立场，正在成为社会控制和治理的工具。其次，专家传播和分享知识的方式也遭到挑战。传统的专家系统通过同行之间交流和正式出版物来传递知识，风险知识在科学共同体内部较小范围内循环。民主决策要求风险专家以更加广泛、更加通俗的方式向潜在的利益相关者传递信息。最后，广泛的公众参与还挑战了专业知识的本质。公众将他们的专业知识带到了健康风险的讨论中，包括当地经验、环境条件等不断变化的知识（Petts，1998）。这并不意味着公众就不欢迎专家意见，决策者要科学地降低风险就必须借助专家的专业知识（Renn，2008）。邻避设施选址案例中所反映出来的信任问题需要专家系统信誉的不断提升和不同领域间专家的合作来解决。

强调多元主体的共同参与，并不意味着否定专家咨询结构在风险治理中的重要作用。但与传统决策机制中并不承担多少风险责任的参谋角色相比，风险治理机制中的专家被要求承担更多的风险责任，需要进一步提升自身的信誉度；同时，在更加精细的专业化分工基础上，风险治理还强调更多不同学科领域间专家的合作，以摆脱狭隘的学科视野和专业壁垒给公共治理带来“理性的盲目”，从而产出更高质量的决策方案。

第三节　邻避决策的过程

邻避决策过程包括四个关键环节：界定、协商、决策和反馈。界定环节完成对邻避决策主体、范围和基本规则的确定；协商是邻避决策的主要环节，需耗费较长时间在决策各方之间展开沟通和谈判；决策环节将在协商共识的基础上制定政策方案以及可能的备选方案；反馈是在政策执行过程中对意见的收集和对决策内容的调整，必要时还将重新界定问题和协商，寻求新的政策方案，体现协商式邻避决策的适应性特征。经过完整的邻避决策过程，决策参与主体建立起对邻避问题的共同认识，并为实现共同目标制定出有效的政策方案。在协商式邻避决策中，利益相关者对各个决策环节的有序参与保障了邻避决策的质量水平。本节对邻避决策的各个环节展开分述，辨识邻避决策者在各个环节中的关键任务。

一　界定

在知识复杂化、利益多元化的公共决策中，界定问题的性质、边界和利益相关主体是启动决策过程的第一步。一些邻避决策的实践往往缺失了问题界定的环节，将决策主体默认为相关公共部门，直接进入邻避决策的制定环节，从决策伊始便忽视了多元利益和价值，为后续的政策执行埋下隐患。实际上，问题界定是邻避决策不可缺少的准备环节，是决策的起点，并在后续的协商、决策和反馈中不断修正和调整。

界定环节的主要目标是对邻避决策的目的建立共识（Emerson，Nabatchi，Balogh，2012）。界定决策的目的需要收集与决策相关的重要信息并辨识这些信息的含义，根据全面、可靠的资料揭示个体和公共的利益、关切和价值。由于邻避选址等风险问题存在较大的不确定性，有的技术风险甚至具有模糊性，即没有确凿、统一的证据对危险的概率和影响展开确切估计。我国在邻避决策中推行的环境影响评估和社会稳定风险评估都是旨在界定问题，环境影响评估重点确定技术性风险及可能的防范措施，社会稳定风险评估则把公众对邻避设施的风险感知和主要关切作为重点。

即使邻避决策主体不主动界定问题性质，利益相关者也会有意或无意地从各自的角度界定问题。实际上，“邻避主义”本身就是对邻避设施选址问题的一种界定，表达的是项目倡议方的立场，认为邻避设施周边的居民缺乏大局意识，狭隘地从个人和社区的利益出发，忽视社会的整体利益。反过来，公众也从自身的角度界定问题。邻避项目的倡议方常常把项目的建设界定为发展的机遇，与此不同的是，公众更有可能将邻避项目界定为风险。由于这种异质性的存在，在界定环节形成初步统一的标准和评价指标就十分重要（Bentrup，2001）。

邻避决策过程中对问题的界定将决定后续环节中的参与主体。从总体上看，界定环节需要倾听来自利益相关方的意见，但是仍然是较小范围的利益相关者介入，更多的还是依赖科学事实、现实需求、资源和能力现状对邻避设施的必要性和可能产生的收益与风险进行客观估算。而界定环节将识别出邻避决策中主要的利益相关者，从而为确定后续参与决策的主体设定了大致范围。

更加具体地，界定环节还将在邻避决策的目的和目标基础上辨识后续环节的关键任务，如需要开展的风险沟通、利益协调和参与程序的设计等，还需要对共同行动中的挑战有充分的估计，比如相关利益群体的行动选择、公共部门进行引导和干预的空间等（Koontz，Steelman et al.，2004；Leach，2006）。界定是邻避决策过程中必不可少的启动阶段。但是，对问题的界定通常难以在界定环节就全盘确定，随着后续环节中信息的不断扩充。仍然有可能在其他环节中重新审视决策的基本问题和根本目标。

二　协商

本书将新型邻避决策模式概括为协商式决策模式，特别突出协商在邻避决策中的关键作用。有序参与、坦诚交流以及全面吸收利益相关者的意见是有效协商的标志。协商环节要求与邻避决策相关的社会行动主体在决策过程中公开阐明立场，审慎地权衡各方利益诉求，采取讨论、辩论、商量的方法达成综合意见，共同制定可能的决策方案。

值得注意的是，协商并不单纯是“利益的聚合”，而是通过问题分析和知识传递形成对公共问题的共同判断（Roberts，2004）。也就是说，协商式决策并不等于简单地汇总多元主体的利益诉求，而是要从社会发展和公平正义的角度为争议性问题提供解决方案，其目标是实现对社会风险进行公共的理性控制。协商过程将政治精英、技术专家、民意代表和受影响的公众的意见综合整理，辨别这些意见的合理性，通过开放平等的公共讨论使决策趋向共同的“善”。因此，协商的原则是理性，而不是平衡。公共理性是摆脱“一闹就停”困境的唯一出路，而公共理性就意味着行动主体都准备真诚地捍卫各种价值，提出令人信服的理由，以获得多方的信任与支持（吴翠丽，2014）。Renn and Schweizer（2009）指出单纯地将寻求共识等同于协商实际上是对协商的误解，协商的结果完全有可能超越原有方案，发现和创造出更多的选择方案（Rabe，1994）。

由于协商是对多种知识和价值的整合，因此研究者在邻避问题等风险决策中提出了“分析－审议决策”（analytic-deliberative decision making）方法（Stern，Fineberg，1996）。其中，“分析”是对客观知识的综合与判断。与邻避设施相关的信息常常来自自然、工程和社会领域的科学家，也有可能来自社会组织和普通公众，在信息技术发达的现代社会，还可能来自可靠度不一的自媒体，这些信息进一步为知识的辨识和分析造成了难度。而“审议”侧重对价值的评价和权衡。审议所强调的“沟通理性”必须将各种利益诉求置于对方的立场和背景中去理解，在交换和共享观点的同时，还需要对他人和自身的观点进行反思，发现各类主体之间价值观的差异并善于建立联系。

在协商过程中，组织协调者的技巧和能力决定协商的质量。本书的邻避案例分析呈现了我国邻避决策协商的多种形式：既有西方广泛采用的意见征询、听证会等形式，又有本土化的基层走访、干群沟通等方式；既有基于互联网大数据挖掘的公共意见分析，又有面对面地交谈和公共部门意见汇集等传统方式。这些协商的活动都需要组织协调者具备专业能力，如沟通协调能力、冲突管理能力以及社会学习能力等[①]。以协商为基础的邻避决策过程

① 详见本章第四节。

本身就是一个社会学习的过程。

无论何种形式的协商，都打开了观点交流、偏好表达的机会。邻避决策参与者在对话和审议过程中可能形成相互理解和偏好转化，从而趋向共识的达成。这种对话必须建立在公共利益的出发点上。比如本书研究的阿苏卫案例[①]就表明邻避设施周边的群众对解决“垃圾围城”问题的根本认同，从捍卫公共利益的角度出发，创新性地寻找邻避决策方案，一方面要求政府和运营企业加强风险管理，另一方面大力倡导公众的垃圾分类行动，推动全社会的力量解决公共问题。这种多角度的政策方案很难在单向性决策模式中浮现，而是通过协商产生的思路拓展和政策创新。

三 决定

在建立共识的基础上，邻避决策过程将推进到决定环节。决定环节是对邻避设施选址或解决邻避问题形成具体方案的环节，需要对协商环节中产生的各种政策方案进行抉择，确定优先方案和备选方案，一旦决定便付诸实施。在邻避政策中需要决定的核心内容既包括程序性决定，又包括实质性决定。程序性决定需要确定邻避政策执行的顺序，包括设定议程、分解任务、落实资源等操作性内容。实质性决定则需要对风险控制标准、邻避补偿力度以及公众参与方式都形成可操作的规定。邻避政策的决定需要综合考虑邻避设施的技术经济影响和社会环境影响，从依据传统的“成本最小化”原则转变为同时依据“影响最小化”原则确定优选方案，以达到“阻力最小化”的效果（董幼鸿，2013）。

邻避政策的决定环节不仅需要选择优先执行的方案，还需要保留备选方案。在协商环节中，相关主体以共识为导向可能形成多种政策选项，决定环节可以对多种政策选项进行匹配和整合，

① 详见第五章第二节。

形成不同的政策组合。由于邻避政策的执行仍然具有不可预测的风险因素，因此决定环节还需要对可能遭遇的邻避抗议制定应急预案，包括舆情引导、关切回应和冲突管理，对风险控制、经济补偿和公众参与等维度下的各种选项保留可调整的政策空间。在决定环节中，利益相关者的参与度不如协商环节那么频繁和深入，但是决定环节仍然需要保持高度的开放性和透明度，保障利益相关者的知情权。

四　反馈

完成协商和决定环节并不意味着邻避决策的结束。即使利益相关者最大限度地参与和协商，也不一定能获得完全可行的政策方案，邻避政策在执行过程中仍然存在改进的空间。这可能是由信息的不完备而导致的决策漏洞，也可能是风险感知的动态性等原因造成的原有政策方案不合时宜。这就需要通过反馈机制来保持邻避决策的原则性和适应性之间的平衡，既要保持合理决策的权威性，又要保持政策具有适应新情况、新环境的弹性。

反馈环节仍然体现出协商合作的特征，在前述各个环节中建立起来的合作关系延续到政策执行过程中去。多元利益主体之间保持畅通的信息流动是实现反馈的关键。实际上，如果没有畅通的反馈渠道，邻避决策在执行过程中遇到的挑战也会以其他的形式表现出来，邻避抗议实际上就是一种非制度化的反馈机制，它倒逼邻避决策退回界定、协商或决定的任意一个环节中重新考量。邻避决策过程的设计应该事先安排贯穿全项目周期的反馈环节，以确保利益相关者具有顺畅的利益表达机制以及使利益补偿和配套政策能得到有效落实。反馈环节还需要建立对政策决策质量和执行效果的问责制度（陈玲、李利利，2016）。反馈环节的关键在于邻避政策实施过程中的合理化信息或建议能及时被吸纳，并被有效整合到邻避政策中去。

第四节　邻避决策过程中的能力建设

在决策模式的基本结构和过程的原则确定之后，决策能力就成为影响决策质量的关键变量。不同的决策模式对决策能力的要求存在差异。比如以纯粹理性主义为导向的决策模式，将理性经济人作为基本假设，追求净收益的最大化，这就要求决策者具有经济分析和利益测算方面的能力。以管理主义为导向的决策模式则要求决策者理解管理系统的运行规律，抓住管理过程中的关键节点。而以邻避问题为代表的跨界问题的决策模式是以协商合作为基础的，除了传统决策模式中需要具备的政策分析能力和管理执行能力之外，还需要具备跨越组织边界、进行沟通协调、化解矛盾冲突等能力。

同时，与传统的理性主义和管理主义决策模式相比，合作式决策模式中参与主体表现出多元化特征，因此本章所讨论的能力建设不是局限于传统的公共部门，而是针对所有参与决策的主体，所指涉的能力是在多元合作的结构下各类主体为实现共同的公共目标而需要具备的能力。比如：风险控制能力既涉及政府的风险监管能力，又涉及企业运行中的风险管理能力；沟通协商能力既要求公共部门具备汇聚民意、引导认知、协调利益的能力，又要求参与决策的利益相关者具备科学认知、理解其他主体的诉求以及在差异化的诉求中寻求和建立共识的能力。因此，本章讨论的能力要求在内容上具有延伸性，在适用主体上具有广泛性。

一　风险管理能力

风险是邻避问题产生的起点，破解邻避问题也必须从风险管理入手。缺乏减缓和规避风险的能力是造成灾害脆弱性的一个重要原因（Renn，2008）。本书第五章中的多个案例表明，邻避冲突的化解都经历了有效的风险控制过程，如垃圾焚烧厂通过改进技术、执行更加严格的烟气排放标准等方式使环境风险得到有效控制，PX 项目则通过更先进的安全装置降低风险。风险管理能力是邻避决策过程中首先要具备的能力。

对风险管理根深蒂固的误解是认为公共决策部门是风险控制的主体。这种观点是管理主义决策逻辑的延续。在管理主义决策模式下，风险控制似乎完全是政府的事，这种认知使得一旦发生危险后果，公众就将问题归因为政府监管不力。实际上，从风险控制的角度来说，风险制造方才具有更加丰富的风险管理的知识、技术和能力，只是风险的负外部性使得风险制造方对风险控制的动力不足，甚至出现逃避风险管理责任的行为。因此，在风险控制问题上，监管部门和运行主体负有不同的责任，并应该具有与各自责任相匹配的能力。

监管部门实现风险控制的责任在于制定严格的监管标准和建立切实的责任体系。绝大部分邻避设施都具有建设的必要性，有的项目设立是为了缓解垃圾、存储核废料等公共问题，有的项目则具有发展性意义（Liu，Liao，Mei，2018）。对邻避项目的风险监管总是会遇到“要多安全才足够安全”的问题，在这一问题上，研究者主张通过对“风险 - 收益”权衡来制定标准。早期的研究者根据经济数据做出了“风险 - 收益”权衡的可接受模式（Starr，1969）。后续的研究者进一步完善了这种权衡方法，提出风险感知与收益感知之间存在联系，当风险感知控制在一定范围之内时，风险的接受度便与收益感知具有关联性（Fischhoff，Slovic，Lichtenstein，Read，Combs，1978）。这表明安全性标准与利益相关主体的风险感知具有高度联系。

基于风险的客观性和建构性，风险控制能力体现在风险评估（risk assessment）和关切评估（concern assessment）两个方面（Renn，2008）。目前我国邻避选址决策模式日益注重客观风险和主观风险的评价，与此相对应的决策要求是环境影响评估和社会稳定风险评估。这两项评估制度有交叉重叠的地方，比如环评和稳评都需要征询公众意见，但是两种评估各有侧重，分别对应客观风险评估和主观关切评估。这两方面的评估将为全面的风险管理方案提供基础。

客观风险的管理方案无外乎三大类：风险规避、风险减缓和风险转移。风险规避意味着邻避决策尽可能选择不产生风险或者较小风险的方案，比如尽可能将邻避设施建设在人口居住稀少的地区。风险减缓则意味着降低危害事件发生的概率及其造成的负面影响，采用更先进的安全技术、制定更严格的监管标准都是风险减缓的政策选项。风险转移一般是指风险转移到第三方，最常见的形式是购买保险，通过市场化的方式实现风险分担。这种措施在西方一些邻避选址的案例中被采用，通过为周边居民购买财产保险的方式防止房产价格下跌造成的经济风险。评价客观风险管理能力的两个指标是效果（effectiveness）和效率（efficiency），效果是评估风险管理方案是否达到了预期降低风险的目的，而效率则是评估能否以最低的成本实现理想效果。

主观风险的管理主要依赖风险沟通引导公众对风险理性认知。研究者发现风险感知在形塑公众风险态度方面具有决定性作用后，大量研究投入风险沟通的研究中，其中最为著名的是基于心智模型设计的风险沟通方案（Morgan，Fischhoff，Bostrom，Atman，2001）。实践中常常以公众接受度作为评价主观风险管理能力的指标。发展风险管理能力，确保邻避设施建设和运行安全，有效控制客观风险和主观感知对邻避态度的影响，是化解邻避冲突的基本前提。在人们生活水平日益提高的条件下，没有安全保障，任何发展性补偿或公众参与措施都难以奏效。

二　协同行动能力

在复杂系统理论的视角下，整个社会是一个具有自组织能力的复杂适应性系统。社会能否协调发展，取决于核心主体的力量以及各社会主体间的协同行动能力（范如国，2014）。协同行动能力是指将一系列跨边界的要素整合起来实现有效行动的能力（Emerson，Nabatchi，Balogh，2012）。在邻避问题的决策和执行中，任何一个治理主体都不具备解决邻避问题所需的全部知识、工具和资源。主体之间的协同行动能力是从决策通向执行、从战略通向绩效的桥梁。

协同行动的需求来自多元主体之间的资源依赖。资源是公共政策决定和执行过程中的物质条件。邻避项目决策涉及的关键资源包括信息、技术、资金和人员等。这些资源在决策主体之间的交换和共享有利于提升邻避决策的质量。传统的邻避决策模式依靠科层制的行政权威调集和运用资源。然而，邻避冲突的跨界性要求实现跨组织的资源流动和整合，需要合作组织通过协商建立共识。在邻避决策的初期，针对邻避设施的技术标准和潜在风险、公众对邻避设施的接受度等信息的讨论和交流将为邻避决策的主体和内容框定基本范围。在邻避决策过程中，政府、企业、技术专家和普通公众之间的知识交流将缩短各类主体之间的认知差距，为共同行动奠定基础。

协同行动能力的发展必然伴随着正式和非正式的组织学习。在协商式决策模式中，主体之间形成连接，构成频繁互动的复杂网络，通过分权和学习进行协同行动（范如国，2014）。协同行动能力是决策参与主体在合作治理的动态中通过互动和学习逐步培养起来的（Emerson，Nabatchi，Balogh，2012）。频繁互动建立了一套协同机制，降低了协同的成本、提高了效率。在互动过程中，参与邻避决策的相关主体对彼此的利益偏好、行动逻辑和组织文化了如指掌，不仅容易达成协议，而且能在行动中表现默契。比如，邻避问题决策中，如果直接利益相关者对决策运行机制、可能产生的决策结果都有稳定预期，那么决策过程将大大节省谈判的交易成本。在保持密切沟通的协同行动中，行动主体对可能的冲突能够以最短的路径、最快的速度实现响应，大大降低邻避事件的发生。

协同行动能力常常嵌入主体互动所形成的协同网络中，邻避决策中的互动最终形成一套约定的结构和过程。主体互动形成的相互理解和准确预期大大提升了协同行动能力。但是对于长期的、不断重复的互动来说，这种非正式的规范系统仍然是不够的，还需要正式的制度结构加以规范。正式的制度规范反过来又为多元主体的赋能和赋权创造条件。

三　沟通协调能力

邻避问题本身的利益多元化导致了决策主体间常常产生分歧或冲突。相关主体的意见分化和对抗态度如果得不到及时缓解，就可能转化为邻避冲突事件。协商式邻避决策就是一个不断解决争议的过程。在分歧或冲突的状态下，沟通协商推动决策主体在态度上由不信任转向信任，在行动上由对抗转向合作。沟通协调能力对于扭转对抗局势发挥着至关重要的作用（Frame，Gunton，Day，2004）。

沟通协调具体表现为非正式调解、信息汇总和分析、使利益相关方重回谈判桌等。首先，协调者通过非正式调解与合作主体多方接触，了解和分析利益相关方的真实诉求。其次，协调者对多方沟通获得的信息进行汇总分析，比对利益相关方的需求差异，并提出可能的解决方案。最后，协调者需要使利益相关方重回谈判桌，这需要协调者向各方展示出重新谈判具有新的环境、新的议题、新的解决方案和达成共识的可能性。

在沟通协调的过程中，信任的作用十分关键。信任来自三个方面：一是协调人常常是利益中立的第三方，尽管协调人也具备自身的任务和使命，但是在合作过程中通常没有直接的利益嵌入关系；二是协调人在合作中常常具有较高的声望，比如具有专业知识或技能、曾经有效解决过冲突等等，表明协调人具有足够的解决冲突的能力；三是协调人可能处于合作网络的中心位置，与主要的合作方都建立了网络联结。在我国邻避决策的案例中，公共部门常常是实现沟通协调的主要推动者，在沟通协调的过程中，基层组织也发挥了重要作用。

四　冲突管理能力

作为跨界风险问题的典型代表，邻避问题具有利益多元的基本特征。差异化的目标和预期成为邻避冲突的根源。正是由于这种利益和预期的差异，不同个体或群体对特定的选址战略和技术产生差异化的观点，最终表现为观点的对立和行动的对抗。尽管利益的多元化不可避免地造成分歧或矛盾，但是从利益分歧到邻避冲突之间仍然存在巨大的干预空间。何艳玲（2009）在对邻避事件展开分析时指出，中国式邻避冲突的特征，是冲突双方的动员能力与反动员能力在共时态生产过程中“互构”的结果。这里的动员能力是受影响群体的集体行动能力，而这里的反动员能力实质上就是冲突管理的能力。

邻避冲突事件的发生常常产生比较严重的负面社会影响，使邻避决策陷入僵局。冲突事件还可能产生次级影响，比如某些邻避项目被“污名化”等，污名化效应对其他时期、其他地区的同类项目决策产生跨时空影响。因此，有效防范和及时化解邻避冲突的能力显得尤为重要。

冲突管理能力主要体现在三个方面：一是应急处置能力。邻避冲突或者由风险问题引发的其他公共事件常常具有人数众多、情绪激愤的特点。我国一些邻避事件案例中也曾出现应急处置不当的问题，造成事件的演化更加复杂化。应急处置能力需要具有预先防控的意识，利用大数据等信息化工具采取有效监测，并预先制定周密的应急方案。二是快速回应能力。应急处置能力强可以在冲突爆发的时点有效缓解危急形势，但是多起邻避事件表明，公众对诉求的回应表现出较高期待。正是因为这个原因，某些邻避决策由于缺乏其他可能的备选方案，只能采取缓建或停建的方式回应公众诉求。快速回应能力要求邻避选址决策的内容具有弹性，具有适当调整的空间，并在风险、收益和信任等关键维度上制定备选方案，从而能在邻避抗议中实现快速回应。三是舆情引导能力。从 2007 年厦门 PX 事件开始，我国的多起邻避事件的发展演变都离不开网络舆情的推波助澜（李丁、张华静、刘怡君，2015；彭小兵、邹晓韵，2017），线上线下的交互作用扩大了邻避冲突的范围。网络空间没有边界，局部风险可扩散到更大范围。在信息技术高度发达的条件下，及时的舆情引导对预防和化解冲突尤为重要。这种舆情引导既是公共部门的责任，也可以由具有专业知识的公民或组织发挥引导作用。比如茂名 PX 事件中，清华大学化学化工系学生昼夜捍卫 PX 词条，在百度百科上坚持守住 PX“低毒”属性，并不断完善细节、留言声援，引导公众正确认知 PX 项目风险。

最新研究还表明，有效的冲突管理有助于邻避冲突实现良性转化，推动由对抗迈向理性化、制度化，还能产生外溢效应，助力民主政治、公民培育等议题实现（谭爽，2019）。从这个意义上说，冲突管理能力不仅要求有效处理危机事件，还需要各类主体重新界定自身角色，重新理解各方需求，推动协商式决策模式的形成。

同样地，在协商合作的决策模式中，冲突管理能力也不仅仅局限在公共部门，邻避设施的建设方、运营方都应该对对立意见保持高度关注，并予以及时回应。一些基层组织也应该发挥早期预警和及时调解的功能，对可能的冲突进行有效管理。

五　社会学习能力

知识和经验的积累是政策创新的源泉，社会学习是提升公共决策质量的有效途径。以邻避问题为代表的跨界公共问题实际上带来了知识上的障碍，导致不同主体间难以实现相互理解和达成共识。社会学习就是一个经过协商讨论形成一致知识的过程。跨界的知识交流和创新为创造性解决邻避难题提供了可能。这就要求邻避决策相关主体都要具备社会学习能力，就决策中的关键知识展开有效学习。知识的传递和共享有助于推动共识的建立。在阿苏卫垃圾焚烧厂选址过程中，周边居民对垃圾焚烧技术和世界先进的垃圾处理方法展开了深入的学习，并为垃圾处理形成了创新性的解决方案[①]。公民不断通过社会学习对以邻避设施为代表的环境问题展开集体反思（崔晶，2013）。杭州九峰垃圾焚烧发电厂案例中，政府研究了国内其他地方垃圾处理设施选址的回馈方案，制定了发展性邻避补偿政策，为打破邻避僵局提供了新的政策选项。而 PX 项目经历几起邻避事件之后在全国迅速被“污名化”，这与相关科学知识的传播有限是相关联的。对邻避风险而言，社会学习过程可能涉及预防风险、减轻后果、调适风险等一系列的相关决策（辛方坤，2018）。

但是，实践中并不能将社会学习等同为科普宣传。如前所述，社会学习是各类主体都应具有的能力，各类主体通过对知识的摄取对公共问题的客观性质有相对一致的认知。而科普宣传更多的是强调政府向社会、专家向公众的单方面知识传输（张海柱，2019）。这种单方面的科普在互联网、大数据的技术背景下受到权威弱化趋势的挑战。信息获取的便捷性使得普通公众也具有较强的信息获取能力。这就需要倡导理性分析和批判的学习能力，利益相关者需要对公共问题的实质形成相对清晰客观的认知，在此基础上才有可能形成高质量的协商。

在信息化社会，尽管技术专家的权威性有弱化趋势，但是科

---

① 详见第五章第二节。

学共同体仍然在知识传递中发挥重要作用。解决一些邻避选址、环境保护、公共卫生等跨领域的公共问题常常需要大量的专业领域知识。这种知识既有可能由科学家掌握，也可能由一些民间的环保人士、社区医疗工作者等普通人所掌握，而且不同主体具有不同类型的专业知识，知识和信息共享以及再加工的过程有助于发现更加有效的解决方案。而公共决策部门也需要向基层展开学习（陈占锋、李拓，2013），了解群众的诉求和群众提出的可行的创造性解决方案。张乐（2018）通过梳理邻避议题的文献计量分析发现，风险知识的生产具有明显的社会嵌入性，学术共同体、科研院所、出版单位和各类基金等是生产风险知识的主体。科学共同体生产的风险知识直接以服务决策为目的，构成了社会学习的基础材料。

社会学习存在主动与被动、创新与模仿的区分，不同的主体采用不同的学习方式（张乐、童星，2016）。在邻避问题处理经验不足的情况下，“被动-模仿”是社会学习发生的主要方式。随着知识和经验的积累，决策主体将具备主动创新的学习能力，根据具体需求和本地化知识创造性地设计政策方案。值得注意的是，一些负面的行为也可能产生示范作用，被后续行动者学习或效仿。在邻避设施选址问题中，民间流传着“大闹大解决、小闹小解决、不闹不解决”的认知，这种认知就是政策妥协的时间累积性或空间迁移性造成的负面学习效果。

主体之间的知识溢出是协商式决策模式的一大优势。即使合作治理没有达成最终协议，合作过程对于公共决策仍然带来了明显的知识生产效应，如更好地界定了问题、缩小了问题的范围，提供了更好的信息，或者辨识了可能的解决方案（Frame，Gunton，Day，2004）。因此，协商式决策应当创造条件让各类主体展开知识交流，培育各类行动主体的社会学习能力，共同产出高质量的决策。

结语：迈向多元合作的风险治理

风险始终伴随人类社会的发展，在现代社会中表现出新的特征。工业社会以来，科技和生产的发展一方面推动人类社会的巨大进步，另一方面也为人类社会带来新的风险。现代化在为人类造福的同时也日益表现出自反性，不断带来意料之外的负面后果。邻避风险正是这种自反性的具体表现，除此之外还包括人口膨胀、环境污染、安全事故以及气候变化等工业社会中种种典型风险。

风险社会已然来临，风险社会仍将继续。纵观世界发展趋势：在20世纪早期，社会冲突主要表现为财富分配的差异；从20世纪60年代开始，社会冲突主要来源于政治经济发展的不平衡；21世纪以来，冲突的主因日益转向不同群体、不同地区、不同代之间的风险分配不平衡。在我国，工业化和城镇化造成的环境、健康、安全领域的客观风险业已凸显，信息化和智能化可能产生的潜在社会风险初见端倪。在主观上，人们在享受丰富的物质文明的同时，对潜在风险的恐惧感与日俱增，如同患上了"社会风险综合征"。人们对美好生活的期盼，不仅包括对物质文化生活的更高要求，而且包括在民主、法治、公平、正义、安全、环境等方面要求的日益增长。风险问题不再是单独个体、单一组织、单个地区的局部问题，而是上升为具有普遍性、关联性和社会动员性的公共问题。风险不仅是技术问题，而且是政治问题，是对传统决策模式和公共治理能力的考验。风险成为现代社会的基本特征，风险治理成为现代社会的重要任务。

本书所聚焦的邻避风险是现代社会风险的一个折射，与当下面临的社会风险具有共性特征。从风险起源看，邻避风险来源于现代化的自反性，这意味着现代风险是不可回避的。邻避风险不是中国所独有的，在所有经历工业化和城镇化过程的国家和地区都有不同程度的表现。一些后工业化国家经历了邻避运动的高涨期，对传统邻避设施如垃圾处理设施、化工厂、戒毒所等项目的抗议趋于平缓，经过漫长的实践探索也形成了一套较为成熟的治理方案。但是，邻避问题并未因此而消失，在新的技术条件下，风力发电场、二氧化碳捕获和封存技术项目成为新的邻避设施的代表。这表明邻避风险在不同的发展阶段有不同的表现形式。更进一步地，与新兴技术相关的风险日益成为现代社会的主要风险，以互联网、大数据、人工智能为代表的信息技术，以基因工程为代表的医疗技术等新兴技术在为人类造福的同时也带来了安全隐忧。这些趋势都表明，风险是现代社会的基本属性，一类风险相对地平和，另一类风险又可能兴起。只要人类不断地追求进步，新兴风险就会不断地被生产出来。风险治理不仅要认识到现代风险的必然性和长期性，还需要对客观风险进行有效规制，对风险性质有理性的感知和科学的沟通。

从风险性质来看，邻避问题造成风险分配的异质性。现代风险不仅是人类自身制造出来的威胁，更具争议的是现代风险的生产者和承受者常常是相互分离的，风险在社会中的分布不平衡，具有异质性特征。风险制造者倾向逃避或转嫁风险。当风险制造者不需要为风险这种负外部性承担成本的时候，相关主体就形成了“有组织地不负责任”，风险会被越来越多地生产出来。邻避问题中，正是对外部风险缺乏有效规制，制造风险的成本被不合理地负担，从而导致了竞争性的利益冲突，甚至外化为公众抗议行为。这种风险分配的异质性在其他类型的风险中也大同小异。比如，人工智能为技术拥有者带来收益，却可能以低技能的劳动力失业为代价。风险分配的不平衡是导致多元主体之间产生内在张力的根本原因。本书的分析框架给出了协商性补偿的治理建议，在一定程度上缓解了风险分配中的冲突，这在解决一般性风险争议时也具有普遍意义。与此同时，利益相关者对决策过程的深度、全程、有序参与是多元主体就不平衡的风险分配展开协商的制度保障。

从风险应对来看，邻避问题表现出跨界性。以邻避风险为例，邻避问题正如其名——“不要建在我家后院”（Not - in - my - backyard），首要考虑的是空间上跨界。同时，大部分风险问题都有不同程度的跨时空、跨组织、跨领域、跨学科的特征，与此相适应的就是跨界合作的治理体系，合作治理的必要性就是共同应对复杂的跨界公共问题（Kettl，2006）。有些学者认为“治理”是一系列协调和监督活动的统称，其目的就是维持合作关系（Bryson，Crosby，Stone，2006）。这种合作不仅仅是公共部门内部的协同联动，还包括公共、私人和社会多部门的协商沟通。风险问题的跨界性使得协商合作成为风险治理的内在要求。

回顾近年来邻避运动发生发展的过程，可以看到我国在过去10多年并不太长的时期内逐步摸索出了一套解决邻避问题的方案。这套方案具有三个鲜明特征：多主体共同参与、多部门协同应对和多领域综合施策，从风险、利益和信任三个基点着力协商沟通和保障权益。邻避问题所表现的风险起源的自反性、风险分配的异质性、风险应对的跨界性是其他类型风险的共享特征。正是由于邻避风险的发生演变过程及其治理方案具有典型意义，所以透过邻避问题的棱镜所发现的治理经验在类似的风险问题中具有迁移性。

尽管本书聚焦的是邻避问题的公共决策模式，但是公共管理的话语体系中，公共决策模式及管理行为与“治理”明确地联系起来。比如，奥斯特罗姆认为治理体现为一系列共同制定的规范和规则，旨在规范个体和群体的行为，其解释了集体行动的逻辑（Ostrom，1990）。O'Leary，Gerard，Bingham（2006）将“治理”界定为指导决策和行动的手段及方法。Stoker（1998）更直接地将“治理”界定为指导集体决策的规则，并进一步阐述道，这里的关键是“集体决策”，这就意味着治理不是单个个人或者单个组织的决策，而是一组个体或组织或组织体系的决策。Emerson，Nabatchi，Balogh（2012）在构建合作治理概念框架的时候直接将合作治理界定为一种特定的公共决策模式，在这个决策模式中，跨界合作是主要的行为活动特征。解决公共问题的政策由来自公共、私人和社会各个部门中的主体共同决定。这些观点都表明，公共决策模式是治理体系的关键组成部分。本书针对邻避问题探讨的公共决策模式可以进一步延伸为基于多元合作的治理模式，在更广泛的风险问题中发挥作用。正是在这个意义上，本书在邻避问题的背景中提出了协商合作导向的公共决策模式对推动治理现代化具有普遍意义。

在风险领域，公共问题的复杂性和跨界性表现得尤为突出，合作治理理论对于解决此类问题展现出巨大潜力。传统公共决策理论将焦点集中于公共管理者或者公共部门身上，而合作治理理论突破了这种局限，构建了一种全新的公共决策制定和管理的结构和过程，使得来自各级政府、职能部门以及公共、私人和社会领域的各类主体突破组织的边界共同参与决策，从而实现单一主体无法实现的公共目标（Emerson，Nabatchi，Balogh，2012）。风险治理将合作治理的核心原则运用到与风险相关的决策环境中（Gunningham，Grabosky，Sinclair，1998）。传统的风险分析往往包括风险评估、风险管理和风险沟通三个要素，强调技术手段的运用，而风险治理需要考虑法律、制度、社会和经济背景，在这样的背景下，风险被估值，代表风险的主体和利益相关者卷入进来。风险治理关注行动主体、规则、习俗、过程和机制的复杂网络，这个网络与风险信息的收集、分析、沟通以及管理决策密切相关。风险本质上的跨界性要求大量的不同利益相关者之间进行合作和协调时，公共主体和私人主体共同决策和行动显得尤为重要。这样，风险治理不仅是一个包括多层面的、多主体的风险管理过程，而且要求考虑到社会政治环境，比如制度安排（如决定各类主体的关系、角色和责任的管制与法律框架，以及诸如市场、激励或者自我强制规范的协调机制）以及政治文化，包括对风险的不同感知。

风险治理要求一个综合的、完整的视角。遵循包容性、参与性和明确责任的原则，风险社会的公共治理应建立在扩大治理参与主体的基础上。这意味着公共治理的主体不是国家、市场或公民社会的任何一方，而是一种包括政府、企业、社会团体、专家、公民个人等等所有涉及公共事务的利益相关者（stakeholders）和风险分担者的共同参与网络结构，这其中包括政策制定者、政策执行者、政策受益者以及可能的政策牺牲者。这意味着风险社会的公共治理将建立在所有利益相关者的利益充分展开和博弈以及责任明确界定的基础上，形成多元主体共同参与和互动合作的网络治理机制。在这样的治理网络中，为了实现与增进公共利益、规避和控制风险，政府、企业、社会、专家系统、公民个人等众多公共行动主体彼此合作，在相互依存的环境中分享公共权力，共同管理公共事务。相比于传统的风险分析的三要素框架（风险评估、风险管理和风险沟通），合作治理机制突出广泛地参与、良好地互动与高效地协调，将风险管理所在的法律、制度、社会和经济背景纳入结构变量中，构建由政府、市场、NGO、公民等多主体参与的治理结构，突破“市场”与“政府”的二元治理模式，弥补风险治理中的市场失灵与政府失灵，构建多层次的风险预警体系与资源配置体系，通过机制构建着力解决风险治理中的跨界难题。

需要注意的是，这种主体结构的网络化、互动过程的合作性并不是彻底颠覆传统的理性化的国家与科层制的政府占主导地位的公共治理结构，事实上，国家与政府仍然扮演着相当重要的治理主体的组织者、协调者和领导者的角色，但与传统角色相比，其体现出更多的对所有利益相关者和风险分担者参与治理的包容性，同时也担当着治理参与网络构建者的角色，“多边关系、扩散性交换、动态性、政府成为经纪人是网络状公共治理的主要特征”。在邻避设施选址决策中，各种类型的参与者包含其中，他们有着各种不同的视角和观点，包括技术专家、政府官员、律师、具有利益诉求的组织代表、媒体工作者和本地公众（包括那些利益直接受到影响的人），各种类型的利益相关者应该充分发挥各自的作用，围绕邻避设施选址问题展开平等协商，最终达成多方共识。

在推动国家治理体系现代化的历史进程中，学者对预防社会矛盾、化解社会风险、优化决策模式等公共治理的研究应当体现出鲜明的“中国性”（何艳玲，2013）。中国推动国家治理体系现代化的过程既是一个吸收外来先进经验的过程，又是一个基于本土实践不断传承创新的过程，既是一个顶层设计的过程，又是一个奋力前行的过程（薛澜，2014）。我国本土化的合作治理理论与西方合作治理理论之间既有关联，又有原创。同西方合作理论一样，本土化的合作理论指出了多元主体参与的重要性、权力向度上双向沟通的必要性以及政府－社会互动合作的可能性。比如，本书以邻避问题为背景的研究肯定了政府、市场和社会多元主体就风险管理、经济补偿和决策过程展开合作对化解邻避风险的重要作用。同时，不可忽视的是，本书的研究结论也强调了党和政府在化解社会风险中的主导和权威作用，强调了人大、政协、基层协商等社会主义制度下的独特优势，这种中国特色的制度优势避免了西方国家中所谓的“去中心化”合作模式导致的高成本、低效率的决策困境。西方实践中不少邻避选址问题，在耗费了大量公共资金和经历了旷日持久的谈判之后宣布失败，永久搁置的“尤卡山计划”就是一个典型例子。我国的合作治理研究必须关注中西方之间的差异，致力于构建中国本土化的合作治理理论体系。

随着我国国家治理体系和治理能力不断向现代化方向推进，基于协商合作的治理模式将在预防和化解社会风险方面不断呈现中国故事、积累中国经验、形成中国方案，为世界范围内的合作治理探索做出贡献。

英文文献

[1] Adams, J., *Risk* (London: UCL Press, 1995).

[2] Agranoff, R., M. McGuire, *Collaborative Public Management: New Strategies for Local Governments* (Washington D. C.: Georgetown University Press, 2003).

[3] Aldrich, D. P., "The Limits of Flexible and Adaptive Institutions: the Japanese Government's Role in Nuclear Power Plant Siting over the Post War Period," *Managing Conflict in Facility Siting: A International Comparison*; *ed. Lesbirel S. H., D. Shaw*, (Cheltenham, U. K and Northampton, MA: Edward Elgar Publishing, 2005).

[4] Anderson, R. F., "Public Participation in Hazardous Waste Facility Location Decisions," *Journal of Planning Literature* 1 (2) (1986): 145 - 161.

[5] Ansell, C., A. Gash, "Collaborative Governance in Theory and Practice," *Journal of Public Administration Research and Theory* 18 (4) (2008): 543 - 571.

[6] Armour, A. M., Ed. *The Not-in-my-backyard Syndrome.* (Downsview, Ontario, Canada: York University Press, 1984).

[7] Armour, A. M., "The Siting of Locally Unwanted Land Uses: Towards a Cooperative Approach," *Progress in Planning* 35 (1991): 1-74.

[8] Bacot, H., T. Bowen, M. R. Fitzgerald, "Managing the Solid Waste Crisis," *Policy Studies Journal* 22 (2) (1994): 229-244.

[9] Bastide, S., J.-P. Moatti, J.-P. Pages, F. Fagnani, "Risk Perception and Social Acceptability of Technologies: The French Case," *Risk Analysis* 9 (2) (1989): 215-223.

[10] Beck, U., *Risk society: Towards a new modernity* (London: Sage, 1992).

[11] Bell, D., T. Gray, C. Haggett, J. Swaffield, "Revisiting the 'Social Gap': Public Opinion and Relations of Power in the Local Politics of Wind Energy," *Environmental Politics* 22 (1) (2013): 115-135.

[12] Bentrup, G., "Evaluation of a Collaborative Model: A Case Study Analysis of Watershed Planning in the Intermountain West," *Environmental Management* 27 (5) (2001): 739.

[13] Biddle, J. C., "Improving the Effectiveness of Collaborative Governance Regimes: Lessons from Watershed Partnerships," *Journal of Water Resources Planning and Management* 143 (9) (2017).

[14] Boholm, Å., "Comparative studies of risk perception: A review of twenty years of research," *Journal of Risk Research* 1 (2) (1998): 135-163.

[15] Boholm, Å., "What Are the New Perspectives on Siting

Controversy?" *Journal of Risk Research* 7 (2) (2004): 99 – 100.

[16] Bord, R. J., R. E. O'Connor, "Determinants of Risk Perceptions of a Hazardous Waste Site," *Risk Analysis* 12 (3) (1992): 411 – 416.

[17] Bryson, J. M., B. C. Crosby, M. M. Stone, "The Design and Implementation of Cross – Sector Collaborations: Propositions from the Literature," *Public Administration Review* 66 (2006): 44 – 55.

[18] Bullard, R. D., "Solid Waste Sites and the Black Houston Community," *Sociological Inquiry* 53 (2 – 3) (1983): 273 – 288.

[19] Bullard, R. D., "Environmental Justice: It's More Than Waste Facility Siting," *Social Science Quarterly* 77 (3) (1996): 493 – 499.

[20] Bunting, C., O. Renn, M. – V. Florin, R. Cantor, "Introduction to the IRGC Risk Governance Framework," *John Liner Review* 21 (2) (2007): 7 – 26.

[21] Checkoway, B., "The Politics of Public Hearings," *Journal of Applied Behavioral Science* 17 (4) (1981): 566 – 582.

[22] Chiou, C. – T., J. Lee, T. Fung, "Negotiated Compensation for NIMBY Facilities: Siting of Incinerators in Taiwan," *Asian Geographer* 28 (2) (2011): 105 – 121.

[23] Claro, E., "Exchange Relationships and the Environment: The Acceptability of Compensation in the Siting of Waste Disposal Facilities," *Environmental Values* 16 (2) (2007): 187 – 208.

[24] Covello, V. T., "The Perception of Technological Risks: A Literature Review," *Technological Forecasting and Social Change* 23 (4) (1983): 285 – 297.

[25] Cowell, R., S. Owens, "Governing Space: Planning Reform and the Politics of Sustainability," *Environment and planning C: Government and policy* 24 (3) (2006): 403 - 421.

[26] Davidson, D. J., W. R. Freudenburg, "Gender and Environmental Risk Concerns: A Review and Analysis of Available Research," *Environment and Behavior* 28 (3) (1996): 302 - 339.

[27] Dear, M., "Understanding and Overcoming the NIMBY Syndrome," *Journal of the American Planning Association* 58 (3) (1992): 288 - 300.

[28] Douglas, M., A. Wildavsky, *Risk and Culture: An Essay on the Selection of Technological and Environmental Dangers* (Berkeley, CA: University of California Press, 1982).

[29] Easterling, D., "Fair Rules for Siting a High - Level Nuclear Waste Repository," *Journal of Policy Analysis and Management* 11 (3) (1992): 442 - 475.

[30] Edelstein, M. R., *Contaminated Communities: The Social and Psychological Impacts of Residential Toxic Exposure* (Boulder: Westview Press, 1988).

[31] Edelstein, M. R., "Sustainable Innovation and the Siting Dilemma: Thoughts on the Stigmatization of Projects and Proponents, Good and Bad," *Journal of Risk Research* 7 (2) (2004): 233 - 250.

[32] Emerson, K., T. Nabatchi, S. Balogh, "An Integrative Framework for Collaborative Governance," *Journal of Public Administration Research and Theory* 22 (1) (2012): 1 - 29.

[33] Emerson, K., P. J. Orr, D. L. Keyes, K. M. Mcknight, "Environmental Conflict Resolution: Evaluating Performance

Outcomes and Contributing Factors," *Conflict Resolution Quarterly* 27 (1) (2009): 27 -64.

[34] Eiser, J. R. , B. Hannover, L. Mann, M. Morin, J. v. D. Pligt, P. Webley, "Nuclear attitudes after chernobyl: a cross-national study," *Journal of Environmental Psychology* 10 (2) (1990): 101 -110.

[35] Ferreira, S. , L. Gallagher, " Protest Responses and Community Attitudes toward Accepting Compensation to Host Waste Disposal Infrastructure," *Land Use Policy* 27 (2) (2010): 638 -652.

[36] Fiorino, D. J. , "Technical and Democratic Values in Risk Analysis," *Risk Analysis* 9 (3) (1989): 293 -299.

[37] Fischhoff, B. , P. Slovic, S. Lichtenstein, S. Read, B. Combs, "How Safe is Safe Enough? A Psychometric Study of Attitudes towards Technological Risks and Benefits," *Policy Sciences* 9 (2) (1978): 127 -152.

[38] Flynn, J. , W. Burns, C. Mertz, P. Slovic, "Trust as a Determinant of Opposition to a High-level Radioactive Waste Repository: Analysis of a Structural Model," *Risk Analysis* 12 (3) (1992): 417 -429.

[39] Flynn, J. , P. Slovic, C. Mertz, " Gender, Race, and Perception of Environmental Health Risks," *Risk Analysis* 14 (6) (1994): 1101 -1108.

[40] Frame, T. M. , T. Gunton, J. C. Day, "The Role of Collaboration in Environmental Management: an Evaluation of Land and Resource Planning in British Columbia," *Journal of Environmental Planning and Management* 47 (1) (2004): 59 -82.

[41] Freudenburg, W. R. , " Can We Learn from Failure?

Examining US Experiences with Nuclear Repository Siting," *Journal of Risk Research* 7 (2) (2004): 153 – 169.

[42] Frewer, L. J., C. Howard, D. Hedderley, R. Shepherd, "What Determines Trust in Information About Food-Related Risks? Underlying Psychological Constructs," *Risk Analysis*16 (4) (1996): 473 – 486.

[43] Frey, B. S., F. Oberholzer – Gee, "Fair Siting Procedures: An Empirical Analysis of Their Importance and Characteristics," *Journal of Policy Analysis and Management* 15 (3) (1996): 353 – 376.

[44] Frey, B. S., F. Oberholzer – Gee, R. Eichenberger, "The Old Lady Visits Your Backyard: A Tale of Morals and Markets," *Journal of Political Economy* 104 (6) (1996): 1297 – 1313.

[45] Gervers, J. H., "The NIMBY Syndrome: Is It Inevitable?" *Environment: Science and Policy for Sustainable Development* 29 (8) (1987): 18 – 43.

[46] Glaberson, W., "Coping in the age of NIMBY," New York Times 1988 – 07 – 19.

[47] Gravelle, T. B., E. Lachapelle, "Politics, Proximity and the Pipeline: Mapping Public Attitudes toward Keystone XL," *Energy Policy* 83 (2015): 99 – 108.

[48] Gregory, R., H. Kunreuther, D. Easterling, K. Richards, "Incentives Policies to Site Hazardous Waste Facilities," *Risk Analysis* 11 (4) (1991): 667 – 675.

[49] Groothuis, P. A., G. Miller, "The Role of Social Distrust in Risk-Benefit Analysis: A Study of the Siting of a Hazardous Waste Disposal Facility," *Journal of Risk and Uncertainty* 15 (3) (1997): 241 – 257.

[50] Gunningham, N., P. Grabosky, D. Sinclair, "Smart Regulation: An Institutional Perspective," *Law and Policy* 19 (4) (1998): 363 – 414.

[51] Hamilton, J. T., "Politics and Social Costs: Estimating the Impact of Collective Action on Hazardous Waste Facilities," *The RAND Journal of Economics* 24 (1) (1993): 101 – 125.

[52] Hampton, G., "Environmental Equity and Public Participation," *Policy Sciences* 32 (2) (1999): 163 – 174.

[53] Heclo, H., *Modern Social Politics in Britain and Sweden: from Reflief to Income Maintenance* (New Haven, CT: Yale University Press, 1974).

[54] Hensengerth, O., Y. Lu, "Emerging Environmental Multi – Level Governance in China? Environmental Protests, Public Participation and Local Institution-building," *Public Policy and Administration* 34 (2) (2019): 121 – 143.

[55] Herian, M. N., J. A. Hamm, A. J. Tomkins, L. M. P. Zillig, "Public Participation, Procedural Fairness, and Evaluations of Local Governance: The Moderating Role of Uncertainty," *Journal of Public Administration Research & Theory* 22 (4) (2012): 815 – 840.

[56] Hermansson, H., "The Ethics of NIMBY Conflicts," *Ethical Theory and Moral Practice* 10 (1) (2007): 23 – 34.

[57] Hsu, S. – H., "NIMBY Opposition and Solid Waste Incinerator Siting in Democratizing Taiwan," *Social Science Journal* 43 (3) (2006): 453 – 459.

[58] Hunold, C., I. M. Young, "Justice, Democracy, and Hazardous Siting," *Political Studies* 46 (1) (2002): 82 – 95.

[59] Hutter, B. M., "Risk, Regulation, and Management,"

Risk in Social Science; *ed. P. Taylor – Gooby*, *J. Zinn*, (Oxford, UK: Oxford University Press, 2006).

[60] Ikeda, S., T. Sato, T. Fukuzono, "Towards an Integrated Management Framework for Emerging Disaster Risks in Japan." *Natural Hazards* 44 (2) (2008): 267 – 280.

[61] Ingram, H. M., S. J. Ullery, "Public Participation in Environmental Decision-making: Substance or Illusion," *Public Participation in Planning*; *ed. W. R. D. Sewell*, *J. T. Coppock*, (London and New York: John Wiley, 1977).

[62] Jasanoff, S., "The Political Science of Risk Perception," *Reliability Engineering & System Safety* 59 (1) (1998): 91 – 99.

[63] Jenkins – Smith, H., H. Kunreuther, "Mitigation and Benefits Measures as Policy Tools for Siting Potentially Hazardous Facilities: Determinants of Effectiveness and Appropriateness," *Risk Analysis* 21 (2) (2001): 371 – 382.

[64] Jenkins – Smith, H., C. L. Silva, "The Role of Risk Perception and Technical Information in Scientific Debates over Nuclear Waste Storage," *Reliability Engineering & System Safety* 59 (1) (1998): 107 – 122.

[65] Kasperson, J. X., R. E. Kasperson, N. Pidgeon, P. Slovic, "The Social Amplification of Risk: Assessing Fifteen Years of Research and Theory," *The social amplification of risk*; *ed. N. Pidgeon*, *R. E. Kasperson*, (Cambridge: Cambridge University Press, 2003).

[66] Kasperson, J. X., Kasperson, R. E., *The Social Contours of Risk Vol. II*: *Risk Analysis*, *Corporations and the Globlization of Risk* (Trowbridge UK: Cromwell Press, 2005).

[67] Kasperson, R. E., "Siting Hazardous Facilities: Searching for

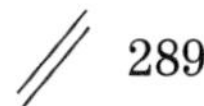

Effective Institutions and Process," *Managing Conflict in Facility Siting: An International Comparison*; *ed. Lesbirel S. H. , D. Shaw*, (Cheltenham, UK and Northampton, USA: Edward Elgar Publishing Limited, 2005) .

[68] Kasperson, R. E. , D. Golding, S. Tuler, "Social Distrust as a Factor in Siting Hazardous Facilities and Communicating Risks," *Journal of Social Issues* 48 (4) (1992): 161 – 187.

[69] Kates, R. W. , C. Hohenemser, J. X. Kasperson. *Perilous Progress. Managing the Hazards of Technology* (Worcester, MA: Clark University Press, 1985) .

[70] Kermagoret, C. , H. Levrel, A. Carlier, J. Dachary – Bernard, " Individual Preferences Regarding Environmental Offset and Welfare Compensation: a Choice Experiment Application to an Offshore Wind Farm Project," *Ecological Economics* 129 (2016): 230 – 240.

[71] Kettl, D. F. , " Managing Boundaries in American Administration: The Collaboration Imperative," *Public Administration Review* 66 (S1) (2006): 10 – 19.

[72] Khammaneechan, P. , K. Okanurak, P. Sithisarankul, K. Tantrakarnapa, P. Norramit, "Community Concerns about a Healthcare-waste Incinerator," *Journal of Risk Research* 14 (7) (2011): 847 – 858.

[73] Kim, T. – H. , H. – K. Kim, "The Spatial Politics of Siting a Radioactive Waste Facility in Korea: A Mixed Methods Approach," *Applied Geography* 47 (2014): 1 – 9.

[74] Klein, I. , I. Fischhendler, "The Pitfalls of Implementing Host Community Compensation: A Power Balance Perspective," *Land Use Policy* 49 (2015): 499 – 510.

[75] Koontz, T. M., T. A. Steelman, J. Carmin, K. S. Korfmacher, C. Moseley, C. W. Thomas, *Collaborative environmental management: What roles for government?* (Washington, DC: RFF Press, 2004).

[76] Kraft, M. E., B. B. Clary, "Citizen Participation and the NIMBY Syndrome: Public Response to Radioactive Waste Disposal," *Western Political Research Quarterly* 44 (2) (1991): 299-328.

[77] Kunreuther, H., D. Easterling, "Are Risk-Benefit Tradeoffs Possible in Siting Hazardous Facilities?" *The American Economic Review* 80 (2) (1990): 252-256.

[78] Kunreuther, H., D. Easterling, "The Role of Compensation in Siting Hazardous Facilities," *Journal of Policy Analysis and Management* 15 (4) (1996): 601-622.

[79] Kunreuther, H., D. Easterling, W. Desvousges, P. Slovic, "Public Attitudes toward Siting a High-level Nuclear Waste Repository in Nevada," *Risk Analysis* 10 (4) (1990): 469-484.

[80] Kunreuther, H., K. Fitzgerald, T. D. Aarts, "Siting Noxious Facilities: A Test of the Facility Siting Credo," *Risk Analysis* 13 (3) (1993): 301-318.

[81] Kunreuther, H., P. Slovic, D. MacGregor, "Risk Perception and Trust: Challenges for Facility Siting," *Risk* 7 (1996): 109-111.

[82] Lake, R. W., "Planners' Alchemy Transforming NIMBY to YIMBY: Rethinking NIMBY," *Journal of the American Planning Association* 59 (1) (1993): 87-93.

[83] Leach, W. D., "Collaborative Public Management and

Democracy: Evidence from Western Watershed Partnerships," *Public Administration Review* 66 (2006): 100 – 110.

[84] Lesbirel, S. H., *NIMBY Politics in Japan: Energy Siting and the Management fo Environmental Conflict* (Ithaca, NY: Cornell University Press, 1998).

[85] Lesbirel, S. H., "Markets, Transaction Costs and Institutions: Compensating for Nuclear Risk in Japan," *Australian Journal of Political Science* 38 (1) (2003): 5 – 23.

[86] Lesbirel, S. H., D. Shaw, *Managing Conflict in Facility Siting: An International Comparison* (Boston, MA: Edward Edgar, 2005).

[87] Lidskog, R., G. Sundqvist, "On the right track? Technology, Geology and Society in Swedish Nuclear Waste Management," *Journal of Risk Research* 7 (2) (2004): 251 – 268.

[88] Linnerooth – Bayer, J., "Fair Strategies for Siting Hazardous Waste Facilities," *Managing Conflict in Facility Siting: An International Comparison*; *ed. Lesbirel S. H., D. Shaw*, (Cheltenham, UK and Northampton, USA: Edward Elgar Publishing Limited, 2005).

[89] Liu, Z., L. Liao, C. Mei, "Not-in-my-backyard but Let's Talk: Explaining Public Opposition to Facility Siting in Urban China," *Land Use Policy* 77 (2018): 471 – 478.

[90] Lober, D. J., "Why Protest? Public Behavioural and Attitudinal Response to Siting a Waste Disposal Facility," *Policy Studies Journal* 23 (3) (1995): 499 – 518.

[91] Margerum, R. D., "Collaborative Planning: Building Consensus and Building a Distinct Model for Practice," *Journal of Planning*

Education and Research 21 (3) (2002): 237 - 253.

[92] McAvoy G. E., *Controlling Technocracy: Citizen Rationality and the NIMBY Syndrome* (Washington D. C.: Georgetown University Press, 1999).

[93] Millstone, E., P. van Zwanenberg, C. Marris, L. Levidow, *Science in Trade Disputes Related to Potential Risks: Comparative Case Studies* (Seville, Spain: European Commission JRC - IPTS, 2004).

[94] Mitchell, R. C., R. T. Carson, "Property Rights, Protest, and the Siting of Hazardous Waste Facilities," *American Economic Review* 76 (2) (1986): 285 - 290.

[95] Morgan, G. M., M. Henrion, M. Small. *Uncertainty: a Guide to Dealing with Uncertainty in Quantitative Risk and Policy Analysis* (Cambridge, CA: Cambridge University Press, 1990).

[96] Morgan, M. G., B. Fischhoff, A. Bostrom, C. J. Atman, *Risk Communication: A Mental Models Approach* (Cambridge, CA: Cambridge University Press, 2001).

[97] Nabatchi, T., I. Mergel, "Participation 2.0: Using Internet and Social Media Technologies to Promote Distributed Democracy and Create Digital Neighborhoods," *The Connected Community: Local Governments as Partners in Citizen Engagement and Community Building*; ed. *J. H. Svara*, *J. Denhardt*, (Phoenix, AZ: Alliance for Innovation, 2010).

[98] New York LegislativeCommision on Toxic Substances and Hazardous Wastes, *Hazardous Waste Facility Siting: A National Survey* (Albany, New York: 1987).

[99] Nieves, L. A., J. J. Himmelberger, S. J. Ratick, A. L. White, "Negotiated Compensation for Solid - Waste Disposal

Facility Siting: An Analysis of the Wisconsin Experience," *Risk Analysis* 12 (4) (1992): 505 – 511.

[100] Nye, J. S. , J. D. Donahue, *Governance in a Globalizing World* (Washington D. C. : Brookings Institution, 2000) .

[101] O'Hare, M. , L. Bacow, D. Sanderson, *Facility Siting and Public Opposition* (New York: Van Nostrand Reinholt, 1983).

[102] O'Hare, M. , D. Sanderson, "Facility Siting and Compensation: Lessons from the Massachusetts Experience," *Journal of Policy Analysis and Management* 12 (2) (1993): 364 – 376.

[103] O'Leary, R. , C. Gerard, L. B. Bingham, "Introduction to the Symposium on Collaborative Public Management," *Public Administration Review* 66 (s1) (2006): 6 – 9.

[104] Oberholzer – Gee, F. , H. Kunreuther, "Social Pressure in Siting Confilicts: a Case Study of Siting a Radioactive Waste Repository in Pennsylvania," *Managing conflict in facility siting: an international comparison; ed. H. S. Lesbirel, D.* Shaw, (Cheltenham, UK and Northampton, MA, US: Edward Elgar, 2005) .

[105] Ohkawara, T. , "Siting of Nuclear Power Plants in Japan: Issues and Institutional Schemes," *Comparative Analysis of Siting Experience in Asia; ed. Shaw D.* , (Taibei, China: Institute of Economics, Academia Sinica, 1996) .

[106] Ostrom, E. , *Governing the Commons: The Evolution of Institutions for Collective Action* (Cambridge, MA: Cambridge University Press, 1990) .

[107] Ottinger, G. , "Changing Knowledge, Local Knowledge, and Knowledge Gaps: STS Insights into Procedural Justice,"

Science, Technology & Human Values 38 (2) (2013): 250 - 270.

[108] Ottinger, G., T. J. Hargrave, E. Hopson, "Procedural Justice in Wind Facility Siting: Recommendations for State-led Siting Processes," *Energy Policy* 65 (2014): 662 - 669.

[109] Owens, S., "Siting, Sustainable Development and Social Priorities," *Journal of Risk Research* 7 (2) (2004): 101 - 114.

[110] Petts, J., "Trust and Waste Management Information Expectation Versus Observation," *Journal of Risk Research* 1 (4) (1998): 307 - 320.

[111] Petts, J., "Barriers to Participation and Deliberation in Risk Decisions: Evidence from Waste Management," *Journal of Risk Research* 7 (2) (2004): 115 - 133.

[112] Peters, R. G., V. T. Covello, D. B. McCallum, "The Determinants of Trust and Credibility in Environmental Risk Communication: An Empirical Study," *Risk Analysis* 17 (1) (1997): 43 - 54.

[113] Pijawka, K. D., A. H. Mushkatel, "Public Opposition To The Siting Of The High - Level Nuclear Waste Repository: The Importance Of Trust," *Review of Policy Research* 10 (4) (1991): 180 - 194.

[114] Pol, E., A. Di Masso, A. Castrechini, M. Bonet, T. Vidal, "Psychological Parameters to Understand and Manage the NIMBY Effect," *European Review of Applied Psychology* 56 (1) (2006): 43 - 51.

[115] Popper, F. J., "Siting LULUs," *Planning* 47 (4) (1981): 12 - 15.

[116] Portney, K. E., *Siting Hazardous Waste Treatment Facilities: the*

NIMBY Syndrome（Westport，CT：Auburn House，1991）.

[117] Putnam，R. D.，*Making Democracy Work：Civic Tradition in Modern Italy*（Princeton，NJ：Princeton University Press，1993）.

[118] Rabe，B. G.，*Beyond NIMBY：Hazardous Waste Siting in Canada and the United states*（Washington，D. C.：The Brookings Institution，1994）.

[119] Renn，O.，*Risk Governance：Coping with Uncertainty in a Complex World*（London：Earthscan，2008）.

[120] Renn，O.，D. Levine，"Credibility and Trust in Risk Communication，" *Communicating Risks to the Public*；*ed. R. E. Kasperson*，*P. J. M. Stallen*，（Dordrecht，Netherlands：Kluwer Acadenic Publishers，1991）.

[121] Renn，O.，P. -J. Schweizer，"Inclusive Risk Governance：Concepts and Application to Environmental Policy Making，" *Environmental Policy and Governance* 19（3）（2009）：174 - 185.

[122] Roberts，N.，"Public Deliberation in an Age of Direct Citizen Participation，" *American Review of Public Administration* 34（4）（2004）：315 - 353.

[123] Rossignol，N.，C. Parotte，G. Joris，C. Fallon，"Siting Controversies Analysis：Framework and Method for Questioning the Procedure，" *Journal of Risk Research*（2014）：1 - 22.

[124] Saha，R.，P. Mohai，"Historical Context and Hazardous Waste Facility Siting：Understanding Temporal Patterns in Michigan，" *Social Problems* 52（4）（2005）：618 - 648.

[125] Shaw，R.，"An Economic Framework for Analyzing Facility

Siting Policies in Taiwan and Japan," *Energy, Environment and the Economy: Asian Perspectives*; *ed. Kleindorfer P., Kunreuther, H., Hong, D.*, (Aldershot, UK: Edward Elgar, 1996).

[126] Sigmon, E. B., "Achieving a Negotiated Compensation Agreement in Siting: The MRS Case," *Journal of Policy Analysis and Management* 6 (2) (1987): 170 - 179.

[127] Sinclair, M., "The Public Hearing as a Participatory Device: Evaluation of the IJC Experience," *Public participatory in planning*; *ed. W. R. D. Sewell, J. T. Coppock*, (London and New York: John Wiley, 1977).

[128] Sjöberg, L., *Risk and Society: Studies in Risk Taking and Risk Generation* (Hemel Hempstead, UK: George Allen & Unwin Press, 1987).

[129] Sjöberg, L., B - M. Drottz - Sjöberg, "Fairness, Risk and Risk Tolerance in the Siting of a Nuclear Waste Repository," *Journal of Risk Research* 4 (1) (2001): 75 - 101.

[130] Sjöberg, L. B. M. Drottz - Sjöberg, "Public Risk Perception of Nuclear Waste," *International Journal of Risk Assessment & Management* 11 (11) (2009): 264 - 296.

[131] Slovic, P., "Perception of Risk," *Science* 236 (4799) (1987): 280 - 285.

[132] Slovic, P., "Perceived Risk, Trust, and Democracy," *Risk Analysis* 13 (6) (1993): 675 - 682.

[133] Slovic, P., M. Layman, J. H. Flynn, "Risk Perception, Trust, and Nuclear Waste: Lessons from Yucca Mountain," *Environment: Science and Policy for Sustainable Development*, 33 (3) (1991): 6 - 30.

[134] Slovic, P., M. Layman, N. Kraus, J. Flynn, J.

Chalmers, G. Gesell, "Perceived Risk, Stigma, and Potential Economic Impacts of a High - Level Nuclear Waste Repository in Nevada," *Risk Analysis* 11 (4) (1991): 683 - 696.

[135] Snary, C., "Understanding Risk: the Planning Officers' Perspective," *Urban studies* 41 (1) (2004): 33 - 55.

[136] Starr, C., "Social Benefit versus Technological Risk," *Science* 165 (3899) (1969): 1232 - 1238.

[137] Stern, P. C., H. V. Fineberg, *Understanding Risk: Informing Decisions in a Democratic Society* (Washington D. C.: National Academy Press, 1996).

[138] Stoker, G., "Governance as Theory: Five Propositions," *International Social Science Journal* 50 (155) (1998): 17 - 28.

[139] Sun, L., D. Zhu, E. H. W. Chan, "Public Participation Impact on Environment NIMBY Conflict and Environmental Conflict Management: Comparative Analysis in Shanghai and Hong Kong," *Land Use Policy* 58 (2016): 208 - 217.

[140] Swallow, S. K., J. J. Opaluch, T. F. Weaver, "Siting Noxious Facilities: An Approach That Integrates Technical, Economic, and Political Considerations," *Land Economics* 68 (3) (1992): 283 - 301.

[141] Takahashi, L. M., "Information and Attitudes toward Mental Health Care Facilities: Implications for Addressing the NIMBY Syndrome," *Journal of Planning Education and Research* 17 (2) (1997): 119 - 130.

[142] Teigen, K. H., W. Brun, P. Slovic, "Societal Risks as Seen by a Norwegian Public," *Journal of Behavioral Decision Making* 1 (2) (1988): 111 - 130.

[143] Terwel, B. W., E. ter Mors, "Host Community Compensation in a Carbon Dioxide Capture and Storage (CCS) Context: Comparing the Preferences of Dutch Citizens and Local Government Authorities," *Environmental Science & Policy* 50 (2015): 15 – 23.

[144] Tuler, S. P., R. E. Kasperson, "Social Distrust and Its Implications for Risk Communication: An Example of High Level Radioactive Waste Management," *Effective Risk Communication*; *ed. J. Arvai, L. Rivers*, (London: Earthscan, 2014).

[145] Winterfeldt, D. von., W. Edwards, "Patterns of Conflict About Risky Technologies," *Risk Analysis* 4 (1) (1984): 55 – 68.

[146] Wolsink, M., "Entanglement of Interests and Motives: Assumptions behind the NIMBY-theory on Facility Siting," *Urban Studies* 31 (6) (1994): 851 – 866.

[147] Wolsink, M., "Reshaping the Dutch planning system: a learning process?" *Environment and planning A* 35 (4) (2003): 705 – 724.

[148] Wolsink, M., "Invalid Theory Impedes Our Understanding: a Critique on the Persistence of the Language of NIMBY," *Transactions of the Institute of British Geographers* 31 (1) (2006): 85 – 91.

[149] Wolsink, M., J. Devilee, "The Motives for Accepting or Rejecting Waste Infrastructure Facilities. Shifting the Focus from the Planners' Perspective to Fairness and Community Commitment," *Journal of Environmental Planning and Management* 52 (2) (2009): 217 – 236.

[150] Wong, N. W. M., "Environmental Protests and NIMBY Activism: Local Politics and Waste Management in Beijing and Guangzhou," *China Information* 30 (2) (2016): 143 – 164.

[151] Xiao, C., R. E. Dunlap, D. Hong, "The Nature and Bases of Environmental Concern among Chinese Citizens," *Social Science Quarterly* 94 (3) (2013): 672 – 690.

[152] Zakaria, B., R. Abdullah, M. Ramli, P. Latif, "GIS – Based Site Selection for Hazardous Waste Disposal Facilities in Penang and Kedah," *From Sources to Solution*; *ed. Aris A. Z., T. H. Tengku Ismail, R. Harun, A. M. Abdullah, M. Y. Ishak*, (Singapore: Springer, 2014).

[153] Zhang, X., J. – g. Xu, Y. Ju, "Public Participation in NIMBY Risk Mitigation: A Discourse Zoning Approach in the Chinese Context," *Land Use Policy* 77 (2018): 559 – 575.

[154] Zheng, Y., "Explaining Citizens' E – Participation Usage: Functionality of E – Participation Applications," *Administration & Society* 49 (3) (2017): 423 – 442.

中文文献

[1]（德）乌尔里希·贝克：《风险社会》，何博闻译，译林出版社，2004。

[2]（德）乌尔里希·贝克：《从工业社会到风险社会（上篇）——关于人类生存、社会结构和生态启蒙等问题的思考》，王武龙编译，《马克思主义与现实》，2003年第3期。

[3]（美）盖伊·彼得斯：《比较公共行政导论：官僚政治视角》，中国人民大学出版社，2015。

[4]（美）西蒙：《西蒙选集》，黄涛译，首都经济贸易大学出版

社，2002。

［5］（英）彼得·泰勒－顾柏、（德）詹斯·O. 金：《社会科学中的风险研究》，黄觉译，中国劳动社会保障出版社，2010。

［6］陈红霞：《英美城市邻避危机管理中社会组织的作用及对我国的启示》，《中国行政管理》2016年第2期。

［7］陈玲、李利利：《政府决策与邻避运动：公共项目决策中的社会稳定风险触发机制及改进方向》，《公共行政评论》2016年第1期。

［8］陈梦圆：《公众补偿政策认同及其影响因素研究》，暨南大学硕士学位论文，2018。

［9］陈庆云主编《公共政策分析》，北京大学出版社，2011。

［10］陈伟、马帅、朱洁、黄有亮：《各地社会稳定风险评估制度的比较分析与建议》，《现代经济信息》2011年第18期。

［11］陈永杰、王昊：《PX到底有多毒?》，《北京科技报》2011年8月22日，第16版。

［12］陈占锋、李拓：《社会管理的“新领导力”》，《中国行政管理》2013年第6期。

［13］崔晶：《中国城市化进程中的邻避抗争：公民在区域治理中的集体行动与社会学习》，《经济社会体制比较》2013年第3期。

［14］崔维敏：《改变，从那次上街开始——著名环保人士黄小山谈北京市民阿苏卫垃圾处理场信息公开过程，《环境教育》2015年第11期。

［15］崔小明：《我国对二甲苯供需现状》，《中国石油和化工经济分析》2012年第11期。

［16］邓集文：《中国城市环境邻避风险治理的转型》，《湖南社会科学》2019年第3期。

［17］丁进锋、诸大建、田园宏：《邻避风险认知与邻避态度关系的实证研究》，《城市发展研究》2018年第5期。

[18] 董幼鸿：《“邻避冲突”理论及其对邻避型群体性事件治理的启示》，《上海行政学院学报》2013 年第 2 期。

[19] 董鑫：《北京阿苏卫垃圾焚烧厂 5 年后重启曾遭居民反对》，人民网 2014 年 12 月 26 日，http：//bj. people. com. cn/n/2014/1226/c82840 - 23349733. html。

[20] 杜燕飞：《还原 PX 真相》，人民网，2014 年 4 月 9 日，http：//energy. people. com. cn/n/2014/0409/c71661 - 24854845. html。

[21] 范如国：《复杂网络结构范型下的社会治理协同创新》，《中国社会科学》2014 年第 4 期。

[22] 方爱华：《环境群体性事件中微博舆论场研究》，浙江传媒学院硕士学位论文，2015。

[23] 干咏昕：《政策学习：理解政策变迁的新视角》，《东岳论丛》2010 年第 9 期。

[24] 高新宇：《邻避运动中虚拟抗争空间的生产与行动——以 B 市蓝地社区为例》，《南京工业大学学报（社会科学版）》2017 年第 4 期。

[25] 龚文娟：《环境风险沟通中的公众参与和系统信任》，《社会学研究》2016 年第 3 期。

[26] 郭跃：《基于公众沟通视角的中国核电项目公众接受度研究》，电子工业出版社，2020。

[27] 何艳玲：《“中国式”邻避冲突：基于事件的分析》，《开放时代》2009 年第 12 期。

[28] 何艳玲：《中国公共行政学的中国性与公共性》，《公共行政评论》2013 年第 6 期。

[29] 洪大用：《当代中国社会转型与环境问题——一个初步的分析框架》，《东南学术》2000 年第 5 期。

[30] 黄莉：《水库移民社会稳定风险预警机制研究》，《水力发电》2011 年第 9 期。

[31] 解然、范纹嘉、石峰：《破解邻避效应的国际经验》，《世界环境》2016 年第 5 期。

[32] 李丁、张华静、刘怡君：《公众对环境保护的网络参与研究——以 PX 项目的网络舆论演化为例》，《中国行政管理》2015 年第 1 期。

[33] 李修棋：《为权利而斗争：环境群体性事件的多视角解读》，《江西社会科学》2013 年第 11 期。

[34] 刘冰：《风险、信任与程序公正：邻避态度的影响因素及路径分析》，《西南民族大学学报（人文社科版）》2016 年第 9 期。

[35] 刘冰：《风险治理中公众信任的研究基础及创新空间》，《社会物理学》2017 年第 6 期。

[36] 刘冰：《复合型邻避补偿政策框架建构及运作机制研究》，《中国行政管理》2019 年第 2 期。

[37] 刘腾：《上马 PX 项目关键：解决环保问题》，《中国经营报》2012 年 11 月 5 日，第 A11 版。

[38] 刘小峰：《城市居民对邻避设施的风险认知与补偿意愿——基于金陵石化工业区周边居民调查数据的分析》，《城市问题》2015 年第 9 期。

[39] 刘裕国：《四川遂宁推行社会稳定风险评估》，《人民日报》2006 年 6 月 6 日，第 10 版。

[40] 陆天然：《福建沿海四大石化基地初步形成》，《中国改革报》2012 年 9 月 3 日，第 4 版。

[41] 罗依平：《协商决策：我国政府决策模式创新的必然选择》，《理论探讨》2008 年第 2 期。

[42] 聂伟：《环境公正、系统信任与垃圾处理场接受度》，《中国地质大学学报（社会科学版）》2016 年第 4 期。

[43] 彭立国、方芳：《最敏感 PX 项目环评违规始末》，《南方周末》2013 年 2 月 1 日，http://www.infzm.com/content/86048。

[44] 彭生茂：《北京：垃圾处理驶入快车道》，《人民法治》2019年第14期。

[45] 彭小兵：《环境群体性事件的治理——借力社会组织“诉求-承接”的视角》，《社会科学家》2016年第4期。

[46] 彭小兵、邹晓韵：《邻避效应向环境群体性事件演化的网络舆情传播机制——基于宁波镇海反PX事件的研究》，《情报杂志》2017年第4期。

[47] 任芳：《四川遂宁：完善机制促和谐发展》，《经济日报》2009年8月9日，第2版。

[48] 申永丰：《公共决策的利益相关性分析》，《求索》2011年第6期。

[49] 石路：《政府公共决策与公民参与》，社会科学与文献出版社，2009。

[50] 宋林飞：《中国社会风险预警系统的设计与运行》，《东南大学学报》1999年第1期。

[51] 苏永通：《厦门PX后传 “隐姓埋名”进漳州》，《南方周末》2009年2月5日，http://www.infzm.com/content/23372/1。

[52] 谭爽：《“冲突转化”：超越“中国式邻避”的新路径——基于对典型案例的历时观察》，《中国行政管理》2019年第6期。

[53] 谭爽、胡象明：《邻避运动与环境公民的培育——基于A垃圾焚烧厂反建事件的个案研究》，《中国地质大学学报（社会科学版）》2016年第5期。

[54] 陶鹏、秦梦真：《联盟属性差异与邻避设施风险感知——基于透镜模型的实证分析及政策意涵》，《华南师范大学学报（社会科学版）》2019年第2期。

[55] 童星：《公共政策的社会稳定风险评估》，《学习与实践》2010年第9期。

[56] 童星、张海波：《中国转型期的社会风险及识别——理论探讨与经验研究》，南京大学出版社，2007。

[57] 万筠、王佃利：《中国邻避冲突结果的影响因素研究——基于40个案例的模糊集定性比较分析》，《公共管理学报》2019年第1期。

[58] 汪玉凯：《中国政府改革的过去与未来》，《新视野》2008年第3期。

[59] 王佃利、王玉龙、于棋：《从“邻避管控”到“邻避治理”：中国邻避问题治理路径转型》，《中国行政管理》2017年第5期。

[60] 王佃利、王铮：《城市治理中邻避问题的公共价值失灵：问题缘起、分析框架和实践逻辑》，《学术研究》2018年第5期。

[61] 王佃利、王铮：《中国邻避治理的三重面向与逻辑转换：一种历时性的全景式分析》，《学术研究》2019年第10期。

[62] 王佃利、徐晴晴：《邻避冲突的属性分析与治理之道——基于邻避研究综述的分析》，《中国行政管理》2012年第12期。

[63] 王婕、戴亦欣、刘志林、廖露：《超越“自利”的邻避态度的形成及其治理路径》，《城市问题》2019年第2期。

[64] 王绍光：《不应淡忘的公共决策参与模式：群众路线》，《民主与科学》2010年第1期。

[65] 王锡锌、章永乐：《我国行政决策模式之转型——从管理主义模式到参与式治理模式》，《法商研究》2010年第5期。

[66] 王向红：《美国的环境正义运动及其影响》，《福建师范大学学报（哲学社会科学版）》2007年第4期。

[67] 吴翠丽：《邻避风险的治理困境与协商化解》，《城市问题》2014年第2期。

[68] 吴忠民：《社会矛盾倒逼改革发展的机制分析》，《中国社会科学》2015 年第 5 期。

[69] 谢开飞：《漳州 PX 爆炸倒逼政府走“共同治理”之路》，《科技日报》2015 年 4 月 8 日，第 1 版。

[70] 向德平、陈琦：《社会转型时期群体性事件研究》，《社会科学研究》2003 年第 4 期。

[71] 辛方坤：《邻避风险社会放大过程中的政府信任：从流失到重构》，《中国行政管理》2018 年第 8 期。

[72] 许重光、陈贞：《从公共决策角度看规划评审》，《规划师》2004 年第 9 期。

[73] 薛澜：《重建公共决策平台》，《财经》2013 年第 21 期。

[74] 薛澜：《顶层设计与泥泞前行：中国国家治理现代化之路》，《公共管理学报》2014 年第 4 期。

[75] 薛澜、张帆、武沐瑶：《国家治理体系与治理能力研究：回顾与前瞻》，《公共管理学报》2015 年第 12 期。

[76] 杨雪冬：《风险社会与秩序重建》，社会科学文献出版社，2006。

[77] 张飞、葛大永：《基于三维视廊分析的邻避效应风险规避研究——以张家港市控规为例》，《江苏城市规划》2018 年第 10 期。

[78] 张海波、童星：《当前中国社会矛盾的内涵、结构与形式——一种跨学科的分析视野》，《中州学刊》2012 年第 5 期。

[79] 张海柱：《风险分配与认知正义：理解邻避冲突的新视角》，《江海学刊》2019 年第 3 期。

[80] 张紧跟：《地方政府邻避冲突协商治理创新扩散研究》，《北京行政学院学报》2019 年第 5 期。

[81] 张乐：《论风险知识的生产：基于邻避议题的文献计量分

析》,《广州大学学报(社会科学版)》2018年第17期。
[82] 张乐、童星:《“邻避”设施决策“环评”与“稳评”的关系辨析及政策衔接》,《思想战线》2015年第6期。
[83] 张乐、童星:《“邻避”冲突中的社会学习——基于7个PX项目的案例比较》,《学术界》2016年第8期。
[84] 张婷婷、夏冬琴、李桃生、李亚洲:《公众认知对核电接受度的影响》,《核安全》2019年第2期。
[85] 张效羽:《环境公害设施选址的困境及其化解——以宁波市镇海PX项目争议为例》,《行政管理改革》2012年第12期。
[86] 张勇杰:《邻避冲突中环保NGO参与作用的效果及其限度——基于国内十个典型案例的考察》,《中国行政管理》2018年第1期。
[87] 张郁:《公众风险感知、政府信任与环境类邻避设施冲突参与意向》,《行政论坛》2019年第4期。
[88] 赵民、刘婧:《城市规划中“公众参与”的社会诉求与制度保障——厦门市“PX项目”事件引发的讨论》,《城市规划学刊》2010年第3期。
[89] 赵沁娜、肖娇、刘梦玲、范利军:《邻避设施对周边住宅价格的影响研究——以合肥市殡仪馆为例》,《城市规划》2019年第5期。
[90] 郑光梁、魏淑艳:《邻避冲突治理——基于公共价值分析的视角》,《理论探讨》2019年第2期。
[91] 周黎安:《中国地方官员的晋升锦标赛模式研究》,《经济研究》2007年第7期。
[92] 朱德米、平辉艳:《环境风险转变社会风险的演化机制及其应对》,《南京社会科学》2013年第7期。
[93] 朱旭峰:《推动公民有序参与公共决策》,《人民日报》2011年10月9日,第17版。

附 录

附录一 邻避设施选址公众意见调查问卷

邻避设施选址的公众意见调查

尊敬的女士/先生：

您好！

我们是“公众参与与PX项目选址”的研究团队，为了解普通公众对PX项目等邻避设施选址的态度，我们诚邀您填写本问卷。您的参与将对改进我国邻避设施选址模式，有效保护生活环境和人民健康具有积极的推动作用。问卷采取匿名形式，调查结果仅供学术研究之用。完成问卷大概需要25分钟时间。感谢您的大力支持！

“公众参与与PX项目选址”研究团队

2014年3月20日

1. 您是否听说过PX项目？

A. 是　　B. 否（→结束调查）

2. 据您了解，您所在的城市是否建设了或即将建设PX项目？

A. 是　　B. 否　　C. 不太清楚

3. 您对您所在的城市建设 PX 项目持何种态度？（设置跳转功能，选择 C/D/E 的跳转到第 5 题，选 A/B 的继续答第 4 题）

A. 坚决反对 B. 反对 C. 中立 D. 支持 E. 坚决支持

4. 如果您反对选址，您会采取以下哪种行动？（可多选）

A. 到居委会、街道办事处反映情况

B. 到政府信访部门反映情况

C. 到政府部门静坐请愿

D. 向新闻媒体曝光

E. 直接找项目建设方沟通

F. 在网络上发表反对选址的观点

G. 向亲朋好友宣传危害

H. 在公众场合散发传单

I. 走上街头抗议

J. 组织示威游行

K. 不采取任何行动

L. 其他（请注明）：_______

5. 您认为 PX 项目发生事故并对环境和健康造成危害的可能性大吗？

A. 绝不可能 B. 不太可能 C. 中等 D. 很可能 E. 极有可能 F. 不知道

6. 您认为 PX 项目对环境和健康造成的危害有多严重？

A. 完全不严重 B. 不太严重 C. 中等 D. 很严重 E. 极其严重 F. 不知道

7. 您对 PX 项目可能造成的危害感到担心吗？

A. 完全不担心 B. 不担心 C. 中等 D. 担心 E. 极其担心

8. 您认为 PX 化工项目与居民区的距离多少公里才是安全的？

A. 10 公里以内

B. 10～30 公里

C. 30～50 公里

D. 50～100 公里

E. 100～200 公里

F. 200 公里以上

G. 无论多远都不安全

9. 您认为 PX 项目的建设对国家经济发展是否必要？

A. 完全没有必要　B. 没必要　C. 中等　D. 必要　E. 非常必要　F. 不知道

10. 您认为在本市建设 PX 项目对本市经济发展是否必要？

A. 完全没有必要　B. 没必要　C. 中等　D. 必要　E. 非常必要　F. 不知道

11. 您认为在本市建设 PX 项目是否会给您个人和您的家庭带来好处？

A. 完全没有好处　B. 没太大好处　C. 中等　D. 有好处　E. 很有好处　F. 不知道

12. 您在多大程度上同意以下说法：

PX 有剧毒	A. 完全不同意	B. 不同意	C. 中立	D. 同意	E. 完全同意
PX 属于微毒物质	A. 完全不同意	B. 不同意	C. 中立	D. 同意	E. 完全同意
PX 的毒性和汽油、柴油差不多	A. 完全不同意	B. 不同意	C. 中立	D. 同意	E. 完全同意
PX 极易燃烧爆炸	A. 完全不同意	B. 不同意	C. 中立	D. 同意	E. 完全同意
PX 的可燃性和煤油差不多	A. 完全不同意	B. 不同意	C. 中立	D. 同意	E. 完全同意
PX 致癌的可能性很大	A. 完全不同意	B. 不同意	C. 中立	D. 同意	E. 完全同意
PX 的致癌性与咖啡、咸菜等物质相同	A. 完全不同意	B. 不同意	C. 中立	D. 同意	E. 完全同意
PX 极有可能导致不孕不育	A. 完全不同意	B. 不同意	C. 中立	D. 同意	E. 完全同意
PX 极有可能导致胎儿畸形	A. 完全不同意	B. 不同意	C. 中立	D. 同意	E. 完全同意
PX 项目生产一般安全性很高	A. 完全不同意	B. 不同意	C. 中立	D. 同意	E. 完全同意

续表

PX 的生产不会产生废水废气	A. 完全不同意	B. 不同意	C. 中立	D. 同意	E. 完全同意
PX 的生产可能散发出毒气，严重污染空气	A. 完全不同意	B. 不同意	C. 中立	D. 同意	E. 完全同意
PX 的生产可能严重污染周边水环境	A. 完全不同意	B. 不同意	C. 中立	D. 同意	E. 完全同意
PX 形成的环境污染在短期内是难以消除的	A. 完全不同意	B. 不同意	C. 中立	D. 同意	E. 完全同意

13. 您主要通过以下哪些渠道了解 PX 项目的相关信息？（多选题）

A. 电视　B. 报纸杂志　C. 广播　D. 网络新闻　E. 微博　F. 网络论坛　G. QQ、微信等聊天工具　H. 手机短信　I. 街头传单　J. 其他（请注明）：______

14. 在 PX 项目的相关信息方面，您在多大程度上同意以下说法：

我信任中央政府	A. 完全不同意	B. 不同意	C. 中立	D. 同意	E. 完全同意
我信任本地政府	A. 完全不同意	B. 不同意	C. 中立	D. 同意	E. 完全同意
我信任 PX 生产企业	A. 完全不同意	B. 不同意	C. 中立	D. 同意	E. 完全同意
我信任专家	A. 完全不同意	B. 不同意	C. 中立	D. 同意	E. 完全同意
我信任民间环保组织	A. 完全不同意	B. 不同意	C. 中立	D. 同意	E. 完全同意
我相信电视台、报纸提供的信息	A. 完全不同意	B. 不同意	C. 中立	D. 同意	E. 完全同意
我相信微博、网络论坛提供的信息	A. 完全不同意	B. 不同意	C. 中立	D. 同意	E. 完全同意
我相信 QQ、微信等提供的信息	A. 完全不同意	B. 不同意	C. 中立	D. 同意	E. 完全同意
我相信手机短信提供的信息	A. 完全不同意	B. 不同意	C. 中立	D. 同意	E. 完全同意
我相信亲朋好友提供的信息	A. 完全不同意	B. 不同意	C. 中立	D. 同意	E. 完全同意

15. 在大部分公共问题的决策上，您是否信任本市政府？

A. 十分信任　B. 信任　C. 中立　D. 不信任　E. 极不信任

16. 在大部分公共事务的管理上，您对本市政府的工作感到满意吗？

A. 十分满意　B. 满意　C. 中立　D. 不满意　E. 极不满意

17. 在 PX 项目的决策方面，您在多大程度上同意以下说法：

PX 项目的选址经过了科学的勘测	A. 完全不同意	B. 不同意	C. 中立	D. 同意	E. 完全同意
PX 项目的建设进行了严格的环境影响评价	A. 完全不同意	B. 不同意	C. 中立	D. 同意	E. 完全同意
PX 项目的建设广泛听取了老百姓的意见	A. 完全不同意	B. 不同意	C. 中立	D. 同意	E. 完全同意
PX 项目的信息对老百姓是完全公开的	A. 完全不同意	B. 不同意	C. 中立	D. 同意	E. 完全同意
老百姓有正常渠道表达对 PX 项目的反对意见	A. 完全不同意	B. 不同意	C. 中立	D. 同意	E. 完全同意
当地政府对 PX 项目决策是十分可靠的	A. 完全不同意	B. 不同意	C. 中立	D. 同意	E. 完全同意
国家环保部审批的 PX 项目环评报告是十分可靠的	A. 完全不同意	B. 不同意	C. 中立	D. 同意	E. 完全同意
国家发改委对 PX 项目的批复是十分可靠的	A. 完全不同意	B. 不同意	C. 中立	D. 同意	E. 完全同意

18. 关于政府在 PX 项目中所起到的作用，您在多大程度上同意以下说法：

政府推动 PX 项目的建设是为了老百姓的利益	A. 完全不同意	B. 不同意	C. 中立	D. 同意	E. 完全同意
政府推动 PX 项目的建设是为了当地经济发展	A. 完全不同意	B. 不同意	C. 中立	D. 同意	E. 完全同意
政府某些官员可以从 PX 项目中获得私利	A. 完全不同意	B. 不同意	C. 中立	D. 同意	E. 完全同意

续表

政府推动 PX 项目对社会整体利益十分有利	A. 完全不同意	B. 不同意	C. 中立	D. 同意	E. 完全同意
政府在 PX 项目选址中总是坚持公平的原则	A. 完全不同意	B. 不同意	C. 中立	D. 同意	E. 完全同意
政府在 PX 项目选址中遵循了公正的程序	A. 完全不同意	B. 不同意	C. 中立	D. 同意	E. 完全同意
政府十分关心当地环境保护	A. 完全不同意	B. 不同意	C. 中立	D. 同意	E. 完全同意
政府十分关心老百姓的健康安全	A. 完全不同意	B. 不同意	C. 中立	D. 同意	E. 完全同意
政府对老百姓做了很好的宣传沟通工作	A. 完全不同意	B. 不同意	C. 中立	D. 同意	E. 完全同意
政府提供的 PX 项目的信息是真实可信的	A. 完全不同意	B. 不同意	C. 中立	D. 同意	E. 完全同意
政府提供的 PX 项目的信息是十分及时的	A. 完全不同意	B. 不同意	C. 中立	D. 同意	E. 完全同意
政府具有足够的知识和技术实现企业的安全监管	A. 完全不同意	B. 不同意	C. 中立	D. 同意	E. 完全同意
在过去的安全生产监管方面，政府是十分称职的	A. 完全不同意	B. 不同意	C. 中立	D. 同意	E. 完全同意
政府能较好地兑现对老百姓健康、环境方面的承诺	A. 完全不同意	B. 不同意	C. 中立	D. 同意	E. 完全同意

19. 如果政府承诺加强安全监管，严格防范事故，您是否会支持在您所在的城市建设 PX 项目？

A. 坚决反对　B. 反对　C. 中立　D. 支持　E. 坚决支持

20. 如果政府保证公开透明原则，广泛听取公众意见，您是否会支持在您所在的城市建设 PX 项目？

A. 坚决反对　B. 反对　C. 中立　D. 支持　E. 坚决支持

21. 如果 PX 生产企业采用最先进的安全生产技术，您是否会支持您所在的城市建设 PX 项目？

A. 坚决反对　B. 反对　C. 中立　D. 支持　E. 坚决支持

22. 如果规划的PX项目与您的家庭住址相距3公里以内，您的家庭将获得1万元的一次性现金补偿，您将对PX项目的建设持何种态度？

A. 坚决反对　B. 反对　C. 中立　D. 支持　E. 坚决支持

23. 如果规划的PX项目与您的家庭住址相距3公里以内，您的家庭将获得3万元的一次性现金补偿，您将对PX项目的建设持何种态度？

A. 坚决反对　B. 反对　C. 中立　D. 支持　E. 坚决支持

24. 如果规划的PX项目与您的家庭住址相距3公里以内，您的家庭将获得10万元的一次性现金补偿，您将对PX项目的建设持何种态度？

A. 坚决反对　B. 反对　C. 中立　D. 支持　E. 坚决支持

25. 如果规划的PX项目与您的家庭住址相距3公里以内，您的家庭将获得每人每月100元的现金补偿，您将对PX项目的建设持何种态度？

A. 坚决反对　B. 反对　C. 中立　D. 支持　E. 坚决支持

26. 如果规划的PX项目与您的家庭住址相距3公里以内，您的家庭将获得每人每月500元的现金补偿，您将对PX项目的建设持何种态度？

A. 坚决反对　B. 反对　C. 中立　D. 支持　E. 坚决支持

27. 如果您身边有人反对PX项目而请愿、街头散步、游行等抗议行动，您会亲身加入抗议行动吗？

A. 会　B. 不会　C. 不确定

28. 您出生于______年？

29. 您的性别是：　A. 男　　　B. 女

30. 您的婚姻状态是：　A. 未婚　B. 已婚　C. 其他（包括离异、丧偶等）

31. 您家中是否有0～15岁的孩子？　A. 有　B. 没有

32. 您的受教育程度是：

A. 小学及以下　B. 初中　C. 高中、中专（包括中等师范、职高等）　D. 大专　E. 大学本科　F. 硕士　G. 博士

33. 您目前的职业是：______

34. 您上个月的个人收入是多少元?

A. 2000 元以下　B. 2001 ~ 3500 元　C. 3501 ~ 5000 元

D. 5001 ~ 8000 元　E. 8001 ~ 10000 元　F. 10000 元以上

35. 您 2012 年全年的家庭总收入是多少元?

A. 1 万元以下　B. 1 万元 ~ 2 万元　C. 2 万元 ~ 5 万元

D. 5 万元 ~ 10 万元　E. 10 万元 ~ 15 万元　F. 15 万元 ~ 20 万元

G. 20 万元 ~ 25 万元　H. 25 万元 ~ 30 万元　I. 30 万元以上

36. 您在本市居住了______年

附录二　不同样本中公众态度影响因素的回归结果

一　全国网民

Model Summary

Model	R	R Square	Adjusted R Square	Std. Error of the Estimate
1	.560[a]	.314	.301	1.08829

a. Predictors：(Constant)，程序公正，信任，国家利益预期，风险感知，个人利益预期，城市利益预期。

ANOVA[b]

Model		Sum of Squares	df	Mean Square	F	Sig.
1	Regression	167.009	6	27.835	23.502	.000[a]
	Residual	364.788	308	1.184		
	Total	531.797	314			

a. Predictors：(Constant)，程序公正，信任，国家利益预期，风险感知，个人利益预期，城市利益预期。

b. Dependent Variable：公众态度。

Coefficients[a]

Model		Unstandardized Coefficients		Standardized Coefficients	t	Sig.
		B	Std. Error	Beta		
1	(Constant)	2.958	.691		4.280	.000
	国家利益预期	.104	.061	.108	1.697	.091
	城市利益预期	.103	.065	.116	1.571	.117
	个人利益预期	.121	.058	.132	2.076	.039
	风险感知	-.459	.115	-.209	-3.989	.000
	政府信任	-.106	.129	-.040	-.820	.413
	程序公正	.231	.070	.193	3.295	.001

a. Dependent Variable：公众态度。

如上表所示，个人利益预期、风险感知、程序公正均能显著影响态度

回归方程为：$Y = 2.96 + 0.12X_1 - 0.46X_2 + 0.23X_3$

二　D市市民

Model Summary

Model	R	R Square	Adjusted R Square	Std. Error of the Estimate
1	.659[a]	.434	.424	.77707

a. Predictors：(Constant)，程序公正，国家利益预期，个人利益预期，信任，风险感知，城市利益预期。

ANOVA[b]

Model		Sum of Squares	Df	Mean Square	F	Sig.
1	Regression	158.044	6	26.341	43.622	.000[a]
	Residual	205.910	341	.604		
	Total	363.954	347			

a. Predictors：(Constant)，程序公正，国家利益预期，个人利益预期，信任，风险感知，城市利益预期。

b. Dependent Variable：态度。

Coefficients[a]

Model		Unstandardized Coefficients		Standardized Coefficients	t	Sig.
		β	Std. Error	β		
1	(Constant)	2.582	.500		5.169	.000
	国家利益预期	.165	.057	.157	2.887	.004
	城市利益预期	.050	.057	.052	.869	.386
	个人利益预期	.198	.055	.191	3.621	.000
	风险感知	-.631	.098	-.322	-6.443	.000
	政府	.159	.058	.136	2.738	.007
	程序公正	.067	.067	.051	1.005	.315

a. Dependent Variable：公众态度。

如上表所示，除城市利益预期、程序公正外，其余自变量均能显著预测因变量

回归方程为：$Y=2.58+0.17X_1+0.20X_2-0.63X_3+0.16X_4$

三 D市大学生

Model Summary

Model	R	R Square	Adjusted R Square	Std. Error of the Estimate
1	.563[a]	.316	.284	.75775

a. Predictors：(Constant)，风险感知，政府信任，国家利益预期，城市利益预期，个人利益预期，程序公正。

ANOVA[b]

Model		Sum of Squares	Df	Mean Square	F	Sig.
1	Regression	34.031	6	5.672	9.878	.000[a]
	Residual	73.495	128	.574		
	Total	107.526	134			

a. Predictors：(Constant)，风险感知，政府信任，国家利益预期，城市利益预期，个人利益预期，程序公正。

b. Dependent Variable：公众态度。

Coefficients[a]

Model		Unstandardized Coefficients		Standardized Coefficients	t	Sig.
		β	Std. Error	β		
1	(Constant)	1.681	.873		1.925	.056
	国家利益预期	.216	.080	.224	2.710	.008
	城市利益预期	.237	.096	.234	2.468	.015
	个人利益预期	.013	.103	.012	.125	.901
	政府信任	.128	.108	.106	1.184	.239
	程序公正	.013	.124	.010	.105	.916
	风险感知	-.404	.176	-.200	-2.299	.023

a. Dependent Variable：态度。

由上表可以看出，风险感知、国家利益预期、城市利益预期均能显著预测因变量态度，回归方程为：$Y = 1.68 + 0.22X_1 + 0.24X_2 - 0.40X_3$

四　Z市

Model Summary

Model	R	R Square	Adjusted R Square	Std. Error of the Estimate
1	.835[a]	.697	.688	.67070

a. Predictors：(Constant)，q11，信任，q9，风险感知，q10，程序公正。

ANOVA[b]

Model		Sum of Squares	Df	Mean Square	F	Sig.
1	Regression	205.860	6	34.310	76.271	.000[a]
	Residual	89.519	199	.450		
	Total	295.379	205			

a. Predictors：(Constant)，q11，信任，q9，风险感知，q10，程序公正。

b. Dependent Variable：q3.

Coefficients[a]

Model		Unstandardized Coefficients		Standardized Coefficients	t	Sig.
		β	Std. Error	β		
1	(Constant)	3.742	.805		4.648	.000
	风险感知	-.809	.122	-.443	-6.623	.000
	政府信任	.051	.120	.018	.427	.670
	程序公正	.269	.093	.213	2.896	.004
	国家利益预期	-.027	.052	-.027	-.518	.605
	城市利益预期	.128	.054	.138	2.367	.019
	个人利益预期	.163	.046	.189	3.533	.001

a. Dependent Variable：公众态度。

由上表可知，风险感知、城市利益、个人利益对态度有显著影响

回归方程为：$Y = 3.74 - 0.81X_1 + 0.27X_2 + 0.13X_3 + 0.16X_4$

五　M 市

Model Summary

Model	R	R Square	Adjusted R Square	Std. Error of the Estimate
1	.776[a]	.603	.591	.64445

a. Predictors：(Constant)，程序公正，国家利益预期，信任，个人利益预期，风险感知，城市利益预期。

ANOVA[b]

Model		Sum of Squares	df	Mean Square	F	Sig.
1	Regression	124.104	6	20.684	49.803	.000[a]
	Residual	81.818	197	.415		
	Total	205.922	203			

a. Predictors：(Constant)，程序公正，国家利益预期，信任，个人利益预期，风险感知，城市利益预期。

b. Dependent Variable：q3.

Coefficients[a]

Model		Unstandardized Coefficients		Standardized Coefficients	t	Sig.
		β	Std. Error	β		
1	(Constant)	3.712	.814		4.558	.000
	国家利益预期	.044	.054	.053	.805	.422
	城市利益预期	.103	.057	.123	1.806	.072
	个人利益预期	.158	.053	.184	3.003	.003
	风险感知	-.711	.121	-.399	-5.888	.000
	信任	-.100	.118	-.045	-.846	.398
	程序公正	.189	.077	.171	2.449	.015

a. Dependent Variable：q3.

如上表所示，除个人利益预期、风险感知和程序公正均对因变量有显著影响

回归方程为：$Y = =3.71 + 0.16X_1 - 0.71X_2 + 0.19X_3$

后记

本书是在笔者博士后出站报告的基础上修改完成的。笔者在清华大学公共管理学院从事博士后研究期间刚好是我国邻避事件此起彼伏的高涨时期，邻避冲突的社会影响广泛，但解决方法十分有限。经过10多年的实践探索和政策创新，我国的邻避问题进入了一个相对稳定的平台期，尽管在工业化、城市化的大背景下仍难以完全避免，但是处理方式更加成熟，风险防范制度日趋完善，各地对邻避冲突的治理能力明显提升。本书正是从伟大的中国实践中汲取了营养，试图从时间上梳理我国邻避运动的发展，从理论上提炼邻避问题决策方式创新的基本维度，以期对今后的邻避冲突解决以及相似的风险问题治理形成决策有所裨益。然而，由于笔者才学有限，疏漏之处在所难免，期待各位读者批评指正。

在清华大学从事博士后研究期间，我的导师薛澜教授引领我接触了风险和危机治理领域的研究，鼓励我既要关注国际学术前沿，又要扎根中国实践，并不断鼓励我在学术道路上探索。薛老师的大师风范和谦逊美德对我影响至深，是我坚定从事学术研究的重要动力。清华大学应急管理基地彭宗超教授不仅时时鼓励我刻苦钻研，还为我的研究工作提供了多方面的帮助。博士后出站后，我进入北京师范大学中国社会管理学院/社会学院工作。魏礼群院长创造了优越的工作环境和积极的工作氛围，他以毕生精力为国家改革发展贡献智慧和力量，令我辈不敢有丝毫懈怠。在此，谨对所有鼓励和帮助过我的老师、同事和学友们表示诚挚的感谢。最后，感谢我的家人为我的学习和工作提供了坚强后盾。

刘冰

2020 年 2 月于京师园

图书在版编目（CIP）数据

邻避抉择：风险、利益和信任 / 刘冰著. -- 北京：社会科学文献出版社，2020.3

（风险与危机治理丛书）

ISBN 978-7-5201-6539-6

Ⅰ.①邻… Ⅱ.①刘… Ⅲ.①城市公用设施-公共管理-研究 Ⅳ.①TU998

中国版本图书馆 CIP 数据核字（2020）第 058598 号

风险与危机治理丛书

邻避抉择：风险、利益和信任

著　　者 / 刘　冰

出 版 人 / 谢寿光
责任编辑 / 陈　颖
文稿编辑 / 韩秀文

出　　版 / 社会科学文献出版社·皮书出版分社（010）59367127
地址：北京市北三环中路甲 29 号院华龙大厦　邮编：100029
网址：www.ssap.com.cn
发　　行 / 市场营销中心（010）59367081　59367083
印　　装 / 三河市尚艺印装有限公司

规　　格 / 开　本：787mm×1092mm　1/16
印　张：21.25　字　数：274 千字
版　　次 / 2020 年 3 月第 1 版　2020 年 3 月第 1 次印刷
书　　号 / ISBN 978-7-5201-6539-6
定　　价 / 98.00 元

本书如有印装质量问题，请与读者服务中心（010-59367028）联系